Karl-Ludwig Kley, Thomas de Maizière

Die Kunst guten Führens

Karl-Ludwig Kley, Thomas de Maizière

Die Kunst guten Führens

Macht in Wirtschaft und Politik

HERDER

FREIBURG · BASEL · WIEN

MIX
Papier aus verantwor-
tungsvollen Quellen
FSC® C014496

© Verlag Herder GmbH, Freiburg im Breisgau 2021
Alle Rechte vorbehalten
www.herder.de

Satz: ZeroSoft, Timişoara
Herstellung: GGP Media GmbH, Pößneck

Printed in Germany

ISBN: 978-3-451-38715-9
ISBN E-Book: 978-3-451-82244-5

Inhalt

Gute Führung kann man lernen – Einleitung

Seit Jahrzehnten kennen wir uns und sind freundschaftlich miteinander verbunden. Die Berufswege aber haben uns in ganz verschiedene Bereiche des gesellschaftlichen Lebens geführt: den einen in die Politik, den anderen in die Wirtschaft.

Oft haben wir miteinander diskutiert, mal erregt, mal verständnisvoll, warum die Politik schon wieder die Notwendigkeiten wirtschaftlicher Vernunft aus den Augen verloren habe oder warum Unternehmen zwar einerseits den Staat am liebsten aus allem heraushalten wollten, andererseits aber die Ersten seien, die laut nach Subventionen riefen, wenn es opportun erscheine. Und so ist über die Zeit bei durchaus unterschiedlichen Auffassungen im Einzelfall viel Verständnis für die Zwänge in der Arbeit des jeweils anderen entstanden. Gleichzeitig gab es aber auch mehr als genug Gelegenheiten, um für das jeweilige eigene berufliche Umfeld von den Anregungen des Freundes zu profitieren.

Auch an anderen Stellen hat sich jeder von uns mit Führungskräften ausgetauscht, die ihre Erfahrungen in ganz anderem Umfeld gesammelt haben: in gemeinnützigen Organisationen, als mittelständische Unternehmer, bei der Bundeswehr oder bei befreundeten Streitkräften, in Start-ups, in Verbänden, in Kirchen, in der Wissenschaft und beim Sport. Und das oft noch mit unterschiedlichen internationalen Prägungen. Wir haben sie darüber ausgefragt, warum sie etwas gerade so und nicht anders gemacht hatten. Wir haben ihnen zugeschaut und über sie nachgedacht.

Jede dieser Führungskräfte lebt und agiert in den verschiedensten Umgebungen, aber etwas eint doch alle: Es geht immer um die Führung von Menschen. Es geht darum, Mitarbeiter jeden Tag und überall hinter einer gemeinsamen Zielsetzung zu vereinen. Die Wege dorthin sind vielfältig. Das hat mit unterschiedlichen Zielen und Organisationen und mit der Vielfalt der Menschen und Kulturen zu tun. Wir sind daher davon überzeugt, dass es ein überall und in jeder Lage gleichermaßen gültiges Universalrezept für erfolgreiche Führung nicht geben kann.

Führung findet nicht im luftleeren Raum statt. Große Organisationen sind anders zu führen als kleine. Führungsstile unterscheiden sich. Es gibt viele Bücher darüber, ob es den „richtigen" Führungsstil gibt und was ihn ausmacht. Sozialwissenschaftliche Untersuchungen und politiktheoretische Betrachtungen beschäftigen sich mit Führung als Prinzip und Konstrukt. Zu unserem Thema gibt es vor allem das 2007 erschienene Buch von Nico Grasselt und Karl-Rudolf Korte „Führung in Politik und Wirtschaft". Hier werden nach wissenschaftlichen Methoden und Befragungen Definitionen und Techniken von Führung in beiden Bereichen untersucht. All das ist nicht Gegenstand unseres Buches. Und so ist für unsere Leser zunächst festzuhalten, was dieses Buch nicht ist: Es ist kein Lehrbuch.

Stattdessen ist es ein zwar subjektiver, aber doch verallgemeinerungsfähiger Erfahrungsbericht über Führung in Politik und Wirtschaft, ein Bericht von innen. Es geht uns darum, unsere Erfahrungen aufzuschreiben und damit weiterzugeben. Denjenigen, die Führungskräfte sind oder werden wollen, soll dieses Buch als Denkanstoß oder auch als Reibungsfläche dienen können. Und bei denen, die keine Führungsaufgaben wahrnehmen, wollen wir Verständnis für die Bedingungen wecken, unter denen Führungsarbeit geleistet werden muss. Das Ganze ist sehr persönlich geprägt wie

Erfahrungen eben so sind. Auch unser jeweiliges Verständnis, was Führung ist und was sie ausmacht, folgt dem eigenen Kompass. So haben wir in einem ersten Schritt jeweils unser eigenes Führungsverhalten reflektiert und mit dem anderer Führungspersönlichkeiten in unserem Umfeld verglichen. In einem zweiten Schritt haben wir zusammen anhand von Beispielen Gemeinsamkeiten und Unterschiede von Führung in Politik und Wirtschaft debattiert und beschrieben. So weist das Gesamtbild dann doch über unsere Einzelerfahrungen hinaus.

Führungskompetenz und -stärke bekommen in der turbulenter und unübersichtlicher werdenden Welt eine immer größere Bedeutung. Dabei wird schon der Begriff Führung in Deutschland leider eher kritisch betrachtet. In der DDR ging man dabei so weit, dass man den Führerschein in Fahrerlaubnis umtaufte. Im Ausland ist das ganz anders, insbesondere im angelsächsischen Ausland. „Leadership" ist dort ein rundum positiv besetzter Begriff.

Führung bedeutet, Macht zu haben und auszuüben. Nur mit Macht lassen sich Dinge verändern. Natürlich wird die Ausübung von Macht in Politik und Wirtschaft vielfach kontrolliert. So durch institutionelle Beschränkungen wie die begrenzte Dauer von Mandaten, durch „checks und balances", also durch die Verteilung von Zuständigkeiten und Machtbefugnissen, oder durch die Herstellung von Öffentlichkeit mittels Transparenz. Wir meinen aber, dass all diese notwendigen und richtigen Beschränkungen die Eigenverantwortung einer Führungskraft nicht ersetzen können. Macht verantwortungsvoll auszuüben heißt für uns zum einen, die Ziele der Institution, der man dient, über die eigenen Ziele zu stellen. Zum anderen bedeutet es aber auch, Menschen mit Anstand und Menschlichkeit zu führen, kurz sie als Persönlichkeiten wahrzunehmen und nicht nur als Funktionsträger.

Führung ist sinnvoll, ja unverzichtbar, um eine Institution zu etwas zu bewegen, aber sie ist kein Selbstzweck oder bloßes Instrument. Nach unserer Auffassung ist ethisch begründetes Handeln konstitutiv für gute Führung. Führungskräfte sind in allen Bereichen und auf allen Ebenen dazu aufgerufen, über sich selbst nachzudenken, den Dialog untereinander zu suchen und nicht Abgrenzung zu leben oder gar Feindbilder zu pflegen. Gute Führung geht nicht allein.

Führen kann man erlernen. Das haben wir erlebt, bei uns und anderen. Lehrbücher sind umfassend und systematisch, wenn sie gut sind. Wir haben über die Zeit das eine oder andere Fachbuch gelesen und daraus gelernt. Der Klassiker über Führung von Fredmund Malik („Führen – Leisten – Leben") hat uns beeindruckt. Allerdings empfanden wir beide historische Fachbücher und Monografien über bedeutende Persönlichkeiten als interessanter und lehrreicher. Auch Autobiografien von Führungspersönlichkeiten haben uns bereichert. Hagiografien, die im autobiografischen Umfeld öfters vorkommen, haben wir dabei tunlichst vermieden; von Heiliggesprochenen lernt man wenig. Zu unserer Lektüre gehörten auch Biografien aus ganz anderen Lebensbereichen: als Fußballbegeisterte zum Beispiel „Leading" des Fußballmanagers Alex Ferguson oder „Rebell am Ball", ein Buch von 1971 über Günter Netzer und dessen Erfahrungen mit dem Führungsverhalten seines Trainers Hennes Weisweiler.

Wichtiger aber als alles Lesen war für uns beide das Lernen in der Praxis. Wir haben dort Vorbilder gefunden, Vorbilder für bestimmtes Verhalten oder spezielle Kompetenzen. Mentoren standen uns in bestimmten Situationen zur Seite, Freunde griffen korrigierend und hinterfragend ein, auch die eigene Familie. Wir haben Vorgehensweisen getestet, weiterentwickelt oder verworfen. Wir haben wiederholt, was erfolgreich war, und aus Fehlern gelernt – und Ratgeber außerhalb unseres Berufes konsultiert, wenn es empfehlenswert war.

Über eines aber, das man nicht erlernen kann, sind wir uns völlig einig: Eine erfolgreiche Führungskraft kann nur werden, wer Menschen mag.

In jeder Generation werden Bücher über Führung neu geschrieben, zum Beispiel weil eine technologische Revolution die Rahmenbedingungen grundlegend ändert oder weil sich die gesellschaftlichen Rahmenbedingungen völlig anders präsentieren. All das verändert Führung. Dennoch sind in der Vergangenheit gewonnene Führungserfahrungen nicht obsolet. Viele von ihnen gelten auch in einer „neuen" Welt, wie zum Beispiel im digitalen Zeitalter. Denn auch dort gilt in der Politik wie in der Wirtschaft: Führung heißt, Menschen zu führen.

Und so haben wir uns zugetraut, zum Schluss unseres Buches zehn „Goldene Regeln guter Führung" aufzustellen. Hätten wir uns in unseren Laufbahnen nur immer daran gehalten …

Wir hoffen, dass wir mit der folgenden Mischung aus der Beschreibung von Führungssituationen, aus persönlichen Erfahrungen und unseren allgemeinen Bewertungen unseren Lesern etwas mitgeben können. Und sei es nur das, was man nicht machen sollte.

Der Lesbarkeit halber verwenden wir im Buch in der Regel die männliche Grundform. Wir meinen damit – wenn nicht ausdrücklich anders angegeben – aber stets die gesamte Gruppe, unabhängig vom Geschlecht.

Die Schaltstellen der Demokratie – Führen in der Politik

(von Thomas de Maizière)

Neu im Spitzenamt – Anfänge

Eignung: Wer hat das Zeug dazu – und warum?

Minister sind nicht die besten Fachleute. Fachkenntnisse muss man am wenigsten mitbringen, wenn man ein Spitzenamt in der Politik erreichen will. Das klingt erstaunlich, hat sich aber bewährt. Immer mal wieder werden Expertenregierungen gelobt, so zuletzt in Österreich im zweiten Halbjahr 2019. Sie werden aber letztlich immer nur als Übergangsmodell angesehen. Und das ist auch richtig so. Politik ist mehr als Fachverstand.

Meine Erfahrung ist, dass reine Fachleute zur Führung einer großen Organisation wie etwa eines Ministeriums nicht genügend Distanz mitbringen. Gute Lehrer, Rechtsanwälte, Ärzte oder Unternehmer sind nicht automatisch die besten Kultus-, Justiz-, Gesundheits- oder Wirtschaftsminister. Und Virologen wären in einer Pandemie, wie wir sie 2020 durch das Coronavirus erlebt haben, auch nicht unbedingt die besten politischen Krisenmanager. Viele Bürger hätten das vermutlich auch gar nicht gewollt.

Minister, die glauben, sie seien in allen Themen die besten Sach-bearbeiter, sind keine guten Minister. Die Mitarbeiter stellen in ei-nem solchen Ministerium die eigene gedankliche Arbeit schnell ein. Fachkenntnis muss man also nicht mitbringen in ein Ministerium, wohl aber die Bereitschaft, sich in die Sachmaterien des Ressorts gründlich einzuarbeiten. Das gilt für die Grundzüge ebenso wie für wichtige Details. Man muss die Bereitschaft mitbringen, die Fach-sprache, die jeder Geschäftsbereich benutzt, zu verstehen, anzuwen-den, aber sie genauso für normale Menschen auch zu „übersetzen". Gerade dieses „Übersetzen" muss ein guter Politiker in der Demo-kratie leisten.

Politische Erfahrung in ein Ministeramt mitzubringen ist wich-tiger als reine Fachkenntnis. Das klassische Sozialisationsprinzip von Spitzenpolitikern ist die sogenannte Ochsentour, die oft in den Jugendorganisationen der Parteien beginnt, sich dann in den Vor-ständen der Mutterpartei fortsetzt, von dort zunächst in ein Ab-geordnetenmandat führt und schließlich in Regierungsfunktionen mündet. All das dient dazu, sich mit der Zeit politische Erfahrung anzueignen. Das sollte man nicht abschätzig betrachten. Die Ochsentour stählt die Persönlichkeit auf dem Weg nach oben.

Junge politische Nachwuchshoffnungen haben wenig politische Erfahrung und kommen zuweilen trotzdem in wichtige Ämter. Sie sollen hier Erfahrungen sammeln, um dann bei größeren Auf-gaben auf mehr Expertise verweisen zu können. So war es bei der jungen Angela Merkel, die von Bundeskanzler Helmut Kohl erst zur Jugendministerin gemacht wurde, um ihr danach das ungleich wichtigere Umweltministerium anzuvertrauen. Sie hatte sich im Ju-gendministerium bewährt. So war es auch bei mir: Ich wurde mit 36 Jahren im Oktober 1990 Staatssekretär im Kultusministerium in Mecklenburg-Vorpommern und nach vier Jahren dort Chef der Staatskanzlei.

Manchmal ist es sogar so, dass man erst bestimmte Ämter oder Funktionen haben muss, bevor man dann überhaupt für andere

Führungspositionen infrage kommt. Die Chefs des Bundeskanzleramts waren nahezu alle vorher Parlamentarische Geschäftsführer von Fraktionen, Generalsekretäre ihrer Parteien oder wie Frank-Walter Steinmeier und ich Chefs von Staatskanzleien in Bundesländern. Wer in den obersten Führungsgremien seiner Partei sitzen will, der hat meistens schon Partei- oder Regierungsämter. Und wer Bundeskanzler werden will, der muss sich in aller Regel zuerst einmal als Partei- oder Fraktionsvorsitzender oder wenigstens als ein wichtiger Minister oder Ministerpräsident bewährt haben. Nicht selten ist es für die eigene politische Karriere auch sinnvoll, wenn man parallel noch wichtige Funktionen außerhalb der Politik hat. Viele Spitzenpolitiker sind ehrenamtliche Verbandsvorsitzende, etwa bei sozialen oder karitativen Organisationen. Oder sie sind Mitglieder in den Vorständen von Gewerkschaften, in Kuratorien von Stiftungen usw. Das gibt es auf allen Ebenen: So mancher Landtagsabgeordneter ist Vorsitzender des örtlichen DRK-Kreisverbandes. Und nicht wenige Bundestagsabgeordnete sind Präsidenten von Interessengruppen auf Bundesebene. Wer solche Erfahrungen außerhalb der Politik vorweisen kann, der empfiehlt sich damit für höhere Aufgaben auch innerhalb der Politik.

Was man mitbringen muss, wenn man Spitzenpolitiker werden will, das ist Zutrauen zu sich selbst, den Herausforderungen eines solchen Spitzenamtes gewachsen zu sein. Und man muss einen Macht- und einen Gestaltungswillen mitbringen, der über den Wunsch hinausgehen muss, an persönlicher Bedeutung zu gewinnen.

Die Ressorts, die ich Sicherheitsressorts nenne, also das Innen- und das Verteidigungsministerium sowie das Bundeskanzleramt, brauchen darüber hinaus politisches und fachliches Führungspersonal, das Risikobereitschaft mitbringt, sich durch eine gewisse Härte auszeichnet und im Stress ruhig und entschlossen bleibt.

Als Karl-Theodor zu Guttenberg Anfang März 2011 von seinem Amt als Verteidigungsminister zurücktrat, fand der CSU-

Vorsitzende Horst Seehofer keinen geeigneten Politiker der CSU, der die Risikobereitschaft für die Übernahme des Verteidigungsministeriums hatte. Es wurde sogar von Kandidaten auf persönliche Risiken bei Reisen in gefährliche Einsatzgebiete hingewiesen, die man nicht bereit sei zu tragen. So kam es zu einem Tausch zwischen CDU und CSU. Ich wurde als CDU-Politiker Verteidigungsminister, und der CSU-Politiker Hans-Peter Friedrich wurde Innenminister.

Wer in Spitzenämtern politisch erfolgreich sein will, muss nach meiner Meinung darüber hinaus die Bereitschaft zur Verschwiegenheit mitbringen. Dies gilt wiederum insbesondere für die Sicherheitsressorts. Das klingt selbstverständlich, ist es aber nicht. Es vergeht kein Tag, an dem ein Minister nicht der Versuchung ausgesetzt ist, Journalisten etwas mitzuteilen, was vorher nicht bekannt war, oder etwas zu bestätigen, was Journalisten glauben herausgefunden zu haben und was allein deswegen angeblich kein Geheimnis mehr sei. Dem muss man widerstehen können. Das verlangt das Staatsinteresse. Und nur so wächst auch auf Dauer bei Journalisten der Respekt.

Das Wichtigste aber ist: Niemand ist gleich zu Beginn seiner Amtszeit ein guter Minister. Man wird nicht als Spitzenpolitiker geboren, und man kommt selten „fertig" ins Amt. Es geht bei der Berufung in ein politisches Spitzenamt nicht um die Frage, ob jemand bereits am Tage nach der Ernennung ein guter Minister, Fraktionsvorsitzender, Generalsekretär oder Staatssekretär ist, sondern um die Frage, ob das jemand in kurzer Zeit werden kann.

Als Hans-Dietrich Genscher vom Innen- ins Außenministerium wechselte, wurde seine Eignung für dieses Amt überwiegend bezweifelt. Als einer der am längsten amtierenden Außenminister der Welt verließ er 1992 hochgeachtet sein Amt. Helmut Kohl wurde als Provinzpolitiker abgetan, der unmöglich dem großen Helmut Schmidt als Bundeskanzler das Wasser reichen könne. Angela Merkel gegenüber wurden insbesondere aus der Wirtschaft und von ihrem Vorgänger Zweifel geäußert, ob sie für das Amt einer Bundeskanzlerin geeignet sei. Man vermisste politische Erfahrung, war skeptisch wegen ihrer Vergangenheit als Ostdeutsche und zum Teil sogar, weil sie eine Frau ist.

Politische Führung bedeutet, ein guter Minister oder sonst ein führender politischer Amtsträger werden zu wollen, ohne es gleich zu sein, und die Demut, sich das einzugestehen.

Nach meiner Meinung gehört auch Loyalität zu dem, was man als Führungspersönlichkeit in der Politik mitbringen muss. Loyalität gegenüber der Sache, also dem Kernanliegen des Aufgaben- und Zuständigkeitsbereichs, der einem anvertraut wird; Loyalität gegenüber den Mitarbeitern, gegenüber Partei, Fraktion und Regierung und insbesondere deren Chefs.

Ein noch so erfahrener Politiker, der sich in der Sache auskennt, mit Gestaltungswillen und Risikobereitschaft ausgestattet ist, hoch motiviert und verschwiegen agiert, wird auf Dauer jedenfalls nicht erfolgreich sein, wenn er den Ruf hat, illoyal zu sein, oder sich als illoyal erwiesen hat. Im Zweifel wird er gar nicht erst in ein Ministeramt berufen. Keiner der Kollegen wird über das Professionelle hinaus mit ihm eng zusammenarbeiten. Kein Mitarbeiter wird für ihn das Letzte geben. Und keiner wird ihm trauen.

Meine Erfahrung ist: Wer nicht bereit ist zu dienen, kann nicht gut führen.

Auswahl: Wer wird etwas – und wie?

Die Personalauswahl ist in der Politik Chefsache. Und jeder Spitzenpolitiker hat Namen von Persönlichkeiten in eine Art Notizbuch virtuell oder tatsächlich „eingetragen". Darin finden sich Namen von Menschen, die einem genannt werden oder die man selbst erlebt hat und die Potenzial für eine höhere Funktion zeigen. In ein solches „Notizbuch" zu gelangen, das ist eine Mischung aus Leistung, Glück und Zeitpunkt.

Es gibt für die Besetzung von Spitzenämtern in der Politik keine Headhunter. Es gibt zwar selbsternannte Berater oder sogenannte Vertraute, die einem Regierungschef Namen von angeblich geeigneten Persönlichkeiten zuflüstern, die zum Minister berufen werden könnten oder sollten. Deren Einfluss darf aber nicht überschätzt werden.

Allerdings gibt es immer einige wenige Persönlichkeiten, die das Ohr des Regierungschefs oder des Parteivorsitzenden haben und dann vertraulich einzelne Personen vorschlagen. Das funktioniert aber nur dann, wenn ein solcher Hinweis wirklich vertraulich bleibt. Eine solche Persönlichkeit war der verstorbene Peter Hintze, lange Jahre CDU-Generalsekretär und Parlamentarischer Staatssekretär.

Minister sind in aller Regel Mitglieder der Parteien, die zusammen die Regierung stellen. Wenige Ausnahmen bestätigen die Regel. Politisch erfolgreich ist man auf Dauer nur, wenn man Mitglied einer Partei ist. Das verlangt ein Bekenntnis und Treue auch in schlechten Tagen. Viele Parteilose scheuen das, manchmal aus Opportunismus.

Selbst geeignete Kandidaten werden aber nur dann ein Führungsamt bekommen, wenn die Konstellation passt. Konstellation ist das Wichtigste für eine Karriere. Nicht nur, aber auch in der Politik. Eine Regierung, ein Partei- oder Fraktionsvorstand oder auch ein Parlamentsausschuss muss eine Mischung sein von Alten und Jungen, von Frauen und Männern, von Erfahrenen und Neuen aus verschiedenen Landesteilen in Deutschland, auch aus Ost und West.

Das wird oft kritisiert. Es könne doch nicht sein, dass ein geeigneter Kandidat oder eine geeignete Kandidatin nur deshalb nicht Minister wird, weil er oder sie aus dem „falschen" Landesverband kommt. Diese Kritik mag auf den ersten Blick berechtigt sein, weil Leistung dann nicht so viel zählt wie Herkunft. Auf den zweiten

Blick ist sie das nicht. Die Bevölkerung kann in einer Demokratie schon erwarten, dass politische Gremien wenigstens in etwa die große Breite der Bevölkerung repräsentieren. Und das gilt regional, aber auch für die altersmäßige Zusammensetzung.

Noch wichtiger ist die richtige Konstellation auch deswegen, weil man in die meisten politischen Spitzenfunktionen nicht „von oben" berufen oder ernannt wird, sondern „von unten" gewählt werden muss. Wer bei Wahlen immer nur Pech hat, der hat keine Chance, in Spitzenpositionen zu gelangen – und sei er auch noch so talentiert. Und wem umgekehrt bei Wahlen immer das Glück und der Zufall gewogen sind, dem stehen politisch viele Türen offen.

Ein schwieriges Thema ist, ob ein Minister „Stallgeruch" zu dem Ressort braucht, das er übernimmt, also eine innere Bindung über eine frühere berufliche oder sonstige Nähe. Der frühere erfolgreiche Verteidigungsminister Peter Struck hatte wie die meisten Verteidigungsminister zu Amtsbeginn keinen Stallgeruch. Die Bildungs- und Forschungsministerin Anja Karliczek hatte in der wissenschaftlichen Community Akzeptanzprobleme, weil sie ohne vollakademisches Studium herkömmlicher Art keinen Stallgeruch hat. Nach meiner Erfahrung hilft Stallgeruch zu Beginn einer Amtszeit, weckt aber auch große, gerade am Anfang vielleicht zu große Erwartungen. Er ist insofern sicher eine hilfreiche, aber keine zwingende Erfolgsbedingung für einen guten Minister. Das gilt insbesondere für Minister mit uniformierten Mitarbeitern. Soldaten, Polizisten und Feuerwehrleute sind diesbezüglich besonders sensibel. Wer hier als Minister keinen „menschlichen Draht" zu den Uniformträgern findet, hat verloren, und mag er oder sie auch noch so viel zusätzliches Geld für das Ressort einwerben.

Sehr gern beteiligen sich die Presse und die Öffentlichkeit an der Besetzung von politischen Spitzenämtern. Da werden Hoffnungen herbeigeschrieben und scheinbar sichere Kandidaturen abgeschrieben. Das ist gefährlich. So war es bei der Auswahl von Kandidaten für die Wahl des Bundespräsidenten 2010. Ursula von der Leyen galt vielen in der Presse als gesetzt. Sie legte vor Fotografen ihren Zeigefinger vor den Mund, was als Bestätigung des Gerüchts gewertet wurde, sie würde die erste Bundespräsidentin. Später wurde dann Christian Wulff gewählt. Manchmal ist eine Spekulation über Personen in der Presse das frühe journalistische Herausfinden von Tendenzen in der Entscheidungsfindung, manchmal ist es aber auch ein journalistischer Test ohne sachlichen Hintergrund. Ein falscher Name früh genannt, das ist im politischen Journalismus nicht schlimm. Einen richtigen Kandidaten für eine Position früh getippt und vielleicht gar promotet zu haben, das gilt in Journalistenkreisen dagegen als Ritterschlag.

Immer noch gilt aber die alte Regel: Wer zu früh als Kandidat genannt wird, verringert seine Chancen. Es gibt sogar Parteifreunde, die jemanden dadurch verhindern wollen, dass sie ihn zu früh zum Kandidaten für ein bestimmtes Amt ausrufen.

Angela Merkel ist dafür bekannt, die Öffentlichkeit bei Personalentscheidungen zu überraschen. So war es auch in meinem Fall, als sie mich 2005 zum Chef des Bundeskanzleramts machte. Die meisten hatten mit Norbert Röttgen gerechnet. Dabei hatte sie bei dieser Personalentscheidung zuerst den CSU-Politiker Erwin Huber im Auge und dann mich.

Zu den politischen Führungspositionen, die nicht durch Wahlen besetzt werden, gehört das Ministeramt. Nach dem Grundgesetz schlägt der Bundeskanzler dem Bundespräsidenten bestimmte Persönlichkeiten zur Ernennung als Bundesminister vor. Das ist das alleinige Vorschlagsrecht des Regierungschefs. Der Bundespräsident kann einen solchen Vorschlag nur unter ganz engen Voraussetzungen ablehnen. Aber auch der Bundeskanzler ist bei diesem Vorschlagsrecht politisch nicht frei. Selbst starke Bundeskanzler haben ihre Personalvorschläge aus der eigenen Partei zwar selbst getroffen, aber vorher wichtige Vertreter der eigenen Partei konsultiert.

Der Bundeskanzler hat zudem nur für die Ministerien eine echte Personalauswahl, die von der Partei besetzt werden, der der Bundeskanzler angehört. Für die anderen Ministerämter ist faktisch das politische Recht des Personalvorschlages auf den sogenannten Riegenführer der jeweiligen Koalitionspartei übergegangen, meistens also auf den Parteivorsitzenden. Die Ressortverteilung wird am Ende der Koalitionsverhandlungen politisch ausverhandelt, die Benennung der Personen obliegt den Parteien, nicht dem Bundeskanzler.

Wenn ein Bundeskanzler schwerwiegende Bedenken gegen einen Ministerkandidaten eines Koalitionspartners hat oder der Koalitionspartner das ahnt, dann sind beide Seiten gut beraten, eine solche Personalie vertraulich zu erörtern, bevor der Name bekannt wird. Sind Kandidaten erst einmal öffentlich benannt und würde dann der Bundeskanzler widersprechen, dann ginge das nicht ohne Gesichtsverlust und wäre kaum noch zu machen. Einen solchen Fall habe ich erlebt, als es im Februar 2009 um die Nachfolge des zurückgetretenen Wirtschaftsministers Michael Glos ging. Der damalige CSU-Vorsitzende Horst Seehofer hatte intern einen Kandidaten vorgeschlagen, der auf ernste Zweifel stieß. Da blieb alles vertraulich. Im Ergebnis wurde Karl-Theodor zu Guttenberg Nachfolger von Glos.

Betrachtet man zusammenfassend, dass die Parteimitgliedschaft, die Zugehörigkeit zu einem Landesverband, das Alter, der Stallgeruch, die Konstellation oder die Notwendigkeit eines Überraschungsfaktors wichtiger sind als die pure Qualität, um Minister eines der wichtigsten Staaten der Welt zu werden, dann könnte man solche Kriterien der Personalauswahl für ungeeignet halten. Es sind politische Kriterien, die im Einzelfall sicher auch kritikwürdig sind. Aber wenn ich mir die Personalauswahl der Minister in der Geschichte der Bundesrepublik Deutschland vergegenwärtige, dann muss man sich weder im Vergleich zur Wirtschaft noch zur europäischen oder internationalen Politik für diese Personalauswahl schämen. Die Spitzenpolitiker, die Menschen in Ministerämter berufen, haben selbst ein Interesse daran, dass die Regierung gut arbeitet. Deswegen kommt die fachliche Qualität neben den genannten politischen Kriterien bei der Personalauswahl letztlich auch nicht zu kurz.

Ich behaupte nicht, dass die beschriebenen Kriterien der Personalauswahl auf andere Bereiche außerhalb der Politik übertragbar sein könnten. Aber ich halte es für angemessen und erfolgreich, politische Kriterien für die Auswahl von politischen Führungspersönlichkeiten anzulegen. Das mag im Einzelfall schiefgehen, aber für den Zweck eines politischen Erfolgs sind politische Kriterien sachgerecht.

Politische Führung bedeutet, politische Kriterien bei der Auswahl von Führungspersönlichkeiten in der Politik anzulegen.

Anfänge – Von guten und schlechten Starts ins Amt

In den ersten Tagen in einem neuen Amt ist ein Spitzenpolitiker vielfältigen Erwartungen ausgesetzt, internen wie externen.

Intern kommt es darauf an, das neue Büro, ja das neue Haus als das eigene in Besitz zu nehmen. Als „Haus" bezeichnet man politikintern das Ministerium oder die Parteigeschäftsstelle. „Mein Haus" ist eine liebevoll gemeinte Bezeichnung eines Ministers oder Staatssekretärs für sein Ministerium oder eines Parteivorsitzenden oder Generalsekretärs für seine Parteizentrale.

Zur Amtsübergabe gibt es eine Personalversammlung. Dabei achten die Mitarbeiter sehr genau darauf, wie der Vorgänger den Nachfolger würdigt und umgekehrt, vor allem aber darauf, wie „der Neue" die Mitarbeiter anspricht. Wenn er den Ton trifft, ist das die halbe Miete, das Herz der Mitarbeiter zu gewinnen.

Der erste Blick der Mitarbeiter auf einen neuen Chef richtet sich darauf, ob er an dem bisherigen Spitzenpersonal festhält und ob es eine Neuorganisation im Haus gibt. Nach meiner Erfahrung empfiehlt es sich, die Personalentscheidungen für die zweite Führungsebene, bei Ministerien also die Staatssekretärsebene, sehr schnell zu treffen. Das ist für den Staatssekretär, der das Haus verlassen muss, zwar bitter, zugleich aber auch am besten, weil keine falschen Hoffnungen entstehen. Ich habe das sowohl im Innenministerium wie auch im Verteidigungsministerium mit fachlich hervorragenden Spitzenbeamten so entschieden, weil wir nach meiner Meinung menschlich nicht zusammenpassten und inhaltlich nicht dieselben Grundüberzeugungen teilten.

Weitere Personalentscheidungen, die ich gleich zu Anfang getroffen habe, betrafen mein direktes Umfeld im Ministerium. Als Entscheidungs- und Verantwortungsträger braucht man in seinem engsten Nahbereich kompetente und professionelle Mitarbeiter, die zugleich loyal und vertrauenswürdig sind. Ich habe meine Sekretärin gebeten, mich in die verschiedenen Ministerien zu begleiten, ebenso einen Leiter Leitungsstab und den Pressesprecher. In der Politik ist es üblich, dass ein Amtsträger bei der Zusammenstellung seines engsten persönlichen Mitarbeiterstabs weitgehend freie Hand hat, also nicht an das Personal seines Vorgängers, an Planungen der Personalverwaltung oder an Erwartungen der Personalvertretung gebunden ist.

Mit weiteren Entscheidungen kann und sollte man sich dann etwas Zeit lassen. Ich habe eine strukturelle Neuorganisation der Ministerien, die ich übernommen habe, nach einigen Wochen entschieden und durchgeführt. Natürlich gibt es stets eine dem Zuständigkeitsbereich des Ministeriums obliegende traditionelle Grundstruktur. Jedes Ministerium hat eine Zentralabteilung oder eine Grundsatzabteilung. Jedes Finanzministerium hat eine Haushaltsabteilung. Dennoch halte ich strukturelle Veränderungen in großen Institutionen alle paar Jahre für erforderlich. Das bricht Verkrustungen auf, die im Laufe der Zeit immer entstehen. Ich wollte als neuer Minister mit einer strukturellen Veränderung, also einer Veränderung der Geschäftsverteilung, auch Zeichen ins Haus setzen, dass ich mir „mein Haus" gern so einrichte, wie ich es für richtig halte. Die Struktur einer Institution hat für die Erfüllung der inhaltlichen Ziele und für die Führung eine dienende Funktion und ist kein Selbstzweck. Die strukturelle Veränderung mit einem neuen Chef ist auch ein äußeres Zeichen dafür, dass etwas Neues beginnt.

In den ersten Tagen als neuer Minister habe ich mir Zeit genommen, um möglichst alle Mitarbeiter an ihrem Arbeitsplatz zu besuchen. Das ist sehr aufwendig. Es ist mir auch nicht immer gelungen. Aber es wurde stets als großes Zeichen der Wertschätzung von den Mitarbeitern wahrgenommen. Im Bundeskanzleramt hatten bis zu meiner Amtsübernahme viele in der Registratur oder in der Poststelle noch nie einem Minister die Hand gegeben oder ihn von Nahem gesehen.

Außerdem hat mir die äußere Gestaltung der jeweiligen Diensträume und der Flure immer auch einen Eindruck von der inneren Verfasstheit der Mitarbeiter gegeben.

Von den Abteilungsleitern, also der dritten Führungsebene, habe ich in kürzester Zeit eine Ist-Analyse, eine Beschreibung der zeitlich dringlichsten und der inhaltlich wichtigsten Aufgaben ihrer Abteilung, erbeten. Anschließend habe ich mit den Abteilungsleitern – meistens unter vier Augen – darüber gesprochen. Dies hatte einen doppelten Zweck: Zum einen diente es meiner inhaltlichen Einarbeitung, und zum anderen lernte ich so die Qualität der Abteilungsleiter selbst am besten kennen und einschätzen.

Politische Führung bedeutet, unangenehme Entscheidungen so früh wie möglich zu treffen und nicht aufzuschieben. Je früher sie getroffen werden, desto weniger werden sie als hart empfunden. Je weicher und unentschiedener ein Chef zu Beginn seiner Amtszeit ist, als umso härter werden seine Entscheidungen empfunden, wenn sie spät fallen. Meine Erfahrung ist: lieber früh zu hart als zu weich.

Jedes Ministerium hat einen nachgeordneten Geschäftsbereich. Das sind oft große Behörden mit Tausenden oder Zehntausenden von Mitarbeitern. Das gilt natürlich vor allem für die „großen" Ministerien wie Verteidigung, Innen oder Finanzen sowie Arbeit und Soziales. Auch eine Partei hat nachgeordnete Gebietsgliederungen und Fachorganisationen. Die Mitarbeiter dort erwarten schnellstmöglich Antrittsbesuche des neuen Chefs im ganzen Land. Es wird sehr genau darauf geachtet, wohin man zuerst geht: zur geografisch nächsten Organisation, zur angeblich wichtigsten, zur größten oder zu einer als problematisch empfundenen Organisation. Der erste Besuch und die weitere Besuchsreihenfolge sind deshalb klug zu überlegen. Eine wichtige Entscheidung ist auch darüber zu treffen, ob bei diesen Besuchen die Presse dabei sein soll. Dafür spricht, dass man damit öffentlich Zeichen setzt und die Mitarbeiter sich wichtig und ernst genommen fühlen. Dagegen spricht, dass solche Besuche unter öffentlicher Begleitung nicht wirklich geeignet sind, die Stärken und Schwächen einer Organisation kennenzulernen und Probleme aufzunehmen. Es empfiehlt sich daher, mit einigen kurzen, öffentlichkeitswirksamen Besuchen zu beginnen und daran dann ausführlichere Besuche im internen Rahmen anzuschließen.

Dieses interne „Inbesitznehmen" ist für den neuen Chef wichtig, aber zeitintensiv. Und gleichzeitig erwarten die Öffentlichkeit, die eigene Klientel, die Koalition und die eigene Partei in den ersten Tagen in einem neuen Amt sichtbare inhaltliche Akzente nach außen. Aus der früheren Schonzeit von 100 Tagen, die dazu genutzt werden sollte, dass man sich in sein Amt einarbeiten konnte, ist eine Erwartung geworden, nach 100 Tagen eine erste Bilanz der Arbeit des neuen Ministers ziehen zu können. Das ist absurd, aber wohl nicht mehr zu ändern. Deshalb arbeiten seit einigen Jahren alle Neuen darauf hin, dass es wenigstens einige solcher positiven Bilanzpunkte nach 100 Tagen geben kann.

Die meisten Spitzenpolitiker auf Bundesebene bewegen sich inzwischen längst in einem europäischen und internationalen Kontext. Deshalb sind Antrittsbesuche im Ausland selbstverständlich geworden. Das gilt auch umgekehrt. Mein neu ins Amt gekommener französischer Kollege Bernard Cazeneuve hat mich sogar am ersten Tag seiner Amtszeit als Innenminister spätabends in Berlin besucht. Daraus ist nicht nur eine sehr gute inhaltliche Zusammenarbeit, sondern auch eine persönliche Freundschaft geworden.

Es gibt sehr viele Fachministerkonferenzen, natürlich in Deutschland, aber auch international und insbesondere innerhalb der Europäischen Union. Sie sind nicht immer sehr effektiv, sondern langatmig, ritualisiert, protokollarisch festgefügt und wenig ergebnisorientiert. Und dennoch ist es wichtig, dass ein neuer Minister zur ersten Sitzung in seiner Amtszeit dort auftritt. Deutschland ist ein großes Land, alle erwarten von ihm eine Führungsrolle, so dass alle Kollegen neugierig sind, wie der neue Minister aus Deutschland ist. Es erleichtert die Zusammenarbeit der nächsten Jahre sehr, bei solchen Konferenzen von Beginn an präsent zu sein, auch wenn das in Konkurrenz zu anderen dringlichen Aufgaben steht, die am Anfang einer Amtszeit anstehen.

In der Politik ist es üblich, seriös und wichtig, dass ein neuer Amtsträger seinen Vorgänger nicht öffentlich kritisiert und umgekehrt. Das gilt selbst dann, wenn es um einen echten Regierungswechsel geht, also wenn die Opposition die bisherige Regierung ablöst, oder wenn der Vorgänger unter unglücklichen Umständen, etwa durch einen Rücktritt, ausgeschieden ist. Der Nachfolger kann und wird zwar neue Akzente setzen. Er kann Entscheidungen, mit denen er nicht zufrieden ist, korrigieren. Er kann andere Personalentscheidungen treffen. Aber es gilt als Nachtreten, als schlechtes Verlieren oder als kleinkariertes Gewinnen, wenn sich Vorgänger oder Nachfolger öffentlich direkt persönlich kritisieren. Darüber hinaus gibt es eine informelle Regel, dass sich ein ehemaliger Amtsinhaber nicht öffentlich zu Themen und Vorgängen äußert, in denen er vorher verantwortlich war. Das gilt jedenfalls in den ersten Monaten nach der Amtsübergabe.

Man mag solche Regeln der politischen Höflichkeit altmodisch finden. Ich finde sie gut. Sie machen das Leben für alle Beteiligten leichter. Sie schließen Wunden schneller, die mit der Abgabe eines Amtes verbunden gewesen sein mögen, und sie erleichtern die Arbeit der Mitarbeiter, die im selben Haus mit einem neuen Chef arbeiten.

Politiker in Führungspositionen haben vergleichsweise kurze Amtszeiten. Die Amtszeit eines Ministers und die Wahlperiode eines Abgeordneten betragen vier oder fünf Jahre, die von Parteiämtern meist sogar nur zwei Jahre. Man kann nicht einmal fest davon ausgehen, so lange auch tatsächlich im Amt zu bleiben, dafür ist das politische Geschäft zu unberechenbar. Aber die eigenen inhaltlichen Ziele sollten über diese Zeitspanne hinaus gerichtet sein. Deshalb stellt sich zu Beginn einer jeden Amtszeit die Frage, ob man mit der Abarbeitung problematischer und umstrittener Themen beginnt oder ob man am Anfang die Projekte aussucht, bei denen man schnell Erfolge erzielen kann. Das gilt natürlich nur dann, wenn man es sich aussuchen kann. Ich bin der Meinung, es ist besser, mit den problematischen Entscheidungen zu beginnen. Wenn sie abgearbeitet sind, werden sie gegen Ende der Legislaturperiode eher wieder vergessen sein, und danach kann man sich auf die angenehmeren Dinge konzentrieren. Die öffentliche Versuchung ist genau umgekehrt nach dem Motto: Erst das Schöne und Leichte, das Schwierige kommt später. Siehe da, neue Besen kehren gut, so heißt es dann. Ein neuer Minister kann schnell Erfolge zeigen. Nach meiner Meinung kommt es aber nicht auf die schnellen Erfolge an, sondern auf die nachhaltigen. Eine Legislaturperiode ist ein Langstreckenlauf.

Ein Beispiel: In der Koalitionsvereinbarung 2013 hatten sich CDU/CSU und SPD auf eine Erweiterung der doppelten Staatsbürgerschaft verständigt. Dies war in meiner Partei als Kompromiss ungeliebt. Als ich dann meiner Unionsarbeitsgruppe vorschlug, diesen Punkt als einen der ersten abzuarbeiten, gab es Bedenken. Warum solle man der SPD so früh einen Erfolg gönnen? Ich habe umgekehrt argumentiert: Wenn die SPD so früh einen Erfolg habe und wir dann mit unseren Themen anschließend Erfolg hätten, dann würden wir im Laufe der Zeit besser punkten. So haben wir es dann gemacht, und dieses Vorgehen wäre auch ein Erfolg geworden, wenn nicht die CDU selbst das Thema viel später ohne Not innerparteilich wieder aufgegriffen hätte, ohne allerdings eine Lösung durchsetzen zu können.

Politische Führung bedeutet, die unangenehmen oder unpopulären Sachen zuerst anzupacken und nicht auf die lange Bank zu schieben.

Für einen neuen Amtsträger ist das Erwartungsmanagement wichtig. Großartige Ankündigungen zu Beginn verheißen eine große Amtszeit. Große Pläne klingen groß. Neues steht im Raum, Visionen entstehen. Die Fantasie wird geweckt. Ich halte das für gefährlich. Erfolge fährt man als Führungspersönlichkeit in der Politik nie allein ein. Viele Erfolgsbedingungen sind unbeeinflussbar und extern. Nicht eingelöste Erwartungen bleiben länger im Gedächtnis als gar nicht erst geweckte Erwartungen. Deswegen finde ich es klüger, ein Erwartungsmanagement so zu betreiben, dass man mit Ankündigungen vorsichtig und zurückhaltend ist, aber Ergebnisse produziert, die die Erwartungen übertreffen. Das ist nicht spektakulär, vor allem nicht für die Pressearbeit. Aber nach meiner Erfahrung ist es auf Dauer erfolgreicher, sowohl in der Sache wie auch für die Akzeptanz und die Reputation eines Spitzenpolitikers.

Politische Führung bedeutet, selbstgeweckte Erwartungen zu übertreffen und nicht erfüllbare Erwartungen zu vermeiden.

Welcher Weg? Erwartungen und Ziele

Erwartungen kennen – und manchmal enttäuschen

An einen Minister oder einen politischen Führer werden vielfältige Erwartungen gerichtet:

- Die Bevölkerung erwartet, dass die von ihr wahrgenommenen Probleme abgearbeitet und gelöst werden, sogar unabhängig davon, ob man für deren Bewältigung überhaupt zuständig ist. Außerdem sollen die Probleme unverzüglich gelöst werden.

- Die Koalition insgesamt erwartet, dass die in der Koalitionsvereinbarung genannten Themen angegangen werden.

- Die eigenen Parteifreunde in der Koalition erwarten, dass man die eigenen Profilierungspunkte erfolgreich umsetzt und die politischen „Kröten", die in der Koalitionsvereinbarung geschluckt werden mussten, verhindert, mindert oder geräuschlos so umsetzt, dass für die eigene Partei kein Schaden entsteht.

- Der eigene Geschäftsbereich erwartet, dass der Minister beim Finanzminister und – noch wichtiger – beim Haushaltsausschuss des Parlaments möglichst viele Stellen und steigende Sachmittel für wichtige Ressortprojekte herausverhandelt.

- Die Verbände und Interessengruppen, die dem Geschäftsbereich eines Ministeriums oder der Grundhaltung einer Partei besonders nahestehen, erwarten, dass ihre Interessen aufgenommen und so weit wie möglich berücksichtigt werden.

- Die Presse erwartet glanzvolle Auftritte, gute Reden, eine neue Sprache und gern auch mal Streitigkeiten in einer Regierung oder im Parteivorstand, bei denen man mal ordentlich auf den Tisch haut und als Gewinner vom Platz geht. Und sie erwartet eine jeweils exklusive Behandlung und vertrauliche Informationen vorab.

- Das Inland erwartet, dass man deutsche Interessen in internationalen Gremien nachhaltig vertritt und möglichst viele davon durchsetzt.

- Das Ausland erwartet, dass man eine deutsche Führungsrolle so umsetzt, dass den Interessen anderer Staaten genauso gedient ist und Deutschland eigene Interessen zugunsten multilateraler Ergebnisse zurückstellt.

- Das Ministerium erwartet, dass der Minister möglichst viele Termine im Ministerium und im nachgeordneten Geschäftsbereich wahrnimmt.

- Die für das Ministerium zuständigen Verbände erwarten, dass der Minister möglichst viel zu ihren Veranstaltungen kommt.

- Die eigene Partei erwartet, dass der Minister sie in Wahlkämpfen unterstützt und viele Parteitermine wahrnimmt.

- Der eigene Wahlkreis erwartet, dass der Minister trotz vieler Ministertermine möglichst oft im Wahlkreis ist.

- Und Familie und Freunde erwarten, dass man neben der Erfüllung all dieser Erwartungen auch noch genügend Zeit für die Familie und die Freunde hat.

- Und man selbst erwartet von sich, allen diesen Erwartungen irgendwie gerecht werden zu können.

Es ist objektiv unmöglich, all diesen Erwartungen gerecht zu werden. Wer das versucht, wird scheitern. Man kann das auch offen aussprechen, dann haben viele mehr Verständnis für Absagen und angebliche Zurücksetzungen. Man sollte gar nicht erst den Eindruck erwecken, als könne man alle Erwartungen erfüllen.

Politische Führung besteht darin, aushalten zu lernen, nicht alle Erwartungen erfüllen zu können.

Politische Führung besteht darin, unerfüllbare Erwartungen aus-
tarieren zu können.

Politische Führung besteht darin, keine dieser Erwartungen vollständig zu enttäuschen und zugleich zu entscheiden, welche Erwartungen wann am wichtigsten sind.

Aufgaben – Man kann sich nicht alles aussuchen

Für jede Führungspersönlichkeit in der Politik gibt es selbstgesetz-
te und fremdgesetzte Aufgaben. Der Aufgabenbereich ist vielfältig:
Ein Minister ist als Regierungsmitglied vergleichbar mit einem
Vorstandsmitglied, als Ressortchef in etwa vergleichbar mit einem
operativ arbeitenden CEO, also einem Vorstandsvorsitzenden einer
großen Institution, gegenüber nachgeordneten großen Behörden
mit einem Vorsitzenden des Aufsichtsrats. Und der Vorstand einer
Partei fühlt sich manchmal – zu Unrecht – wie eine Gesellschafter-
versammlung.

Ein Spitzenpolitiker muss sich der unterschiedlichen Rollen bewusst sein, die er in seinen verschiedenen Funktionen hat: Operative Führung, Beteiligung an gemeinsamer Teamführung und
Delegation von Führung, all das gehört zur Aufgabenfülle, verlangt
unterschiedliche methodische Ansätze und Vorgehensweisen.

Politische Führung bedeutet, die unterschiedlichen Rollen funktional auszufüllen und mit der dieser Funktion entsprechenden Methode anzugehen.

In der Sache sind die meisten Aufgaben gerade für einen Minister vorgegeben: Ein Innenminister sorgt für Sicherheit, ein Außenminister vertritt deutsche Interessen im Ausland, ein Finanzminister
nimmt Steuern ein und sorgt mit dem Haushalt für die Ausgaben.
Auf Dauer ist diese natürliche Aufgabe der Kern jedes Ministeram-
tes und nicht die Umsetzung irgendeiner Koalitionsvereinbarung
oder die Befriedigung eines persönlichen Profils.

Die Koalitionsvereinbarung ist so etwas wie das Hausaufgabenheft von Politikern in Regierungsverantwortung, egal ob sie direkt der Regierung oder einer regierungstragenden Fraktion bzw. Partei angehören. In ihr ist niedergelegt, was zu tun und was zu unterlassen ist. Wenn ein Fachpolitiker an der Aushandlung der Koalitionsvereinbarung beteiligt war, dann hat er seine eigenen Hausaufgaben mit verhandelt. Wenn das nicht der Fall ist, ist er trotzdem daran gebunden.

Die der Sache nach naturgemäßen Daueraufgaben einer Organisation wie eines Ministeriums und die Abarbeitung der Hausaufgaben einer Koalitionsvereinbarung bestimmen den größten Teil der Aufgaben in einem politischen Spitzenamt. Daneben bleibt oft wenig Zeit, Geld und Kraft für die Erarbeitung und Umsetzung selbstgesetzter Aufgaben.

Man kann auch eine Unterscheidung zwischen sachlichen und politischen Aufgaben treffen. Eine sachliche Aufgabe für einen Kultusminister ist es, dafür zu sorgen, dass guter Unterricht stattfindet und möglichst wenig Unterricht ausfällt. Eine politische Aufgabe für einen Kultusminister kann es sein, eine bestimmte Schulstruktur, die er oder seine Partei für richtig hält, politisch durchzusetzen. Für einen Gesundheitsminister ist die Bewältigung eines weltweit auftretenden Virus mit hoher Ansteckungsgefahr eine sachliche Aufgabe, die Haltung zum und der Umgang mit dem Thema Sterbehilfe eine politische.

Oft werden politische Aufgaben als Sachaufgaben beschrieben, damit sie nicht so streitig diskutiert werden. Oder Sachaufgaben werden als politisch qualifiziert, damit man leichter gegen sie argumentieren kann. Natürlich ist die hier dargestellte Trennung von politischen und sachlichen Aufgaben bei vielen Themen nicht ganz durchzuhalten. Ist die Einführung einer Impfpflicht sachlich geboten oder politisch erwünscht? Aber die Unterscheidung zwischen überwiegend sachlichen und überwiegend politischen Aufgaben trägt doch zur gedanklichen Klarheit bei.

In meinem Amt als Innenminister wurde die Sachfrage einer effektiven Registrierung von Flüchtlingen während der Flüchtlingskrise 2015/2016 zu einer hochpolitischen, weil in der mangelnden Registrierung und der fehlenden Austauschbarkeit der Registrierungsergebnisse zwischen allen Behörden in Deutschland ein Kontrollverlust des Staates insgesamt gesehen wurde. Die naheliegende Lösung war vor der Krise politisch umstritten, rechtlich verboten und technisch unmöglich. In der Krise gelang eine Lösung plötzlich und schnell, aber nur, weil ich sie auf der Sachebene herbeigeführt habe.

Nach meiner Erfahrung kommt es für die eigenen Mitarbeiter und die Mehrzahl der Bevölkerung darauf an, wie erfolgreich eine politische Führungspersönlichkeit Sachaufgaben erledigt, während die interne, die innerparteiliche politische Reputation und die veröffentlichte Bewertung eines Amtsträgers eher davon abhängig sind, wie die Bewältigung politischer Aufgaben erfolgt. Es gibt politische Ämter, deren Aufgabengebiet eher politisch und damit politisierter ist, und es gibt Ämter, die eher als sachbezogen gelten. Aber im Prinzip gibt es die von mir dargestellte Unterteilung dieser beiden Aufgabenbereiche in allen Führungspositionen.

Politische Führung bedeutet, den Unterschied zwischen Sachaufgaben und politischen Aufgaben zu kennen und in beiden Bereichen erfolgreich sein zu wollen – und vor allem zu wissen, wann was „dran" ist und wie man einen Sachverhalt politisch aufladen oder ein politisches Thema auf eine sachliche Ebene zurückführen kann.

Ein erfolgreicher Spitzenpolitiker muss zuerst definieren, worin der Kern der Aufgabe besteht. Ein Beispiel: Besteht die Aufgabe in der Verabschiedung eines Einwanderungsgesetzes, genannt Fachkräftezuwanderungsgesetz? Oder besteht die Aufgabe in der Organisation qualifizierter Zuwanderung nach Deutschland, wofür man unter anderem ein neues Einwanderungsgesetz braucht? Für das Erste ist der Innenminister zuständig, für das Zweite neben dem Innenminister der Arbeitsminister, der Außenminister und insbesondere die Wirtschaft selbst. Wer glaubt, mit der Verabschiedung eines

Fachkräftezuwanderungsgesetzes sei die Aufgabe, mehr qualifizierte Zuwanderung nach Deutschland zu bekommen, erledigt, weil sie nunmehr erlaubt ist, der hat den Kern der Aufgabe nicht verstanden und wird sich wundern, wenn sich nichts Wesentliches ändert.

Wird die Aufgabe zu klein definiert, dann ist sie zwar schnell erledigt, die Erledigung hat aber keine Wirkung. Wird sie zu groß definiert, wird sie kaum erledigt werden, und eine Wirkung wird als solche nicht wahrgenommen.

Politische Führung bedeutet, die Aufgaben so zu beschreiben, dass das Ziel, der Erledigungsstand und die Abarbeitung der Aufgaben mit einer erkennbaren Wirkung nachvollziehbar und erkennbar sind.

Sehr wichtig ist es, richtig und vorab zu beurteilen, in welchem Zeitraum eine Aufgabe erledigt werden kann. Man muss in der Politik aushalten, dass die meisten Vorhaben, die man beginnt, während der eigenen Amtszeit nicht zu Ende gebracht werden können. Denn die Erledigung dauert meistens länger als die Amtszeit. Das darf aber nicht davon abhalten, solche Vorhaben zu beginnen. Sonst würde nie etwas begonnen.

Politische Führung bedeutet also, etwas zu beginnen, was man voraussichtlich nicht zu Ende bringen kann.

Das ist zwar schmerzlich, aber nicht schlimm. Später wird von dem einen gesagt werden, dass er die Idee hatte und die Umsetzung auf den Weg gebracht hat, und von dem anderen wird gesagt, dass er das Vorhaben seines Vorgängers umgesetzt hat. Beides kann gut sein.

Oft ist es so, dass man eine Aufgabe vor sich hat, sei sie selbstgesetzt oder von anderen vorgesehen, bei der es von Anfang an oder zwischendurch schwierig ist, sie durchzusetzen. Das kann daran liegen, dass ein Vorhaben keine Mehrheit in der Bevölkerung hat, keine Unterstützung bei den eigenen Leuten findet, dass es zu teuer ist, dass die sachlichen und politischen Kosten der Umsetzung höher sind als das nachträgliche Ergebnis. Viele geben dann ganz auf und schieben den Misserfolg anderen oder den Umständen in die Schuhe. Andere berücksichtigen diese Hindernisse nicht und scheitern. Das liegt oft daran, dass eine Aufgabe zu früh danach beurteilt wird, ob sie durchsetzbar ist, ob es genügend Verbündete gibt und ob Widerstände überwunden werden können. Oft wird dann die taktische Frage wichtiger als die Sachfrage.

Von meinen politischen „Lehrern" Richard von Weizsäcker und Kurt Biedenkopf habe ich gelernt, an die Lösung einer Aufgabe zunächst so heranzugehen, dass man die Aufgabe inhaltlich und ganz ohne taktische Erwägungen durchdenkt und bespricht. Hat man dann ein Ergebnis oder ein Ziel, das man für sachlich geboten und richtig hält, dann, aber erst dann müssen taktische Erwägungen folgen, also wie hoch die Durchsetzungschancen sind und ob es nicht taktisch klüger sein kann, die Aufgabe in Schritten oder nur teilweise oder durch Kompromisse so anzugehen, dass sie wenigstens teilweise Erfolg hat. Taktische Überlegungen sind für politische Führung notwendig. Aber sie dürfen nicht als Schere im Kopf für die Herangehensweise zur Lösung wichtiger politischer Aufgaben wirken.

Politische Führung bedeutet, Aufgaben zunächst ohne Kompromissnotwendigkeiten und ohne Taktik zu erkennen und zu beschreiben, zu Ende zu denken und sich erst danach Gedanken zu machen über ihre Umsetzbarkeit und Durchsetzbarkeit. Taktik folgt der Sache, nicht umgekehrt.

Ziele – Etwas wollen und durchsetzen

Jeder Minister möchte eigene Ziele entwickeln und durchsetzen. Das ist das Schönste.

Es gibt natürlich persönliche Ziele, zum Beispiel die Wahl in ein bestimmtes Amt, die Berufung in eine bestimmte Position, die Erarbeitung von Reputation, Autorität und Respekt. Das Aussprechen eines solchen Ziels wird in Deutschland nicht gern gesehen, weshalb viele Politiker ihre persönlichen Ziele nicht offenlegen. Wer zugibt, dass er Macht anstrebt, der gilt als verdächtig.

Ich sehe das nicht so. Wer in der Politik erfolgreich sein will, der braucht Macht und muss sie auch wollen. Nicht für sich allein, das ist in einer Demokratie selbstverständlich. Aber jedenfalls einen Anteil an ihr. Deshalb finde ich persönliche Ziele, Abgeordneter oder Minister in einem wichtigen Ressort werden zu wollen, nicht anrüchig. Aber sie dürfen nicht nur für sich selbst stehen. Macht muss angestrebt und umgesetzt werden, um in einer Sache etwas zu erreichen, und nicht um ihrer selbst willen.

Politische Ziele sollten deshalb immer mit Sachzielen verbunden sein und ihnen dienen. Sachziele sollten umgekehrt nicht ausschließlich politischen Zielen dienen. Wer Sachziele nur aus taktischen Gründen verfolgt, wird oft als nicht authentisch wahrgenommen. Die taktische Absicht verdeckt den Blick auf das vielleicht löbliche Ziel und schadet dem Ergebnis.

In einer Krise wie der Finanzkrise, der Flüchtlingskrise oder der Coronakrise kann und soll man als politische Führungspersönlichkeit seine Chance nutzen und sich profilieren. Aber die Bevölkerung hat ein feines Gespür dafür, ob das rein taktisch motiviert ist oder eben nicht.

Es gibt für politische Führung auch „methodische Ziele". Das ist das Ziel, wie man zu einem Erfolg kommt. Beginnt man klein, damit ein Vorhaben nicht gleich zerredet wird, um das Vorhaben dann, wenn es irreversibel eingeleitet ist, größer zu machen? Oder beginnt man groß, damit ein Vorhaben überhaupt Beachtung findet, um dann im Laufe des Prozesses zur Kompromissfindung Zugeständnisse und das Ergebnis dadurch kleiner zu machen? Beginnt man einen Vorstoß öffentlich in der Hoffnung auf Zustimmung, damit diejenigen, die in der Regierung zustimmen müssen, dies unter öffentlichem Druck tun? Oder beginnt man einen Vorstoß intern, damit diejenigen, die einem Vorhaben zustimmen müssen, es nicht allein deswegen ablehnen, weil sie von dem Vorstoß aus der Öffentlichkeit gehört haben? Macht man selbst einen Vorstoß und orchestriert Zustimmung von anderen? Oder lässt man jemand anders einen Vorstoß machen, um ihn durch die eigene Zustimmung zu unterstützen? Beginnt man ein Vorhaben ohne einen Anlass, um sich nicht der Kritik auszusetzen, dass man nur auf den Anlass gewartet habe? Oder nutzt man einen Anlass, um ein Vorhaben in Gang zu bringen, das man unabhängig von dem Anlass immer schon vorhatte?

Für solche methodischen Varianten gibt es kein richtig oder falsch. Sie können je nach Situation klug oder unklug sein. Mein Punkt ist: Sie müssen vorher durchdacht sein.

In dem jahrelangen Streit um die Vorratsdatenspeicherung konnte ich mich als Innenminister mit einem Vorschlag nur deshalb durchsetzen, weil ich ohne jede öffentliche Ankündigung mit dem damaligen Justizminister Heiko Maas und mit Zustimmung des SPD-Parteivorsitzenden Sigmar Gabriel in Geheimverhandlungen ein für die Sozialdemokraten gerade noch zumutbares Ergebnis erreichen konnte. Jede öffentliche Ankündigung von mir hätte die Gespräche von vornherein scheitern lassen.

Politische Führung bedeutet, die Methode zur Durchsetzung sachlicher oder politischer Ziele in der Hand zu behalten, zu durchdenken und zu nutzen.

Neben Sachzielen, persönlichen und methodischen Zielen gibt es noch etwas: nämlich die Haltung und den „Stil", mit denen man ein Ziel verfolgt. Das kann durch die Suche nach Konsens bestimmt sein, durch eine Provokation oder durch die Absicht, das Vorhaben durch andere zum Scheitern bringen zu lassen. Das kann werbend oder trotzig geschehen, fröhlich, wehleidig oder beleidigt. Entscheidend ist, dass die Haltung zum Ziel passt. Die Verschärfung von Sicherheitsgesetzen vorzuschlagen, sollte nie provokativ sein, sondern geprägt von der Haltung, die Sicherheit der Bürgerinnen und Bürger zu verbessern, ohne ihre Freiheit über Gebühr einzuschränken. Der Vorschlag zu einer Steuersenkung muss von einer Regierung stets seriös und durchgerechnet sein, kann aber durchaus fröhlich und etwas provokativ in die politische

Debatte eingeführt werden, vielleicht sogar in dem Wissen, dass der Vorschlag scheitert.

Politische Führung bedeutet, seine Ziele mit einer mit der Person und der Sache übereinstimmenden und angemessenen Haltung vorzutragen und ihre Durchsetzung zu versuchen.

In politischen Debatten wird oft darüber diskutiert, ob es ratsam ist, Ziele offen auszusprechen oder gerade nicht. Ohne Ziele keine Motivation, das sagen die einen. Wer zu viele Ziele öffentlich verkündet, muss damit leben, dass die Zielverfehlung mehr im Mittelpunkt steht als die teilweise Zielerreichung. Für politische Führung in einer Regierung ist es wichtig, Ziele nachvollziehbar und als erreichbar zu formulieren. Ein Innenminister darf nicht als Ziel ausgeben, dass es in Deutschland keine Kriminalität mehr gibt. Aber er muss das Ziel beschreiben, dass der Rechtsstaat alles Rechtsstaatliche dafür tut, dass es möglichst wenig Kriminalität gibt. Dieses Ziel ist allerdings so abstrakt, dass dem zwar niemand widersprechen wird, es als Ziel aber nicht geeignet ist, wahrgenommen zu werden. Deshalb ist es wichtig, weniger abstrakt zu formulieren. Also zum Beispiel so: „Ich kämpfe für mehr Polizistenstellen, um im Bundeskriminalamt eine neue Abteilung Terrorismus einzurichten, damit der Terrorismus besser bekämpft werden kann."

Politische Ziele können und sollen ambitioniert sein, aber nicht aus Luftschlössern bestehen. Eine Opposition oder Protestpartei kann vielleicht Unrealistisches fordern. Eine Regierung und Volksparteien werden von der Bevölkerung kritischer bewertet, nämlich anhand dessen, ob die angekündigten Ziele erreicht wurden und ob neue Ziele realistischerweise erreichbar erscheinen.

Politische Führung bedeutet, wenige und erreichbare Ziele klar und öffentlich zu formulieren.

Für eine politische Führungsperson gibt es interne Ziele und externe Ziele.

Ein internes Ziel kann darin bestehen, ein bestimmtes Gesetzgebungsvorhaben in einer bestimmten Zeit abzuschließen. Es kann taktisch klug sein, dieses interne Ziel nicht offen zu kommunizieren, damit eine Zeitverzögerung nicht als Niederlage wahrgenommen wird. Ein solches internes Ziel braucht aber eine Organisation, um sich die Arbeit einzuteilen. Interne Ziele können auch darin bestehen, Fehler oder Mängel für die Zukunft abzustellen. Ein internes Ziel kann die Verbesserung des Arbeitsklimas und von Arbeitsabläufen oder die Verringerung des Krankenstandes bei Mitarbeitern sein.

Externe Ziele dagegen sind auf Öffentlichkeit angelegt. Sie machen die Arbeit einer Führungsperson und einer Organisation erkennbar und stärken das Profil. Sie disziplinieren die eigene Organisation und ordnen die politische Debatte.

Es dürfen nicht zu viele Ziele sein und nicht zu viele auf einmal. Dann wird es zu beliebig und unübersichtlich.

Externe Ziele kann ein Minister nur dann allein formulieren, wenn er auch allein zuständig ist. Für die Umsetzung vieler Ziele braucht man dagegen die Mitwirkung anderer Ministerien, anderer Ebenen wie der Bundesländer. Das gilt zum Beispiel für die Formulierung von Zielen für die Digitalisierung der Verwaltung. Hier kommt es darauf an, dass ein Minister mit seinen Kollegen, die auch eine Zuständigkeit haben, gemeinsam ein Ziel formuliert, an dem gemeinsam gearbeitet wird und dessen Zielerreichung dann auch allen gemeinsam zugesprochen wird.

Politische Führung bedeutet, interne und externe Ziele zu unterscheiden sowie eigene und gemeinsame Ziele so zu formulieren, dass ihre Zielerreichung möglich wird.

Maßstäbe – Woran das eigene Handeln orientieren?

Was ist ein Erfolg für politische Führung? Das ist gar nicht so eindeutig zu beantworten.

Ein Maßstab für Erfolg in der Politik ist ein erfolgreiches Wahlergebnis, eine Wiederwahl oder eine Wiederberufung in dasselbe oder ein höherrangiges Amt. Und das ist nicht der kleinste und unwichtigste Maßstab in einer Demokratie.

Nun ist es aber keineswegs so, dass erfolgreiche Politiker stets wiedergewählt werden. Und umgekehrt ist eine Wiederwahl zwar in einer Demokratie das, was jede Regierung anstrebt. Eine Wiederwahl ist ein politischer Erfolg, sie allein sagt aber noch wenig über einen Erfolg in der Sache aus. Andere Faktoren wie eine gute konjunkturelle Lage, unverdiente außenpolitische Erfolge, eine unfähige Opposition, eine gewonnene Sportmeisterschaft im eigenen Land, eine gute Stimmung in der Bevölkerung oder eine erstklassige Wiederwahlkampagne können auch zu einem Wahlerfolg führen. Auch eine Wiederwahl hat immer mit einer günstigen „Konstellation" zu tun.

Ein anderer Maßstab für politischen Erfolg ist ein hohes Ansehen bei der eigenen Klientel oder in der ganzen Bevölkerung, eine jedenfalls im Ganzen gute und respektvolle Berichterstattung in den Medien. Auch dieser Maßstab hat mit Erfolgen in der Sache nicht immer etwas zu tun, auch wenn Respekt und öffentliches Ansehen oft mit inhaltlichen Erfolgen zu erklären sind.

Ein weiterer wichtiger Maßstab für Erfolg in der Politik ist die Vermeidung von Fehlern. Dabei geht es oft weniger um Fehler in der Sache als mehr um taktische Fehler oder einen ungeschickten Umgang mit sachlichen Fehlern. Aus einer Summe von kleineren Ungeschicklichkeiten kann sich dann ein ernsthaftes Problem entwickeln, zum Beispiel der Eindruck und Vorwurf, dass die Person den Herausforderungen des Amtes nicht gewachsen sei. Hat jemand einmal diesen Ruf weg, so ist es in der heutigen Mediengesellschaft sehr schwer, ihn wieder loszuwerden. So war es etwa mit Annegret Kramp-Karrenbauer bis zu ihrer Ankündigung, dass sie nicht Kanzlerkandidatin werden wolle und ihr Amt als Parteivorsitzende aufgeben werde. Seitdem wurden solche angeblichen Kompetenzmängel interessanterweise nicht mehr vorgetragen.

Fehler in der Sache werden eher „verziehen" als der sich anschließende Umgang damit. Wenn durch das Handeln eines Ministers Mittel des Steuerzahlers fehlinvestiert worden sind oder sein sollen, dann wendet sich die politische Debatte schnell von diesem Sachverhalt ab und hin zu der Frage, wie der angegriffene Minister mit dem Fehler umgegangen ist, insbesondere bei der Beantwortung kritischer Fragen von Journalisten oder im Parlament. Bei mir war das der Fall nach meiner Entscheidung, die Aufklärungsdrohne Euro Hawk nicht für die Bundeswehr anzuschaffen. Die Debatte kreiste alsbald nicht mehr um die Frage, ob die Entscheidung richtig war oder wie viel Geld fehlinvestiert worden sei, sondern darum, ab wann ich von Mängeln dieser Drohne etwas gewusst hatte. Bei der ehemaligen Verteidigungsministerin Ursula von der Leyen ging es bei der Untersuchung der sogenannten Berateraffäre zum Schluss vor allem darum, ob sie oder jemand anders Nachrichten auf ihrem Handy gelöscht hatte. Und bei der Aufklärung, ob mit der Vergabeentscheidung für den Betrieb der Pkw-Maut durch Verkehrsminister Andreas Scheuer vor dem Urteil des Europäischen Gerichtshofs Steuergelder unwiderruflich und vermeidbar verloren gegangen sein könnten, neigte sich der Schwerpunkt der Debatte zu der Frage, ob er den Untersuchungsausschuss vollständig unterrichtet habe. Eigentlich sind das alles Nebenschauplätze, die sich dann aber politisch zum Mittelpunkt einer Debatte entwickeln.

Bei Wahlen erfolgreich zu sein, lange in Amt und Würden zu bleiben und Fehler zu vermeiden, das können aber natürlich bei politischen Spitzenämtern nicht die einzigen Kriterien für Erfolg sein. Ist Erfolg in der Sache nicht genauso oder sogar noch viel mehr ein Maßstab für erfolgreiche Führungsarbeit in der Politik, insbesondere in einer Regierung?

Die Beantwortung dieser Frage beginnt damit, was mit „Sache" gemeint ist.

Die gibt es oft gar nicht. In der Außenpolitik geht es um geschicktes Verhandeln mit vielen Beteiligten. Da geht es um das Beeinflussen von Entwicklungen, bei denen nicht genau festgestellt werden kann, wer konkret welchen Einfluss auf die Entwicklung genommen hat. Hier lässt sich ein Erfolg in der Sache oft nicht einer einzelnen Person zuordnen. Ein Erfolg ist hier oft ein Kollateralnutzen, wenn die Menschen das Gefühl haben, eine bestimmte politische Entwicklung sei durch eine politische Führungspersönlichkeit geprägt oder mitgeprägt worden.

In der Politik ist es selten, dass für „eine Sache" nur ein Akteur allein zuständig ist. Das gilt in Deutschland mit seinen vielfach verflochtenen Zuständigkeiten zwischen Bund, Ländern und Kommunen in besonderer Weise. Die öffentliche Sicherheit dadurch zu verbessern, dass die Kriminalität sinkt, ist stets eine Gemeinschaftsaufgabe der Verantwortlichen von Bund und Ländern, von Politik und praktischer Polizeiarbeit. Auch die Bildungspolitik und das gesellschaftliche Klima leisten dazu einen wichtigen, kaum messbaren Beitrag. Das Gleiche gilt für die Bildungs-, die Umwelt- oder Gesundheitspolitik. Dieser gemeinschaftliche Erfolg von vielen, die zuständig sind, wird aber oft einzelnen besonders aktiven oder sichtbaren Politikern zugerechnet. Ob zu Recht oder zu Unrecht, ist eine andere Frage. Jedenfalls entsteht so auch ein Maßstab für Erfolg, nämlich die Zurechnung von gemeinsamen Erfolgen in der Sache zu einer Führungsperson.

Die aktive Regierungsarbeit ist bis heute in der Regel inputgesteuert. Das bedeutet, ein Minister gilt als erfolgreich, wenn er für seinen Geschäftsbereich zusätzliche Investitionsmittel oder Personalstellen beschafft. Kein Kriterium für Erfolg in der Sache ist dagegen der Output. Für einen Verkehrsminister ist es ein großer Erfolg, wenn es ihm in den Haushaltsverhandlungen gelingt, eine Steigerung der Investitionen für den Bau und die Unterhaltung von Schienen und Straßen durchzusetzen. Kein Kriterium für Erfolg ist es dagegen, ob mit dem erhöhten Geldvolumen in einer bestimmten Zeit auch tatsächlich mehr Straßen oder Schienen gebaut bzw. repariert werden konnten. Der Erfolgsmaßstab ist also das einzusetzende Geld und nicht ein erwünschtes Ergebnis aufgrund des eingesetzten Geldes. Alle Bemühungen von Verwaltungsmodernisierungen der letzten Jahre, durch die Methode von sogenannten Produktbildungen mehr zu einer Output-Steuerung zu gelangen, waren letztlich für die Bewertung politischen Handelns nicht erfolgreich. Selbst das Verwaltungshandeln lässt sich überwiegend nicht in „Produkte" aufteilen. Und das gilt erst recht für ministerielles und politisches Handeln.

Ich halte eine solche leicht vorzunehmende Input-Bewertung von Erfolgen in der Politik für zunehmend problematisch. Inzwischen beginnt sich erfreulicherweise die Betrachtungsweise auch zu ändern, wenn kritisch betrachtet wird, dass von bewilligten Haushaltsmitteln nach etlicher Zeit nur ein Bruchteil abgerufen und sinnvoll ausgegeben wurde. Das Problem wird dann leicht auf die Verwaltung geschoben, nicht auf die politische Führung, die die Rahmenbedingungen so ändern müsste, dass der Zweck des im Haushalt erkämpften Geldes auch tatsächlich erreicht wird.

Neuerdings wird als Maßstab für erfolgreiches Regierungshandeln sogar schon angesehen, wenn viele Vorhaben einer Koalitionsvereinbarung abgearbeitet worden sind. Es werden Studien gefertigt, dass x Prozent der Vorhaben einer Koalitionsvereinbarung bereits abgearbeitet seien und y Prozent noch nicht. Es gibt Ranglisten, welches Ministerium die meisten Vorhaben bereits abgearbeitet hat. Ich halte von solchem Fliegenbeinzählen nicht viel. Das ist mir zu quantitativ gerechnet. Die vielen Vorhaben einer Koalitionsvereinbarung sind nicht gleich wichtig und nicht gleich schwierig.

Für die Beurteilung erfolgreicher politischer Führung kommt es auch auf den Zeitpunkt an. Aktive Minister werden kritischer beurteilt als ehemalige Minister. Das Ende einer Amtszeit fällt für einen Minister oft unglücklich aus. Er wird abgewählt, muss wegen eines wirklichen oder angeblichen Skandals zurücktreten, wird nicht wieder berufen, oder er war zu lange im Amt, so dass alle froh sind, dass eine neue Person diese Position wahrnimmt. Diese letzten

Monate, manchmal auch die letzten Jahre als Minister werden dann besonders kritisch bewertet. Im Laufe der Zeit aber ändert sich das. Je länger das Amtsende zurückliegt, desto positiver fällt das Urteil über den Erfolg eines Ministers und Spitzenpolitikers aus. Nehmen wir als Beispiel Willy Brandt: Zum Ende seiner Kanzlerschaft wurde sein praktisches Wirken höchst kritisch beurteilt, auch von den eigenen Parteifreunden wie Helmut Schmidt oder Herbert Wehner, die ihn letztlich stürzten. Wenige Jahre später wurde er als einer von wenigen deutschen Politikern weltweit als Autorität gewürdigt. Ähnlich erging es Konrad Adenauer und Helmut Kohl. In Talkshows werden ehemalige Minister gern mit ihrer großen Erfahrung und dem Abstand zu ihrem Amt als Vorbild für die jetzige Politikergeneration eingeladen und behandelt. Sie bekommen so gut wie nie kritische Fragen zu ihrer Amtszeit gestellt, ganz im Gegensatz zur amtierenden Generation von Politikern.

Interessanterweise wird der Erfolg ehemaliger Minister und Spitzenpolitiker im Nachhinein eher an ihren Beiträgen zu einer bestimmten politischen Sache als an Haltungsnoten gemessen. Konrad Adenauers Wiederbewaffnung, Willy Brandts Ostpolitik, Helmut Schmidts Nachrüstungsentscheidung, Helmut Kohls Zupacken bei der Chance, die deutsche Einheit 1989/1990 herbeizuführen, Gerhard Schröders Hartz-IV-Reformen, Angela Merkels Wirken in der Finanzkrise, der Flüchtlings- oder der Coronakrise: Immer geht es für die Bewertung im Nachhinein nicht um Haltungsnoten, Formulierungskünste, Input-Steuerung, Redetalent, sondern darum, was führende Politiker inhaltlich in der Sache bewirkt haben.

Politische Führung bedeutet, bei Entscheidungen selbst davon überzeugt zu sein, dass man in der gegebenen Lage richtig und entschlossen handelt, und sich an der Sache zu orientieren.

Politische Führung beweist sich nicht daran, auf andere einen guten Eindruck zu machen oder am eigenen Nachruf zu arbeiten.

Wie die Spinne im Netz? Das Umfeld

Mit Konkurrenten umgehen und Verbündete finden

In der Politik gibt es Konkurrenten und Verbündete, in der Regierung, in der Koalition, im Parlament, in der eigenen Partei.

Das beginnt schon am Anfang jeder politischen Karriere. Der Weg in ein politisches Spitzenamt ist immer die Auseinandersetzung mit und die Behauptung gegenüber Mitbewerbern. Gerade bei Wahlen. Da ist meistens die Zahl der Konkurrenten groß, aber auch die der Verbündeten.

Ist man dann in einem Amt angekommen, werden immerzu Vergleiche mit den Vorgängern oder mit den direkten Kollegen angestellt. Die Presse vergibt Schulnoten für jedes Kabinettsmitglied. Das alles wird aufmerksam gelesen, auch von den Betroffenen selbst. Da freut oder ärgert man sich, je nachdem.

Traditionellerweise werden in einer Koalition die Ministerien für Inneres und Justiz, für Finanzen und Wirtschaft, für Wirtschaft und Umwelt nicht von derselben Partei gestellt. Das hat mit politischer Konkurrenz und dem Kernauftrag eines Ressorts zu tun. Ein Innenminister betrachtet mehr die Erfordernisse der Sicherheit, ein Justizminister konzentriert sich mehr auf die Wahrung der Bürgerrechte. Dem Wirtschaftsminister ist eher an einer erfolgreichen Industrie gelegen, dem Umweltminister geht es mehr um die Umweltfolgen einer Industrie, die Emissionen verursacht. Und alle Minister stehen gemeinsam in Konkurrenz zum Finanzminister, der darauf achten muss, dass mit den Steuergeldern sorgsam umgegangen wird. Solche Konkurrenzen werden zuweilen auch parteilich oder sogar persönlich ausgetragen, sie bestehen aber in allen Regierungen und sind Teil eines Systems von „checks and balances". Eine kluge Ressortverteilung, seriöse Minister und eine behutsam entschlossene Koordinierung – man könnte auch Führung dazu sagen – durch die

Regierungszentrale führen dazu, dass solche Konkurrenzen durch Kompromisse ausgeglichen werden. Fehlt es an einem dieser drei Elemente, wird es nicht lange dauern, bis die Regierungsarbeit als Ganzes darunter leidet.

Neben solchen im Charakter eines Ressorts liegenden Konkurrenzen gibt es in einer Regierung auch Verbündete. Verbündete sind in der Regel die Minister der gleichen Partei. Verbündete sind alle Minister „gegen" den Finanzminister. Ein enges Bündnis muss der Finanzminister mit dem Regierungschef eingehen, denn ohne ein solches Bündnis ist er nicht stark genug, die überbordenden Haushaltsforderungen der Ressortchefs abzuwehren.

Und Verbündete sind diejenigen Minister, die sich menschlich nahestehen. Auch das gibt es, gerade auch über Parteigrenzen hinweg. Manchmal mehr, als man von außen vielleicht glauben mag. So war es bei mir und Sigmar Gabriel. Wir haben zusammen nach jahrelangem Stillstand für mehr Polizistenstellen gekämpft. Er hat – auch wegen unserer Art der Zusammenarbeit – auf einem Sonderparteitag der SPD für eine Mehrheit für die Einführung der Vorratsdatenspeicherung gekämpft und dabei seinen Kopf riskiert. Und wir haben vertraulich über die jeweils eigenen Schwächen geredet. Ein seltener Schatz.

Selbst zwischen der Regierung und der eigenen Koalition gibt es Konkurrenzen, auch wenn das auf den ersten Blick überraschen mag. Das gilt besonders für das Verhältnis von Regierung und der die Regierung tragenden Fraktionen. Die Parteivorsitzenden, soweit sie nicht in der Regierung sitzen, die Fraktionsvorsitzenden und die führenden Fachpolitiker eines bestimmten Politikfeldes in der Koalition ringen dort um das Profil ihrer Partei und der eigenen Person. Da wird dann leider der Erfolg der Regierung im Ganzen nicht so wichtig genommen wie die Erarbeitung des eigenen Parteiprofils. Damit wird die Hoffnung verbunden, dass die Wähler dies positiv aufnehmen und die Leistung der eigenen führenden Parteivertreter in einer Koalition höher bewerten als die der anderen Koalitionspartner. Manchmal gibt es unter diesen führenden Mitgliedern der Koalition auch jemanden, der ein Ministeramt gern selbst besetzt hätte oder sich Hoffnung darauf macht, ein solches demnächst zu übernehmen. Auch das sind übliche Konkurrenzen, die einem das Leben nicht leichter machen.

Es bedarf viel politischer Überzeugungsarbeit und politischer Führung, die eigenen Mitglieder der Koalition von einem gemeinsamen Weg der Regierung zu überzeugen. Je stärker ein Minister ist, desto besser wird ihm das gelingen. Das setzt allerdings voraus, dass er die Sensibilitäten und Mentalitäten der Mitstreiter in der Koalition kennt und ernst nimmt und ihnen Platz zum Atmen, für ihre Darstellung gibt.

Ich nenne das „empathische Führung", also starke Führung, aber mit Einfühlungsvermögen. Je besser das gelingt, umso mehr werden Minister und die führenden Repräsentanten der Koalition Verbündete, und umso besser gelingt die Regierungsarbeit.

Eine natürliche Konkurrenz gibt es zwischen Regierung und Opposition. Das versteht sich von selbst. Die Opposition kritisiert die Arbeit der Regierung und der Koalition. Sie verlangt immer mehr Informationen, als die Regierung zu geben bereit ist. Sie kann Kritik üben, ohne einen Verbesserungsvorschlag zu machen. Sie kann Verbesserungsvorschläge machen, ohne den Realitätstest antreten zu müssen. Und dennoch gibt es auch im Verhältnis zur Opposition so etwas wie politische Führung durch Spitzenpolitiker der Regierung. Das bedeutet, so zu agieren, dass die Opposition anerkennt oder mindestens hinnehmen muss, dass der Minister das Politikfeld, für das er zuständig ist, inhaltlich bestimmt, dass er die Agenda und den Takt vorgibt und sich von der Opposition nicht treiben lässt.

Ich habe hierzu gute Erfahrungen mit dem Prinzip „Führung durch Respekt" gemacht.

Dazu gehören neben einem höflichen Verhalten die frühzeitige Einbeziehung führender Oppositionsvertreter in die eigenen Überlegungen oder vertrauliche Vorabinformationen über wichtige Ereignisse bis hin dazu, die eine oder andere Anregung der Opposition aufzunehmen. Ein solches Verhalten führt übrigens auch dazu, dass sich die Opposition mit Kritik an dem Minister schwerer tut. Man nennt das „Beißhemmung" der Opposition gegenüber der Regierung. Die Bundeskanzlerin hat in der Finanzkrise die Opposition persönlich unterrichtet. Ich habe als Verteidigungsminister die wichtigen und gefährlichen Einsätze der Bundeswehr unter vier Augen mit dem damaligen SPD-Oppositionsführer Frank-Walter Steinmeier besprochen. Und als Innenminister habe ich die Opposition über Terroranschläge und besondere Sicherheitsereignisse informiert, bevor die Presse davon berichtete, wenn es denn zeitlich möglich war. Die Fraktionsvorsitzende der Grünen Renate Künast habe ich einmal erreicht, als sie auf dem Zahnarztstuhl saß.

Indem ich die Opposition respektiert habe, wuchs ihr Respekt mir gegenüber. Ein gutes Zeichen ist, wenn die Opposition im Parlament trotz aller Kritik von „unserem" Minister spricht. Da ist dann so etwas wie ein Gemeinschaftsgefühl bei der Beschäftigung mit einem Themenfeld entstanden, das von dem Minister geführt wird.

Politische Führung bedeutet, die Opposition klug einzubinden.

Je erfolgreicher ein Minister ist, desto mehr Verbündete hat er. Je erfolgloser er ist, umso mehr Konkurrenten entstehen. Kompliziert wird es, wenn ein Minister mit Parteifreunden zu tun hat, die im gleichen Politikfeld Verantwortung tragen, zum Beispiel als Landesminister oder als Vertreter großer Interessenverbände. Hier treffen parteipolitische Interessen mit anderen sachlichen oder institutionellen Interessenunterschieden aufeinander. Oft geht es dann um Wünsche nach Fördermitteln oder um die Bitte um Gefälligkeiten gegenüber dem (Bundes-)Minister. Auf der Parteischiene glaubt man eher zum Ziel zu kommen. Gibt ein Minister dem nach, so kann ihm das gefährlich werden, weil eine parteipolitische Bevorzugung sachfremd ist und sofort kritisiert wird, wenn sie bekannt wird. Stellt er sich taub, kann er die Unterstützung wichtiger Verbündeter verlieren. Höfliche Zurückhaltung ist hier ein guter Ratgeber. Hilfe kann und darf man nur im Rahmen möglicher rechtlicher Wege geben. In solchen Fallkonstellationen kann auch ein Problem der Augenhöhe entstehen: Parteipolitisch kann jemand eine „höhere" Funktion oder Bedeutung haben als ein Minister, staatlich-institutionell steht der Minister aber „über" dem anderen. Auch in einer solchen Konstellation hilft nur, dass sich beide Seiten dieser bewusst sind und souverän damit umgehen.

Politische Führung bedeutet hier manchmal nur, den richtigen Ton anzuschlagen.

Mitarbeiter – Die richtige Mitte zwischen Hierarchie und Verantwortung

Ein politischer Amtsträger kann sich sein Personal nicht allein aussuchen.

Ein Parteichef muss mit den Vorstandsmitgliedern arbeiten, die gewählt worden sind. Nur einige wenige Funktionen, wie die des Generalsekretärs oder des Geschäftsführers, kann er nach eigenem Vorschlag neu besetzen. Auch ein Minister muss mit den Mitarbeitern auskommen, die in seinem Ministerium arbeiten, und zwar meistens schon bedeutend länger als er. Lediglich einige sogenannte politische Beamte können von heute auf morgen in den einstweiligen Ruhestand versetzt werden. Das sind im Bund die beamteten Staatssekretäre und die Abteilungsleiter. In den Bundesländern ist der Kreis noch enger. Da sind es nur die beamteten Staatssekretäre.

Alle weiteren Mitarbeiter eines Ministeriums können nicht entlassen, sondern lediglich versetzt werden, wenn der Minister meint, andere könnten diese Aufgabe besser ausfüllen. Und selbst eine Versetzung ist nicht so einfach. Im öffentlichen Dienst hat jeder Mitarbeiter Anspruch darauf, entsprechend seiner Eingruppierung bzw. Besoldung amtsadäquat verwendet zu werden. Gehaltskürzungen oder Degradierungen gibt es ohne ein Disziplinarverfahren nicht. Je höher die Position eines Mitarbeiters ist, desto schwieriger ist es, eine adäquate andere Verwendung für ihn zu finden, wenn man ihn aus seiner Funktion entfernen will. Deshalb muss man in der Politik damit rechnen, mit Menschen in wichtigen Positionen arbeiten zu müssen, die man sich nicht ausgesucht hat und die man vielleicht nicht für geeignet hält.

Ein neuer Chef wird von seinen Mitarbeitern kritisch beäugt, ob er mit dem Haus arbeiten will oder gegen oder ohne es. Natürlich ist es dabei ein Unterschied, ob eine Opposition eine Regierung ablöst oder ob es eine „befreundete" Amtsübernahme ist. Und es macht einen Unterschied, ob der frühere und der neue Chef sich gut kennen und gegenseitig schätzen oder ob sie als Konkurrenten, ja vielleicht sogar als persönliche Gegner gelten. Das hat Auswirkungen auf die Art und Weise, wie man in ein Amt und ein Haus geht und wie man den dortigen Mitarbeitern begegnet. Wenn der neue Minister den Eindruck erweckt, dass er den Mitarbeitern des Ressorts nichts zutraut, weil sie nichts können oder ihm vermutlich illoyal begegnen werden, dann bekommt er ein Problem, weil dann die Mitarbeiter bestenfalls in die innere Emigration gehen. Damit bestätigen sie dann das Vorurteil des Ministers im Nachhinein.

Umgekehrt gilt aber auch: Wenn der Minister alles genauso macht wie sein Vorgänger und keinerlei personelle, organisatorische oder inhaltliche Veränderungen vornimmt, dann wird das Haus schnell ein Eigenleben entwickeln und versuchen, dem Minister auf der Nase herumzutanzen.

Kluge Führung bewegt sich dazwischen, zwischen Kontinuität und Erneuerung.

Ein erfolgreicher Außenauftritt eines Ministers wirkt sich positiv auf das Ansehen der Mitarbeiter des ganzen Hauses in der Öffentlichkeit und bei Besprechungen mit Kollegen anderer Häuser aus. Aber daneben geht es auch um andere Bewertungen durch die Mitarbeiter. Sie bewerten vornehmlich die Arbeitsweise eines Amtsträgers: Nimmt er an Personalversammlungen teil, und äußert er sich da so, dass die Mitarbeiter den Eindruck haben, dass ihm die Anliegen der Mitarbeiter wichtig sind? Führt er selbst die Gespräche mit den Personalräten, oder delegiert er alles an einen leitenden Mitarbeiter? Ist die Beförderungspolitik sachgerecht oder willkürlich? Wer darf an Besprechungen teilnehmen, nur die hochrangigen Mitarbeiter oder auch diejenigen, die an den Dossiers den größten inhaltlichen Anteil haben? Hört der Chef zu, oder doziert er bei Besprechungen nur selbst? Wer darf bei Reisen und Veranstaltungen mit? Auf wen hört er? Kommt der Chef mit zum Betriebsausflug? Mit wem sitzt er dort an einem Tisch? Ist er selber fleißig, oder verlangt er nur Fleiß von den Mitarbeitern? Verteidigt er sein Haus gegen Kritik von anderen, selbst wenn die Kritik berechtigt ist? Wie geht er persönlich mit Kritik um?

Die Mitarbeiter beobachten ihren Chef sehr genau bei seinem Führungsverhalten.

Deswegen bedeutet politische Führung in diesem Zusammenhang, dass man sich in seinem Haus so verhält, dass man alle Mitarbeiter ernst nimmt, ihren Anteil an seinem Erfolg schätzt und auf ihren Rat hört, ohne ihm stets zu folgen. Dabei muss man als Führungspersönlichkeit das Wort Führung gar nicht in den Mund nehmen.

In der klassischen Ministerialverwaltung wird viel Wert auf Hierarchien gelegt. Ein Vermerk für den Minister wandert, transportiert von Boten, von Zimmer zu Zimmer, vom Referenten über den Referatsleiter, den Unterabteilungsleiter, den Abteilungsleiter, den Staatssekretär und über das persönliche Büro des Ministers auf den Schreibtisch des Ministers. Unterwegs gibt es erforderliche Mitzeichnungen anderer Abteilungen.

In einem Ministerium wird anders als in der Wirtschaft nicht gefragt „Wer berichtet wem?", sondern „Wer untersteht wem?".

Ein Minister könnte den ganzen Tag Akten bearbeiten und mit seinem sogenannten Kürzel (abgekürztes Namenszeichen) mit einem grünen Stift die Stelle der Akten abzeichnen, die für den Minister vorgesehen ist. Bei mir ist es das Kürzel „Ma", viele Mitarbeiter haben mich aber „TdM" genannt. Das muss ein Minister tun, ohne damit schon irgendetwas bewegt, begonnen oder geführt zu haben. Seine Entscheidungen werden so dokumentiert. Sie sind für das Haus erkennbar und verbindlich. Der Chef wird durch dieses Verfahren am Ende eines Diskussionsprozesses, an dem er meistens nicht teilgenommen hat, um seine verbindliche Entscheidung gebeten.

Agiles Arbeiten sieht anders aus. Bis heute berichten mir Mitarbeiter aus dem Innenministerium, es sei höchst ungewöhnlich gewesen, dass ich bei Besprechungen oft zunächst den Referenten oder den Referatsleiter um ihre Meinung gefragt habe und nicht zuerst den Abteilungsleiter. Manchen Abteilungsleiter hat das frustriert, die Referenten allerdings motiviert.

Dennoch haben solche Hierarchien und Dienstwege ihren guten Sinn, wenn man sie nicht verabsolutiert. Sie verkörpern eine gestaffelte Verantwortung. Wer nur nach oben meldet und sich damit von Verantwortung „freizeichnet", der wird selbst nichts mehr entscheiden. Viele Themen erreichen den obersten Chef wegen solcher Hierarchien gar nicht. Das müssen sie auch nicht, weil die meisten Vorgänge im Ministerium durch einen Abteilungsleiter oder allenfalls den zuständigen Staatssekretär abgeschlossen werden können und müssen. Ansonsten würde man in der obersten Führungsposition mit Vorlagen „zugeschüttet" und würde mit Unwichtigem gleichermaßen wie mit Wichtigem befasst.

Politische Führung muss immer wieder neu entscheiden, welche Aktenvorlagen die Spitze der Institution erreichen müssen und welche nicht. Denn damit verbunden sind einerseits Kenntnis und politische Haftung eines Amtsträgers, andererseits die Möglichkeit der Einflussnahme und Steuerung.

Agiles Arbeiten beruht auf Spontanität und Hierarchieüberwindung bei der Erarbeitung eines Vorschlages. Natürlich braucht agiles Arbeiten auch eine kompetente Entscheidungsgewalt am Ende. Die einzelnen Ideen und wer was zu einem Vorschlag beigetragen hat, sind beim agilen Arbeiten unwichtig. Bei der Arbeit eines großen politischen Verwaltungsapparates ist es anders. Es muss im Nachhinein nachvollziehbar sein, wie ein Ergebnis zustande gekommen ist. Jeder Rechnungshof und jeder Untersuchungsausschuss würden kritisieren, wenn die Antwort eines Ministers auf ein entstandenes Problem wäre, das Zustandekommen des Problems sei nicht mehr nachvollziehbar. Sogar Mails und Kurznachrichten über SMS oder WhatsApp sollen neuerdings aufgehoben werden. Das mag verständlich sein, aber es fördert Kreativität und Individualität nicht.

Besonders gefährlich wird es, wenn es in einem Vermerk an den Minister nur heißt: „zur Kenntnis" und es damit um die bloße Information über eine problematische Entwicklung geht. Damit verschiebt die sogenannte Arbeitsebene die Verantwortung für das weitere Vorgehen von unten nach oben und am liebsten ganz nach oben auf die Ministerebene. Zwar muss ein Minister von gravierenden Fehlern und Gefahren unterrichtet werden, aber er muss darauf achten, dass die Mitarbeiter das Problem nicht nur zur Kenntnis geben, sondern immer zugleich einen Vorschlag unterbreiten, was jetzt zu tun oder zu veranlassen ist. „Melden macht frei", das ist eine Versuchung für jede Behörde, aber ein Bärendienst für den Chef. Solche Vermerke muss man gleich zurückgeben mit der Bitte um einen Verfahrensvorschlag.

Politische Führung bedeutet, notwendige Hierarchien so einzusetzen, dass die jeweilige Führungsebene bereit ist, Verantwortung zu übernehmen, und das eigene Haus so zu steuern, dass Hierarchien nicht Kreativität und Innovation behindern.

Bei der Organisation und damit der Führungsstruktur von großen politischen Apparaten gibt es immer ein Dilemma zwischen der Größe und dem Einfluss von Stab und Linie. Mit „Stab" ist die persönliche Umgebung der Hausspitze gemeint, mit „Linie" werden diejenigen bezeichnet, die in einer Hierarchie für die operative Arbeit an bestimmten Themen zuständig sind.

Zwischen Stab und Linie gibt es oft Konflikte: Der Stab findet die Vorschläge der Linie oft politisch unbrauchbar, die Linie findet die Vorgaben des Stabs zu sachfern. Je unzufriedener eine politische Führungspersönlichkeit mit der Arbeit der Fachabteilungen ist, desto eher ist sie versucht, die Arbeit auf den Stab hochzuziehen. Dadurch wird der Stab aber mit Linienaufgaben zeitlich und inhaltlich überfordert. Die Folge ist, dass der Stab immer größer wird und die Arbeit der Abteilungen immer schlechter. In den Abteilungen wird nur noch das Nötigste erledigt, denn das Eigentliche wird ja sowieso im Stab gemacht. Ein noch so guter Stab kann aber die Fachaufgaben nie so gut erledigen wie die Mitarbeiter der Linie. Je größer der Stab ist, desto größer ist die Versuchung, Linienaufgaben im Stab zu erledigen. Ist der Stab aber zu klein, so fehlen für eigentliche Aufgaben eines Stabes die Zeit und die Ressourcen: eine gute Terminvorbereitung, eine kritische Beratung des Chefs oder die Entwicklung von originellen Ideen. Die Führungsebene einer Organisation wird so schnell zur Sachbearbeitung.

Deshalb ist es für jede Führungspersönlichkeit sehr wichtig zu entscheiden, wie groß der eigene Stab sein soll. Ich bin der Auffassung, dass der Stab nicht zu groß sein soll, damit sich die Abteilungen nicht als entmachtet wahrnehmen und beginnen, nur noch routiniert die alltäglichen Dinge abzuarbeiten. Ich habe zudem Wert darauf gelegt, dass die Mitarbeiter zwischen Funktionen im Stab und in der Linie wechseln. Der Perspektivenwechsel vom Stab zur Linie und umgekehrt erleichtert die Zusammenarbeit beider Seiten.

Ich weiß, dass viele meiner Kollegen das anders sehen und um sich große Stäbe eingerichtet haben. Sicher mag das von Ressort zu Ressort, von Organisation zu Organisation unterschiedlich und auch von den Umständen der Ressortübernahme abhängig sein. Klar ist jedenfalls, dass es für die Zuständigkeitsabgrenzungen und die Schnittstellen zwischen Stab und Linie einer Führungsentscheidung des Chefs bedarf.

Zu den sensiblen Themen politischer Führung gehört die Frage, inwieweit die Beratung von Dritten, insbesondere von Beratungsgesellschaften, für die Arbeit von Ministerien hilfreich, sinnvoll, geboten oder schädlich ist.

Für die Ministeriumsarbeit empfehle ich Zurückhaltung.

Natürlich ist es nicht sinnvoll, dauerhafte neue Stellen für die Erledigung einer zeitlich befristeten Tätigkeit zu schaffen, für die es keine qualifizierten Mitarbeiter in Ministerien gibt. Das gilt insbesondere für die Einführung neuer IT-Verfahren. Hier können private Beratungsfirmen sinnvoll, effektiv und kostendämpfend wirken.

Es mag auch zu Zeiten der Notwendigkeit des Stellenabbaus eine Versuchung gewesen sein, die Arbeitskapazität eigener Mitarbeiter durch die Veranschlagung von Sachmitteln zu ersetzen – mit dem Ergebnis, dass Mitarbeiter von Beratungsgesellschaften dieselbe Arbeit gemacht haben, die vorher Mitarbeiter erledigt haben, nur eben bezahlt aus einem anderen Haushaltstitel. Diese Zeiten dürften allerdings inzwischen vorbei sein.

Auf der anderen Seite ist es nicht sinnvoll, den Kernbereich ministerieller Arbeit, also die Entwicklung neuer Strategien oder von Organisationsveränderungen, dauerhaft oder überwiegend privaten Beratungsgesellschaften zu übergeben.

Jeder kluge Minister wird sich von erfahrenen und unabhängigen Menschen außerhalb des Ministeriums bei solchen Fragen Rat holen. Das müssen nicht immer wissenschaftliche Beiräte sein, aber eben auch nicht Berater von Beratungsgesellschaften, die teure Tagessätze abrechnen und das Ei des Kolumbus auch nicht finden. Insbesondere ist es nicht sinnvoll, teure Beratungsgesellschaften zu engagieren, die ihrerseits ehemalige Mitarbeiter aus den Ministerien für die Beratung einsetzen, die jetzt ihre früheren Kollegen beraten sollen.

Von einer Auslagerung politisch-strategischer Überlegungen an Beratungsunternehmen halte ich wenig. Sie sind oft nicht imstande, von den Gewohnheiten und Erfordernissen ihrer sonstigen Kunden aus der Wirtschaft so zu abstrahieren, dass ihre Empfehlungen politiktauglich sind. Außerdem ist es durch allerlei Übertreibungen inzwischen so weit gekommen, dass allein die Tatsache, dass ein wirtschaftlich orientiertes Beratungsunternehmen bei der Planung strategischer politischer Reformen beteiligt war, die Durchsetzungschancen eines solchen Plans eher verringert als vergrößert.

Nützlich können dagegen Expertenkommissionen sein, die breit aus Fachleuten, angesehenen ehemaligen Verantwortungsträgern, Betroffenen und politischen Repräsentanten zusammengesetzt sind. Solche Kommissionen gibt es zwar in letzter Zeit zu viele. Das hängt auch damit zusammen, dass man sich zu Beginn einer Legislaturperiode nicht auf wichtige Ziele einigen konnte und deshalb wichtige Themen zur Bearbeitung in eine Expertenkommission verschoben hat.

Aber in schwierigen Einzelfällen können solche Kommissionen zur Versachlichung der Debatte beitragen, wie etwa die Kommission zum Ausstieg aus der Verstromung der Braunkohle, die Kommission für Vorschläge für einen gesellschaftlichen Konsens bei der Suche nach einem atomaren Endlager oder die Kommission mit der Bitte um Empfehlungen zur künftigen Gestaltung des Gedenkens an die friedliche Revolution und die deutsche Einheit 1989/1990. Eine solche Kommission legt ihre Vorschläge unabhängig vom aktuellen Getümmel der Regierungsarbeit vor und genießt bei kluger Zusammensetzung gerade deswegen eine hohe Autorität. Natürlich braucht sie einen klaren Auftrag und eine gute Begleitung durch die zuständigen politischen Institutionen, ohne dass diese in ihre Unabhängigkeit eingreifen, damit sich die Empfehlungen in einem politisch realistischen Rahmen halten. Das „Drehbuch", das solche Expertenkommissionen vorlegen, unterscheidet sich zwar in seiner Substanz nicht wesentlich von dem, was auch innerhalb eines Ministeriums oder von einer politischen Arbeitsgruppe erarbeitet werden könnte, aber es hat eine höhere politische Durchschlagskraft. Die Entscheidung, welche Vorschläge einer Expertenkommission wie, wann und durch wen umgesetzt werden, ist freilich trotzdem eine politische. Deshalb muss es gut durchdacht und begründet sein, wenn man Vorschläge einer Expertenkommission aus politischen Motiven überhaupt nicht umzusetzen gedenkt.

Manchmal können Expertengruppen oder sogar Einzelpersonen dadurch einen so hohen Einfluss auf die konkrete Politikgestaltung erhalten, dass es den Anschein erweckt, als „diktierten" sie der Regierung, was zu tun und was zu lassen sei. In der Coronakrise zum Beispiel haben es einige wenige Virologen zu großer öffentlicher Bekanntheit und Bedeutung gebracht, weil ihnen nachgesagt wurde, das Ohr der Bundeskanzlerin und der Ministerpräsidenten zu haben. Das hatte nichts mit Einflüsterung, sondern mit fachlich fundiertem Einschätzungs- und Beratungsvermögen zu tun. Wenn aber in der Öffentlichkeit der Eindruck entsteht, Politik setze nur noch willfährig das um, was Experten raten, dann wird das für kluge politische Führung in einer Demokratie auf Dauer genauso gefährlich, wie wenn die Politik die Empfehlungen von Experten ständig ignoriert.

Politische Führung bedeutet, die Erarbeitung strategischer politischer Grundentscheidungen bis hin zur Organisation eines Ministeriums nicht in die Hände von privaten Beratungsgesellschaften und Expertengremien zu legen. Sie müssen zentrale Führungsentscheidung eines Ministers sein.

Strategie gehört zum innersten Kern, zum Eigentlichen politischer Führungsarbeit. Im Einzelfall können Kommissionen eine politische Entscheidung befriedend vorbereiten.

Hackordnung und Gemeinsamkeiten – Zusammenarbeit mit anderen Entscheidungsträgern

Keine noch so mächtige Führungspersönlichkeit ist allein auf der Welt. Schon gar nicht in der Politik. Das gilt nicht nur im Hinblick auf Konkurrenten und Verbündete oder auf die eigenen Mitarbeiter. Es gibt ein institutionelles Umfeld für politische Führung, das für jeden politischen Amtsträger Voraussetzung und Begrenzung seiner Macht zugleich ist. Politik findet immer in und mit großen Institutionen statt, seien es Regierungen und Verwaltungen, Parlamente und Fraktionen, Parteien und Verbände.

Jedes Ministerium, jede Partei und jedes Gremium hat einen eigenen Stil und eine eigene Tradition. Zwischen den Ministern verschiedener Ressorts, den Abgeordneten verschiedener Ausschüsse und den Vorsitzenden verschiedener Parteigremien besteht eine enge Arbeitsbeziehung. Das gilt auch auf der Ebene der Mitarbeiter, und genauso zwischen einem Minister und dem Regierungschef, zwischen dem Ministerium und dem Bundeskanzleramt bzw. der Staatskanzlei. In Deutschland gilt das Ressortprinzip. Jeder Minister führt sein Ressort eigenverantwortlich. Und genauso bearbeitet grundsätzlich jeder Abgeordnete „seine" Themen weitgehend selbstständig. Und doch wäre es unvernünftig und schädlich, täte er das autistisch, selbstbezogen.

Wichtig ist die Begleitung und Unterstützung eines Ministeriums durch die Regierungszentrale. Das gilt auch für die Beziehung zwischen den Ministern und dem Regierungschef selbst, aber genauso auf der institutionellen Ebene, also für die Mitarbeiter eines Ministeriums und ihre Arbeitsbeziehung zu den Mitarbeitern in der Regierungszentrale. Ein Regierungschef kann einen Minister nicht nur stützen und stürzen, sondern auch eng oder weniger eng begleiten, fördern und bremsen, zum Beispiel bei seinen Verhandlungen mit dem Finanzminister. Eine Regierungszentrale kann einem Ministerium hineinregieren oder dies unterlassen. Je schwächer ein

Minister führt, desto stärker wird die Regierungszentrale intern oder sogar öffentlich das Heft in die Hand nehmen. Je stärker ein Minister führt, desto leichter und angenehmer ist es für eine Regierungszentrale.

In Krisenzeiten sieht es anders aus. Da lässt sich ein starker Minister zu Beginn sehr ungern von der Regierungszentrale „führen", selbst wenn es gut gemeint ist. Wird die Krise aber zu groß für ein Ministerium, dann wird jeder kluge Minister dankbar für die Unterstützung durch die Regierungszentrale sein. So geht auch ein Stück der politischen Haftung für Fehler auf sie über.

Es gibt zunehmend Themen, die politikfeld- bzw. ressortübergreifend sind. Das wichtigste Beispiel dafür ist die Digitalisierung. Hier können nur Fachpolitiker mehrerer Disziplinen gemeinsam Erfolg haben oder scheitern. Die Bundesregierung hat zum Beispiel die Absicht, dass alle Bürger über ein einziges Bürgerportal möglichst alle Verwaltungsleistungen online erledigen lassen können. Das sind Bearbeitungsvorgänge von Bundes-, Landes- und kommunalen Behörden, die bisher von Hand oder mit je unterschiedlichen IT-Systemen abgewickelt wurden. Zur Durchsetzung eines solchen Projekts braucht es starke Persönlichkeiten, die solche politikfeldübergreifenden Prozesse koordinieren und steuern können. Deshalb sind Spitzenfunktionen wie die des Chefs des Bundeskanzleramtes wichtig und mächtig, auch wenn sie in der Öffentlichkeit nicht so viel gelten.

Die Regierungschefs nehmen den Ressortministern insbesondere auf europäischer Ebene ihre Themen zunehmend aus der Hand. Da wird dann von der Regierungszentrale zwar nicht operativ geführt, aber operativ entschieden. Auf einem europäischen Gipfel ist die Bundeskanzlerin allein und entscheidet. Das gilt von der Finanzpolitik und der Klimapolitik über die Innenpolitik bis hin zur Außen- und Sicherheitspolitik. Hier ist es sehr wichtig, dass der Fachminister mit dem Regierungschef und der Regierungszentrale gut zusammenarbeitet, so dass nach innen und außen klar ist, dass der

Ressortminister nicht entmachtet ist und bei der Erarbeitung der Lösung einbezogen wird, über die die Regierungschefs entscheiden.

In allen solchen Fallkonstellationen gibt es so etwas wie ein kollektives Führungsverhalten, sowohl von mehreren Ministern miteinander als auch vom Regierungschef gemeinsam mit dem jeweils zuständigen Minister.

Solch kollektives Führungsverhalten wird in Zukunft an Bedeutung zunehmen. Das Ressortprinzip beruht darauf, dass ein politischer Sachverhalt in einem klar abgegrenzten Fachbereich eigenverantwortlich abschließend bearbeitet werden kann und muss. Dieses im Grundgesetz verankerte Prinzip steht inzwischen gemeinsamen ressortübergreifenden Lösungen im Wege. Die großen Querschnittsthemen wie die Digitalisierung, die Gleichberechtigung von Männern und Frauen, die Migration, der Zusammenhalt der Gesellschaft verlangen eine bisher nicht gekannte Zusammenarbeit ganz verschiedener Fachbereiche. Das ist aber heute noch zu wenig der Fall. Das verzögert wichtige Entscheidungen. Mehrheitsentscheidungen gibt es in Regierungen praktisch nicht. Ein Machtwort des Regierungschefs ist dann notwendig, bewirkt aber oft keine nachhaltig wirkende Lösung in dem betroffenen Ministerium. Ein kollektives Führungsverhalten von starken Fachpolitikern, die wissen, dass sie allein zwar etwas verhindern, aber allein nichts Großes voranbringen können, ist nötig, nicht die Berufung auf das Ressortprinzip.

Die Bewertung und der Erfolg von politischer Führung werden in Zukunft mehr denn je von einem gelingenden kollektiven Führungsverhalten abhängen.

Zum institutionellen Umfeld einer politischen Führungspersönlichkeit gehört auch eine eher informelle Hackordnung: Platzhirsche, ehrgeizige Neulinge, diejenigen, die über Geld entscheiden, die Chefs der klassischen Ressorts, die Ruhigen und die Lauten, die grauen Eminenzen, die Profilsüchtigen und die Teamspieler, die Gefährdeten oder die Kronprinzen. Alle diese Rollen gibt es. Manchmal spielt das zwar von außen betrachtet eine größere Rolle als im inneren Getriebe der Macht. Aber in jedem Fall wirkt auch die äußere Darstellung einer solchen Hackordnung indirekt auf das Verhalten untereinander ein.

Solche Hackordnungen gibt es auch international. Von einem Minister aus Deutschland wird in der Europäischen Union wie selbstverständlich eine Führungsrolle erwartet. Nimmt er sie nicht wahr, so ist die Enttäuschung groß und der Einfluss Deutschlands geringer, als von der Größe und dem Gewicht Deutschlands her zu erwarten wäre. Umgekehrt kann ein führungsstarker Minister aus einem kleinen Land in der Europäischen Union rasch eine Führungsrolle einnehmen ohne Rücksicht darauf, dass er aus einem kleinen Land kommt. Diese Führungsstärke beruht dann allein auf der Persönlichkeit des Ministers.

Politische Führung bedeutet, neben formalen auch faktische politische Hierarchien zu kennen, sie zu akzeptieren und mit ihnen umzugehen.

Abstand halten – Medien, Lobbys & Co.

Neben dem engeren politischen Umfeld muss sich ein Spitzenpolitiker auch in einem externen und sichtbaren Umfeld bewegen.

Da gibt es die Bedingungen von Transparenz, unter denen heutzutage jede Führungspersönlichkeit arbeitet, und die Einwirkungen von Lobbygruppen sowie die Beobachtung durch die Medien.

Die Arbeit eines Spitzenpolitikers, insbesondere eines Ministers, ist in einer Weise transparent, wie sich das viele andere Führungspersönlichkeiten nicht bieten lassen würden. Es gehört aber dazu. Öffentliche Auftritte sind eben öffentlich. Von Journalisten wird ständig versucht, an Informationen aus internen Besprechungen oder Verhandlungen zu kommen. Das Privatleben eines hochrangigen politischen Amtsträgers ist für die Öffentlichkeit interessant. Die Öffentlichkeit glaubt, einen Anspruch darauf zu haben, zu wissen, wo er wohnt, wie er lebt, wohin er in den Urlaub fährt, wie seine Familienverhältnisse sind, ob er gesund ist und wen er mag oder nicht mag.

Dem Parlament gegenüber muss berichtet werden, von wo nach wo und an welchem Wochentag ein Minister ein Regierungsflugzeug benutzt hat. Die Bundeskanzlerin muss mitteilen, mit wem sie im Kanzleramt gegessen hat und was es zu essen gab. Neuerdings kann sogar das Löschen einer SMS auf dem Mobiltelefon später zu einem Problem werden, weil unterstellt wird, es habe sich natürlich um eine dienstliche SMS und nicht um eine private gehandelt. In Medienporträts wird in einer Weise über die psychische Verfasstheit eines Spitzenpolitikers spekuliert, wie sie wohl außerhalb der Politik nur in strikt vertraulichen Protokollen einer psychiatrischen Behandlung niedergelegt wird.

Nach der Rechtsprechung der Gerichte hat ein Spitzenpolitiker das Recht am eigenen Bild verloren. Er wird von jedermann auf der Straße angesprochen, in Restaurants und auf öffentlichen Plätzen. „Ich will ja nicht stören, aber hätten Sie etwas dagegen, wenn ich ein Bild mit Ihnen mache?" So oder ähnlich wird man gerade als Minister täglich angesprochen.

Ich verstehe das Interesse und die Neugier, diejenigen kennenzulernen, die unser Land regieren. Man darf sich aber nicht wundern, dass viele derjenigen, die für politische Führungsaufgaben infrage kommen, nicht bereit sind, sich unter diesen Transparenzbedingungen für ein Ministeramt oder eine vergleichbare politische Führungsaufgabe zur Verfügung zu stellen. Und ich beschreibe das auch deswegen, weil ich es für unangemessen halte, führenden Persönlichkeiten der Politik zu unterstellen, sie würden am liebsten Hinterzimmerpolitik betreiben. Es kann keinen Anspruch darauf geben, dass eine politische Führungspersönlichkeit alles, was sie tut, unter den Augen der Öffentlichkeit macht.

Politische Führung bedeutet, sich unter den Bedingungen nahezu totaler Transparenz zu konzentrieren und zu behaupten und sich ein Privatleben erhalten zu können.

Zum externen Umfeld in der Politik gehören auch Interessenverbände und Lobbygruppen. Ich will zu diesem Thema hier nur Folgendes ansprechen:

Wir haben zu viele Interessenverbände und Lobbygruppen in Deutschland. Im Bereich der Umweltpolitik, der Wirtschaftspolitik, der Menschenrechte, beim Ehrenamt oder beim Tierschutz sind sie kaum noch zu zählen. Jeder einzelne dieser Verbände spricht angeblich mit einem Allgemeinvertretungsanspruch für die jeweiligen Belange. Die faktische Einflussnahme solcher Verbände nimmt nach meinem Eindruck allein wegen ihrer zu großen Zahl allerdings ab. Zu viele Verbände zersplittern ihre Wirkung. Die öffentliche Aufmerksamkeit dagegen nimmt zu.

Die Forderungen und Äußerungen der Verbände sind auch immer weniger repräsentativ für die vielfältige Lebenswirklichkeit in Deutschland. Ich höre oft von Vertretern des Mittelstandes aus meinem Wahlkreis, dass sie mit den Verlautbarungen ihrer Berliner „Vertreter" nicht einverstanden sind, wenn sie sie überhaupt wahrgenommen haben. Die Mehrheit der Bevölkerung möchte ein einfacheres Steuerrecht, als Mitglied des Finanzausschusses des Deutschen Bundestages habe ich aber in den letzten Jahren von Vertretern solcher Verbände nicht ein einziges Mal einen Vorschlag zu einer Vereinfachung des Steuerrechts erhalten, wohl aber viele Vorschläge, die dem Interesse dieses Verbandes dienen, die aber nur mit einer weiteren Verkomplizierung des Steuerrechts zu verwirklichen wären. Auch im Bereich der übertriebenen Bürokratisierung kommt auf jeden Vereinfachungsvorschlag eines Verbandes mindestens eine gegenteilige Meinung eines anderen Verbandes, der Entbürokratisierung zwar grundsätzlich richtig findet, aber nicht in diesem Fall.

Politische Führung bewährt sich in diesen Fällen am ehesten durch Abstand. Damit meine ich nicht immer einen räumlichen Abstand. Viele Termine mit einem bestimmten Verband sind für den jeweiligen Fachpolitiker nötig, sind aber noch kein Hinweis auf eine unangemessene Beeinflussung. Gute Argumente zu hören, das hat noch nie jemandem geschadet, auch keinem Minister.

Ich meine mit dem Rat zu Abstand für einen politischen Führer einen inneren Abstand, eine innere Distanz zu den Aufgeregtheiten des politischen Parketts, zu Lobbyisten oder zu glamourösen Events. Den muss man sich als Politiker bewahren.

Kurze Sicht und langer Atem – Handeln und entscheiden

Der Rahmen – Was die politischen Handlungsmöglichkeiten bestimmt

Führung in der Politik unterliegt Begrenzungen. Einige sind politik-spezifisch.

Eine besondere rechtliche Begrenzung ist die Zuständigkeits-verteilung im Föderalismus in Deutschland, also zwischen Bund, Ländern und Kommunen. Alle bisherigen Versuche, durch die Entflechtung von Entscheidungen die Verantwortlichkeiten von Bund und Ländern jeweils getrennt zu bündeln und die Kompetenz für die Sachentscheidung und die Finanzierungskompetenz in eine einzige Hand zu geben, sind mehr oder weniger gescheitert. Die Länder wollen ihre Zuständigkeiten behalten, verlangen aber nach Bundesgeld. Der Bund kann sich gegenüber der Öffentlichkeit nicht mit dem Verweis auf die Zuständigkeit der Länder aus wichtigen politischen Angelegenheiten heraushalten. Der Bund erlässt die meisten Gesetze, die Länder sind für die Umsetzung zuständig. Aus alldem entsteht ein kompliziertes Geflecht aus Mischfinanzierungen und unübersichtlichen Zuständigkeiten.

Im Verhältnis zu Europa ist es ähnlich. Viele Zuständigkeiten sind auf die Europäische Union übergegangen. Selten aber ist die Europäische Union für ein Thema allein zuständig wie etwa bei Zollfragen. Meistens bestimmt europäisches Recht den Rahmen in Form einer Richtlinie, die Umsetzung im Einzelnen obliegt den Nationalstaaten.

Theoretisch mag das alles sinnvoll sein. Es ist das Ergebnis eines politischen Aushandlungsprozesses über Machtfragen. Zuständigkeiten haben immer mit Machtverteilung zu tun. Begrenzungen von Macht verhindern Machtmissbrauch. All das ist richtig, aber wir haben es in Deutschland übertrieben. Politische Führung wird so unübersichtlich und erschwert.

Das ist hier nicht ausführlich darzustellen. Im Zusammenhang dieses Buches ist nur festzuhalten, dass ein Minister bei jedem Vorhaben prüfen muss, mit wem zusammen oder gegen wen er etwas durchsetzen kann. Eine noch so gute Idee wird nicht zum Erfolg führen, wenn die Bundesländer geschlossen dagegen sind.

So ist es etwa im Bereich der Bildungspolitik und der öffentlichen Sicherheit. Hier vertritt eine große Mehrheit der Bevölkerung zwar die Auffassung, dass der Bund auf diesen Feldern mehr Zuständigkeiten bekommen sollte. Gleichwohl sind die Länder nicht bereit, wesentliche Teile ihrer Kompetenzen abzugeben oder einschränken zu lassen. Bundespolitik unterliegt hier also verfassungsrechtlichen und machtpolitischen Begrenzungen.

Dennoch ist auch in solchen Feldern ein Bundesminister nicht machtlos.

Politische Führung bedeutet hier, die rechtlichen Begrenzungen eigener Handlungsmöglichkeiten politisch faktisch zu überwölben. Das kann durch das allseits bekannte Vorgehen gelingen, sich Zuständigkeiten durch Geldzahlungen zu erkaufen. Man nennt das den „goldenen Zügel". Aber auch das ist nur in den Grenzen der Verfassung möglich.

Und so ist es von großer Bedeutung, dass man sich informell durch seine Arbeit, durch sein Auftreten und durch seine Autorität eine Art politischen Zuständigkeitsbonus verschafft. Die eigentlich Zuständigen hören dann auf einen, nehmen einen Rat an oder folgen einer Empfehlung. Das ist sehr mühsam, verlangt viel Geduld, aber es ist ein wirksames Instrument zur politischen Führung im Föderalismus. Besonders sichtbar war das in der Coronakrise. Für nahezu alle Maßnahmen, von den Abstandsregeln über die Maskenpflicht bis zur Schließung von Geschäften und Einrichtungen, waren rechtlich allein die Bundesländer zuständig. Faktisch wurden sie aber durch den Bund initiiert und vorgeschlagen. Das konnte nur dadurch gelingen, dass Bundeskanzlerin Angela Merkel einen Ruf als Krisenmanagerin und unaufgeregte Sachpolitikerin hatte, der es ihr ermöglicht hat, die Ministerpräsidenten an einen Tisch zu holen und gemeinsame Entscheidungen zu treffen. Trotz rechtlicher Unzuständigkeit konnte sie so eine faktische Führungsrolle bei der Bekämpfung und Bewältigung der Krise einnehmen. Und die Ministerpräsidenten haben das nicht nur akzeptiert, sondern sogar aktiv unterstützt, indem sie sich an die Absprachen mit ihr gehalten und bereitwillig ihre Empfehlungen angenommen haben.

Eine andere wichtige Begrenzung politischer Führung sind Begrenzungen durch das eng gestrickte bestehende Recht. In Deutschland sind Besitzstandsregelungen so gut wie nicht anzutasten. Zuungunsten der Betroffenen gibt es ein weitreichendes Rückwirkungsverbot. Das bedeutet, eine belastende rückwirkende Änderung ist nahezu ausgeschlossen. Neue Regelungen gelten immer nur für die Zukunft. Das ist geboten, führt aber zu langen Übergangszeiten bei der Einführung neuer Maßnahmen. Politisch oder rechtlich bindende Zusagen der Vorgänger erschweren neuem Führungspersonal Veränderungen. Ausgeuferte Verfahrensregelungen verzögern Entscheidungs- oder Umsetzungsprozesse.

Bei wichtigen Vorhaben ist daher von der politischen Führung stets zu prüfen, wie lange die Umsetzung dauert und ob nicht die finanziellen oder politischen Transformationskosten größer sind als der eigentlich zu erwartende Erfolg. Dieser schwer zu beeinflussende Prozess der Bindung von Politik durch ihre Pfadabhängigkeit von dem, was vorher geschah, ist nicht nur eine Begrenzung für die jeweilige politische Führung, sondern inzwischen auch eine Begrenzung der Innovationsfähigkeit von Politik und Gesellschaft insgesamt geworden.

Auch in der eigenen Organisation unterliegt ein Minister bei seiner Führung Begrenzungen. Fast alle Entscheidungen bedürfen der Mitwirkung, viele Entscheidungen der Mitbestimmung der Mitarbeiter, vertreten durch ihre Personalräte.

Der Verteidigungsminister kann selbstverständlich Soldaten in Auslandsmissionen entsenden, auch wenn sie gefährlich sind. In der Regel braucht er dafür aber die vorherige Billigung des Parlaments in Form eines sogenannten Mandats. Ein Innenminister kann das nicht: Solchen Einsätzen, auch wenn sie außenpolitisch noch so geboten sind, müssen die Polizisten selbst und die Personalräte bei der Entsendung von Polizisten zustimmen.

Versetzungen sind bei Angestellten ohne deren Einverständnis nicht möglich, bei Beamten werden sie immer mehr begrenzt. Bei Besetzungen von wichtigen Funktionen ist gesetzlich oder faktisch eine öffentliche Ausschreibung vorgeschrieben. Die Personalräte, die Gleichstellungsbeauftragten und die Beauftragten für Schwerbehinderte sind bei den Auswahlprozessen zu beteiligen. Sie können durch langwierige Gerichtsverfahren viele Personalentscheidungen verzögern oder sogar blockieren. Hinzu kommen sogenannte Konkurrentenstreitverfahren, also Klagen von Kandidaten, die sich auf eine bestimmte Stelle oder eine Beförderung beworben haben, aber unterlegen waren. In allen diesen Fällen muss von der Personalverwaltung sehr detailliert dargelegt werden, warum der Ausgewählte tatsächlich der Beste ist und andere geeignete Kandidaten zurückstehen mussten.

Diese Liste ließe sich fortsetzen. Alle diese Einflussfaktoren auf Führung haben ihren guten Sinn. Sie folgen einem partizipativen Ansatz, sie befrieden die Arbeitsatmosphäre in einem Ministerium, sie verhindern oder begrenzen willkürliche Maßnahmen der politischen Führung. Ich habe mich immer um ein gutes und konstruktives Verhältnis mit den Personalräten bemüht, damit aus Mitbestimmung nicht Blockade wird. Und das ist in der Regel auch gelungen.

Dennoch wirken solche internen Regelungen begrenzend für politische Führung. Solche Begrenzungen mögen gewollt sein. Vielleicht sind sie nicht zurückzudrehen. Aber sie sind als Begrenzungen zunächst einmal zur Kenntnis zu nehmen und vor allem bei der Planung und Entscheidung politischer Vorhaben einzukalkulieren.

Ob die öffentliche Meinung ebenfalls eine Begrenzung politischer Führung ist, das wird intensiv diskutiert.

Die einen sagen, das müsse in einer Demokratie natürlich genauso sein. Mehr noch, die aktuelle öffentliche Meinung müsse in Form von Plebisziten mehr Gewicht bei der Entscheidungsfindung bekommen. Die Politikverdrossenheit heutzutage habe auch damit zu tun, dass die Menschen das Gefühl hätten, auf ihre Meinung werde nicht gehört. „Die da oben" machten ja sowieso, was sie wollten.

Andere argumentieren umgekehrt: Politische Führung beweise sich gerade darin, nicht wie ein Zeitgeistritter auf der öffentlichen Meinung zu surfen. Die repräsentative Demokratie sei ein Filter gegen die unmittelbare und sofortige Auswirkung politischer Stimmungen. Sie sichere unpopuläre Entscheidungen. Politikverdrossenheit habe eine ihrer Ursachen in mangelnder klarer politischer Führung.

Beide Argumentationslinien haben etwas für sich:

In einer Demokratie entscheidet nun einmal die Mehrheit, unabhängig von der Frage, wie vernünftig die Mehrheit ist.

Natürlich kommt es für politische Führung darauf an, die öffentliche Meinung zu beeinflussen und für die eigene Position eine Mehrheit zu gewinnen. Wer an die Vernunft und an die Kraft der Argumente glaubt, der wird hier optimistisch sein.

Ich vertrete folgende Auffassung: Die öffentliche Meinung ist nicht stabil. Sie ändert sich leicht und ist von Stimmungen rasch beeinflussbar. Das haben wir während der Flüchtlingskrise erlebt. Und es gibt Themen, bei denen wird es nie gelingen, eine Mehrheit für eine unpopuläre Entscheidung zu gewinnen. So ist zum Beispiel die Entscheidung für die „Rente mit 67" immer unbeliebt gewesen und hatte nie eine Mehrheit in der Bevölkerung. Und dennoch halte ich sie angesichts der demografischen Entwicklung unseres Landes für dringend geboten. Auch der Auslandseinsatz der Bundeswehr in Afghanistan hatte nie eine Mehrheit in der Bevölkerung. Das ist bei nahezu allen gefährlichen Auslandseinsätzen der Bundeswehr der Fall. Und dennoch sind Auslandseinsätze der Bundeswehr Ausdruck internationaler Verantwortung Deutschlands.

Politische Führung muss bei Themen, von denen sie innerlich überzeugt ist, Flagge zeigen und im Zweifel auch gegen eine öffentliche Meinung Politik machen. Sonst bräuchte man sie nicht.

Politische Führung zeigt sich also einerseits darin, nicht alles umzusetzen, was die jeweilige öffentliche Mehrheitsmeinung gerade für richtig hält. Politische Führung ist andererseits aber nicht allein deswegen stark, weil sie alle Tendenzen öffentlicher Meinung ignoriert und ohne Rücksicht darauf durchzusetzen versucht, was sie allein für richtig hält.

Politische Führung beweist sich vielmehr darin, das richtige Maß zu finden zwischen der Beachtung öffentlicher Meinung einerseits und der Durchsetzung von Vorhaben sogar gegen die aktuelle öffentliche Meinung andererseits. Übertreibt sie das eine, gilt sie als opportunistisch. Übertreibt sie das andere, so gilt sie als starrsinnig. Die repräsentative Demokratie ist hierfür das wirksame Instrument. Sie sollte nicht ausgehöhlt werden.

All diese Begrenzungen wirken für politische Führung beengend, und sie sind in den letzten Jahren noch enger geworden. Wer mehr politische Führung anmahnt, muss sich also auch Gedanken

darüber machen, wie solche Begrenzungen wieder stärker zurück-
gedrängt werden können.

Dass politische Führung allerdings Grenzen braucht, zumal in
Demokratien, das dürfte unstrittig sein.

Ins Offene – Entscheiden in der Demokratie

Ein politischer Amtsträger muss viele Entscheidungen treffen. Das
gilt insbesondere für Minister im Sicherheitsbereich. Politische
Führung besteht natürlich nicht nur aus Entscheidungen, aber Entscheidungen sind oft das Prägendste für politische Führung und für
die spätere Geschichtsschreibung.

Jeder Außenstehende wird Wert darauf legen, dass vor einer Entscheidung der zugrundeliegende Sachverhalt vollständig ermittelt
wird und vor der Entscheidung klar zu Tage tritt. So handhabt das
auch jeder Richter, der – von einstweiligen Verfügungen einmal abgesehen – über einen abgeschlossenen Sachverhalt im Nachhinein
ohne Zeitdruck zu entscheiden hat. Entscheidungen erweisen sich
später als fehlerhaft, wenn die Entscheidungsgrundlagen oder ihre
Folgen falsch eingeschätzt werden. Auch Zeitdruck wirkt sich auf
die Qualität von Entscheidungen aus.

Für die Politik, für die Entscheidungen eines Ministers gilt: Je
eiliger schwierige und komplizierte Entscheidung getroffen werden
müssen, umso weniger können sie in Ruhe und in vollständiger
Kenntnis des Sachverhaltes herbeigeführt werden.

Manchmal ist der Zeitdruck für eine Entscheidung so groß,
dass nicht genügend Zeit bleibt, um den Sachverhalt genau zu er-
mitteln. Wenn in den Medien über den Absturz eines Flugzeuges
mit deutschen Passagieren berichtet wird, dann bemüht sich das
Auswärtige Amt darum, vor einer Stellungnahme festzustellen, ob
das wirklich zutrifft. Aber da sich viele Angehörige der Passagiere
im Flugzeug große Sorgen machen, darf das Amt nicht zu lange

mit einer Stellungnahme warten. Wenn ein Innenminister darüber zu entscheiden hat, ob eine Veranstaltung wegen eines Terrorverdachts abgesagt werden muss, dann muss diese Entscheidung eine bestimmte Zeit vor dem Beginn dieser Veranstaltung getroffen sein, obwohl die Verantwortlichen nicht sicher wissen, ob eine Gefahr wirklich besteht.

Dieser Fall zeigt, dass Entscheidungen durch die politische Führung oft auf der Grundlage einer unsicheren Quellenlage getroffen werden müssen. Die Drohung mit einem Terroranschlag kann auf ihren Wahrheitsgehalt meistens nicht sicher überprüft werden.

Manchmal werden einem verantwortlichen Minister wichtige Teile einer Entscheidungsgrundlage sogar verschwiegen oder interessenbezogen dargestellt. Das kann durch Mitarbeiter des eigenen Hauses oder durch Dritte geschehen.

Unsicher ist oft auch die rechtliche Zulässigkeit einer Entscheidung. Die einen halten eine Maßnahme für geboten, die anderen halten dieselbe Maßnahme für rechtswidrig. So war es bei meiner Entscheidung am 13. September 2015 über Zurückweisungen von Flüchtlingen an der deutsch-österreichischen Grenze bei der Einführung von Grenzkontrollen. Und so war es bei den Grundrechtseinschränkungen beim Lockdown in der Coronakrise.

Oder die Entscheidungsgrundlage ist deswegen unsicher, weil die Maßnahme nur wirksam ist, wenn sie vor der Umsetzung nicht bekannt wird, zum Beispiel eine polizeiliche Durchsuchung. Eine in anderen Fällen nützliche Beteiligung Dritter, die man um Rat fragen könnte, trüge das Risiko in sich, dass die Maßnahme vorab bekannt und deshalb wirkungslos wird.

Politische Führung bedeutet in diesen Fällen, ins Offene entscheiden zu müssen.

Das ist unvermeidlich. Um solche Entscheidungen treffen zu können, bedarf es einer guten Beratung im kleinsten Kreis, guter Nerven, einer Bereitschaft zur Übernahme von Risiko und Verantwortung, Mut und Demut. Mir hat manchmal ein Gebet geholfen.

Insbesondere wenn eine Entscheidung schiefgegangen ist, wissen hinterher immer alle alles besser. Nach der Entscheidung werden dann Sachverhalte bekannt, die zuvor nicht bekannt waren oder jedenfalls nicht auf dem Tisch derjenigen lagen, die die Entscheidung zu treffen hatten. Aber es heißt dann, das hätte man doch wissen oder einbeziehen müssen. Ich werbe dafür, die Entscheider an denjenigen Entscheidungsgrundlagen zu messen, die zum Zeitpunkt der Entscheidung vorlagen, und nicht daran, wie sich die Entscheidungsgrundlagen zum Teil Jahre später erst herausgestellt haben.

Wenn es darauf ankommt – Mit Krisen umgehen

Führung bewährt sich in Krisen, Führung muss sich in Krisen bewähren.

Eine Krise ist eine Lage, in der sich etwas wirklich Wichtiges ereignet, oder eine Lage, in der über etwas wirklich Wichtiges entschieden werden muss.

Eine Krise ist nicht per se eine Katastrophe. Sie kann auf eine Institution überraschend oder mit Vorwarnung von außen einwirken, sie kann aber ebenso als die Folge eines großen Strukturumbruchs bewusst und von innen heraus herbeigeführt werden.

Man sollte mit dem Begriff Krise zurückhaltend sein. Nicht jede Schwierigkeit ist eine Krise. Und nicht jede Krise oder jeder Umbruch ist gleich ein Paradigmenwechsel, wie es heute so schnell genannt wird. Etwas Neues zu entwickeln, einen Wandel der eigenen Lebenseinstellung hinnehmen zu müssen, auch fachliche Umbrüche mit weitreichenden Folgen, all das kann zu tief greifenden Veränderungen führen. Ein Paradigmenwechsel ist aber deutlich mehr, nämlich eine Umwälzung bisher grundlegender Rahmenbedingungen, also etwa die Erkenntnis, dass die Erde eine Kugel und nicht eine Scheibe ist. Die Inflationierung der Verwendung der Begriffe

Katastrophe, Krise oder Paradigmenwechsel ebnet alle Unterschiede ein. Das wäre nicht so schlimm, wenn damit nicht auch eine psychologische Folge einherginge, nämlich die Skepsis gegenüber Veränderungen. Wenn kleine oder mittlere Veränderungen immer gleich als großer Umbruch, als Krise oder als Paradigmenwechsel bezeichnet werden, dann darf man sich nicht wundern, wenn viele Betroffene Veränderungen nicht mehr wollen.

Veränderungen lassen sich dann am besten bewältigen, wenn alle Betroffenen die Dimension der Veränderungen realistisch einschätzen, soweit man das zu deren Beginn beurteilen kann. Untertreibungen sind hier ebenso schädlich wie Übertreibungen. Eine solche realistische Einschätzung zu treffen und zu vermitteln ist eine politische Führungsaufgabe.

Bei manchen solcher Krisen und Umbrüche war ich in unterschiedlichen Funktionen beteiligt: bei der Herbeiführung der deutschen Einheit, der Bewältigung der weltweiten Finanzkrise, den Rettungsaktionen für den Euro, dem Ausstieg Deutschlands aus der Kernenergie, der Flüchtlings- und Terrorkrise. An der Bewältigung der Coronakrise war ich als Bundestagsabgeordneter nur am Rande beteiligt.

Nicht zu solchen grundlegenden Veränderungen zähle ich einen Regierungswechsel, komplizierte Koalitionsverhandlungen oder sogenannte Krisen in einer Koalition.

Tief greifende Umbrüche und echte Krisen könnte man danach unterscheiden, ob sie vorhersehbar waren oder nicht, genauer, ob sie vorhergesehen wurden oder nicht. Man könnte sie ebenso danach unterscheiden, ob sie gewollt waren oder ungewollt. Ein weiteres Unterscheidungsmerkmal könnte sein, ob es externe oder interne Krisen sind, nationale, europäische oder internationale. Alle diese Unterscheidungen sind für dieses Buch irrelevant.

Jenseits aller Unterschiede sind unter dem Gesichtspunkt von Führung nämlich folgende drei Dinge beim Umgang mit solchen Krisen gemeinsam oder mindestens ähnlich:

1. Je größer und je bedeutender ein Umbruch oder eine Krise ist, desto weniger wichtig werden bisherige Zuständigkeiten. Die Krise sucht sich die Starken, nicht die Zuständigen. Die Starken nutzen die Krise, die Schwachen tauchen ab oder stören. Das ist leicht erklärbar. Die Verteilung von Zuständigkeiten wird immer unter dem Gesichtspunkt von normalen, geregelten und vorhersehbaren Abläufen vorgenommen. Sie wird schriftlich niedergelegt, sie ist rechtsrelevant. Die Entscheidungen müssen von der zuständigen Stelle getroffen werden, damit die zuständige Stelle vor dem zuständigen Gericht verklagt werden kann. Den zuständigen Stellen werden im Rahmen verfügbarer Haushaltsmittel das Personal und die sonstigen finanziellen Ressourcen zugeordnet. Alles muss eben seine Ordnung haben. Im Regelfall.

Wenn aber etwas in Unordnung geraten ist, dann gelten andere Regeln. Viele andere Staaten, auch Demokratien, haben für solche Lagen in ihren Verfassungen einen sogenannten Ausnahmezustand vorgesehen. Unter bestimmten Voraussetzungen und meistens zeitlich befristet werden die Zuständigkeiten und die Befugnisse so verteilt, dass es im Umgang mit einer Krise schneller und effektiver zugeht. Deutschland ist eines der wenigen Länder, in denen ein Ausnahmezustand in der Verfassung nicht geregelt ist. Es gibt zwar die Notstandsgesetze, aber sie gelten ausschließlich für den Fall eines äußeren militärischen Angriffes, und auch dann nur unter bestimmten besonders engen Voraussetzungen.

Es gibt zwar auch in Deutschland Katastrophenschutzgesetze, aber nur in den Bundesländern. Der Bund ist selbst bei nationalen Katastrophen nie im Rechtssinne zuständig. Das gilt selbst bei einem flächendeckenden Stromausfall, bei länderübergreifenden Fluten oder Waldbränden und auch bei einem groß angelegten Cyberangriff auf unser Land. Es gibt zwar einige ganz wenige Fachgesetze wie das Infektionsschutzgesetz des Bundes, mit denen in einer Krise weitreichende Befugnisse für die zuständigen Behörden – hier die Gesundheitsämter in den Landkreisen und kreisfreien Städten – festgesetzt sind. Das haben wir alle in der Coronakrise erfahren. Aber auch hier gilt, dass der Bund selbst bei länderübergreifenden Infektionsschutzlagen, wie im Umgang mit dem Coronavirus, faktisch keine Zuständigkeiten hatte. Als sich in der Krise zeigte, dass das zur Bewältigung der Krise nicht ausreichte, wurde das Infektionsschutzgesetz innerhalb weniger Wochen gleich mehrfach geändert. Jetzt hat der Bund in dem speziellen Fall einer Pandemie einige Kompetenzen mehr. Aber auch nur dort.

Ich halte die bisherigen Regelungen in Deutschland für den Umgang mit Krisen für nicht ausreichend. Ich halte das für ein gravierendes Problem für die Handlungsfähigkeit unserer Demokratie in schweren Zeiten. Ein föderales Gebilde wie die Bundesrepublik Deutschland ist wegen der dezentralen Zuständigkeitsverteilung und der damit verbundenen erhöhten dezentralen Verantwortungsbereitschaft der Entscheidungsträger zwar gerade in Krisen grundsätzlich besser aufgestellt als zentralistische Staaten. Dezentrale Verantwortliche agieren schneller, kreativer und vernünftiger, als wenn sie nur Befehlsempfänger irgendeiner Zentrale wären.

Nichtsdestotrotz bedarf es nach meiner Meinung bei nationalen und mehr noch bei europäischen und internationalen Krisen und Umbrüchen einer Koordinierungskompetenz auf nationaler Ebene. Deutschland braucht ein nationales Katastrophenschutzgesetz. Beim Versagen oder einer Überforderung auf Länder- oder kommunaler Ebene muss der Bund eine Weisungskompetenz und die Möglichkeit bekommen, die Dinge an sich zu ziehen. Zwei Beispiele von vielen: Der Bund braucht die Kompetenz für verbindliche nationale Pandemiepläne. Quarantänevorschriften nach der Einreise nach Deutschland müssen bundesweit einheitlich geregelt werden.

Mehr noch: Nicht erst seit der Coronakrise schlage ich vor, dass wir auch in Deutschland einen parlamentarisch kontrollierten Ausnahmezustand im Grundgesetz verankern. Das ist keine Abdankung des Parlamentarismus. Im Gegenteil: Ich schlage vor, dass der Ausnahmezustand nicht wie in Frankreich von der Regierung „ausgerufen" werden kann, sondern vom Parlament beschlossen und befristet werden muss. So geschehen ist es mit der Einführung einer „epidemischen Lage von nationaler Tragweite": Es ist eine rechtliche Sondersituation mit Sonderbefugnissen für den Bund, die vom Bundestag durch Beschluss festgestellt werden muss. Gewiss muss die Exekutive in nationalen Krisen schnell handlungsfähig sein. Das Parlament wiederum muss sich selbst so organisieren können, dass es als Notparlament agieren kann. Die bisherigen überholten Notstandsgesetze könnten dann im Gegenzug zu einer Einführung eines Ausnahmezustandes abgeschafft werden bzw. – soweit geeignet – in die Regelungen zum Ausnahmezustand überführt werden.

Solange dieser unbefriedigende Zustand in Deutschland allerdings besteht, so lange werden sich bei solchen Krisen und Umbrüchen faktische Zuständigkeiten für die politische Führung herausbilden. Je größer die Krise, desto größer werden die Zuständigkeitserwartungen der Bevölkerung gegenüber dem Bund. Und jeder, der auf Bundesebene politische Verantwortung trägt, ist gut beraten, sich in solchen Krisen nicht auf mangelnde Zuständigkeiten zu berufen, sondern sein Mögliches so zu tun, als wäre der Bund zuständig.

Das ist unbefriedigend, aber im buchstäblichen Sinne des Wortes not-wendig.

Politische Führung bedeutet, in Krisen nicht als Erstes die Zuständigkeit zu prüfen oder gar abzulehnen, weil die Übernahme von Verantwortung kompliziert und schwer ist, sondern entschlossen Verantwortung zu übernehmen, wenn dies erwartet wird und wenn man einen Beitrag zur Lösung der Krise leisten kann.

Bei der Coronakrise wurde die Bundeskanzlerin sogar anfangs dafür kritisiert, dass sie mit der Übernahme der politischen Führung zu lange gewartet habe. Als sie es dann tat, wurde das von allen akzeptiert, auch von den eigentlich zuständigen Ländern. Durch ihre engen Abstimmungsrunden mit den Ministerpräsidenten waren die zwar eingebunden, aber es hatte sich eben eine „faktische" Zuständigkeit der Bundeskanzlerin herausgebildet, innerhalb deren Einschätzung sich dann die Länder bewegt haben und auf die sie sich berufen haben. So hat es die Bundeskanzlerin geschafft, das Geschehen in Deutschland zu ordnen, zu steuern und zu koordinieren – und zwar ohne dass sie dafür eine Anordnungs- oder Weisungsbefugnis gebraucht hätte. Für die Länder hatte das den vielleicht von ihnen beabsichtigten Vorteil, dass das Risiko einer falschen Entscheidung voll bei der Bundeskanzlerin liegt. Je geringer die Ansteckungsraten wurden, desto mehr bestanden die Bundesländer durch ihre Ministerpräsidenten auf ihrer Zuständigkeit.

Im Verwaltungshandeln gilt das Handeln einer unzuständigen Behörde als rechtswidrig, im politischen Führungshandeln gilt die Entscheidung einer unzuständigen politischen Instanz in der Krise als Ausdruck politischer Führungsstärke. Und so muss es auch sein.

2. Im Umgang mit politischen Krisen und Umbrüchen zählt vor allem Leistung und persönliche (Führungs-)Stärke. Die Bedeutung von Hierarchien und „Hackordnungen" nimmt ab. Es kommt auf wenige an. Die Krise sucht sich die Geeigneten, nicht die formal Oberen.

Man kann es in der Politik weit bringen und manchmal sogar Minister werden, selbst wenn man nicht so viel kann. Gute Imagekampagnen, gute Netzwerke, der richtige Landesverband, das richtige Geschlecht oder der richtige Zeitpunkt können dazu beitragen. Konstellation eben.

In Krisen zählt das alles nichts.

Politische Führung bedeutet, gerade in Krisen Leistung zu zeigen und persönliche Stärke zu beweisen. Daher kommt ja auch der Ausdruck Führungsstärke.

Mit Leistung meine ich, sich fachlich schnell in die Krisenmaterie einarbeiten zu können, das Wichtige vom Unwichtigen unterscheiden zu können und ein Gespür für den richtigen Zeitpunkt von Entscheidungen zu entwickeln.

Mit persönlicher Stärke meine ich das Vermögen zu harter Arbeit über Tage und Nächte hinweg, den Mut zu harten und unpopulären Entscheidungen und die Gabe, die entscheidenden Helfer in der Krise zu unermüdlichem Einsatz zu motivieren. Hinzukommen muss dann noch eine authentische Kommunikation.

3. Vertrauen ist alles, was in Krisen und Umbrüchen zählt.

Man kann noch so entschlossen Zuständigkeiten an sich reißen, man kann fachlich noch so gut sein und persönliche Stärke zeigen, ohne die Bildung von Vertrauen gelingt politische Führung in Krisen nicht. Die Krise sucht sich die Verlässlichen, nicht die Lauten.

In Krisen ist die Lage unübersichtlich. Viele Fachleute melden sich zu Wort, Experten, Professoren und ehemals zuständige Politiker oder Behördenleiter. Unzuständige geben kluge Ratschläge. Die Medien überschlagen sich mit sich widersprechenden, aufbauschenden und dramatisierenden Berichten. Betroffene erzählen von Einzeleindrücken, die die Öffentlichkeit bewegen.

In einer solchen Lage hilft nur Vertrauen in die handelnden politischen Führer.

Der politische Krisenmanager muss Vertrauen ausstrahlen. Dies gelingt nicht allein durch kluge Formulierungen, empfohlen von Kommunikationsberatern. Dies gelingt nicht allein durch inszenierte Bilder, die entschlossenes Krisenmanagement suggerieren. Kluge Sprache in der Krise ist wichtig, kluge Bilder in der Krise können das Handeln gut begleiten. Das alles ist wahr. Aber all das überzeugt nicht, wenn die Bevölkerung nicht den Eindruck hat, dass man der politischen Führungspersönlichkeit in einer krisenhaften Situation vertrauen kann.

Nicht Beliebtheit zählt in der Krise als politische Währung, sondern Zustimmung und Respekt.

Ein solches Vertrauen muss man sich erarbeiten. Am besten ist es, wenn man sich durch sein bisheriges Führungsverhalten ein Vertrauenskapital „angespart" hat, dass man dann in der Krise „abrufen" kann. Deshalb sollte man in normalen Zeiten nicht leichtfertig Vertrauen verspielen, das dann in Krisenzeiten nicht zur Verfügung steht. Nicht immer aber kann man sich ein solches Vertrauenskapital ansparen. Das gilt zum Beispiel dann nicht, wenn einen eine solche Krise erwischt, wenn man erst kurz im Amt ist. Dann zählen die ersten Schritte: Sprache, Haltung und Auftritt. Die Bevölkerung wird nicht alles verstehen oder gar richtig finden, was ein Krisenverantwortlicher in einer solchen Lage sagt oder tut. Aber sie hat ein gutes Gespür dafür, ob man diesem Politiker in einer schwierigen Lage Vertrauen entgegenbringen kann.

Der große Plan – Führung und lange Linien

Führungsstärke braucht man auch bei gezielten Umorganisationen, der Umsetzung neuer Strategien oder bei grundlegenden strategischen Reformen. Hierbei geht es um die planmäßige und gezielte Erarbeitung und Umsetzung von erheblichen Veränderungen in einer Institution, die man führt, und/oder von politischen Zielen und Inhalten in dem Politikfeld, für das man Verantwortung trägt.

Zu solchen strategischen Reformen in meiner politischen Erfahrungswelt zähle ich den Aufbau des Kultusministeriums in Mecklenburg-Vorpommern nach 1990, verbunden mit dem grundlegenden Umbau und Aufbau von Schulen, Hochschulen, Kultur, Jugend und Sport nach der Herstellung der deutschen Einheit; als Verhandlungsführer der ostdeutschen Länder die Verhandlungen zur langfristigen Finanzierung der ostdeutschen Bundesländer von 2005 bis 2019, genannt „Solidarpakt II"; die Beteiligung an den Föderalismuskommissionen I und II in den Jahren 2003 bis 2004 bzw. 2009; die Neuausrichtung der Bundeswehr als Verteidigungsminister 2010/2011; die Arbeiten an einer verbesserten Sicherheitsarchitektur in Deutschland nach 2015; oder auch die Reform der Förderung des Spitzensports von 2013 bis 2017. Damit verbunden oder unabhängig davon habe ich mehrmals die von mir geführten Ministerien grundlegend umstrukturiert.

1. Politische Führung bedeutet, für strategisch angelegte politische Reformen einen eigenen, gut durchdachten Plan zu haben.

   Das klingt selbstverständlich, ist es aber nicht. Oft gibt es in der Politik zuerst nur eine großartig klingende Idee von einem, der gar keine Verantwortung trägt, eine Anregung in einem Interview, die dann aufgegriffen oder umgesetzt werden soll, am besten von anderen, die dann als unfähig bezeichnet werden, wenn sie die Ideen und Anregungen nicht unverzüglich aufgreifen und umsetzen.

   Wenn hinter einer solchen Idee aber kein Plan zur Umsetzung steht, dann wird es in der Regel bei dieser schönen Idee bleiben. Mit Plan meine ich nicht, dass jeder einzelne Schritt im Kopf oder auf Papier detailliert vorgezeichnet und beschrieben ist. Das ist in der Politik angesichts vieler Unwägbarkeiten kaum möglich, insbesondere weil die Gefahr besteht, dass ein solcher Plan in einem frühen Stadium an die Presse lanciert wird und allein deswegen scheitert.

Mit Plan meine ich eine Art grobes Drehbuch: ein strategisches Ziel, wichtige Unterziele, Schrittfolgen zur politischen Beschlussfassung über diese Ziele und die Betrachtung der Ressourcen und Möglichkeiten zur Umsetzung. Das muss am Anfang jeder geplanten strategischen Reform stehen.

So war es bei unseren Verhandlungen zum Solidarpakt, also der weiteren Finanzierung der ostdeutschen Länder für den Zeitraum von 2005 bis 2019. Im sächsischen Finanzministerium heckten wir den Plan aus, mit Hilfe aller einschlägigen Forschungsinstitute eine Infrastrukturlücke berechnen zu lassen, die aufzeigen sollte, wie viel Geld noch erforderlich sei, damit die ostdeutschen Länder eine gleichwertige öffentliche Infrastruktur erhielten. Daran konnte niemand vorbei. Das Zahlengerüst wurde Grundlage der für die ostdeutschen Länder erfolgreichen Verhandlungen.

Und als ich im März 2011 Verteidigungsminister wurde, planten wir die Neuausrichtung der Bundeswehr bis hin zur Planung der Standorte der Bundeswehr in Deutschland so systematisch und unter breiter Beteiligung, dass die Kritik an erheblichen Standortschließungen matt ausfiel.

2. Politische Führung bedeutet, die Macht zu haben, mit der die Chance besteht, den Plan für eine strategische Reform durchzusetzen.

Vorschläge für strategische Reformen in der Politik gibt es viele. Sie kommen aus der Wissenschaft und von Stiftungen oder von Verbänden, die sich von der Umsetzung solcher Pläne einen eigenen Vorteil versprechen. Sie kommen von der Opposition mit dem Ziel, mit solchen Plänen für strategische Reformen die Bevölkerung davon zu überzeugen, statt der Regierung bei den nächsten Wahlen die Opposition zu wählen. Sie kommen neuerdings von „Bewegungen", die den politischen Institutionen mit der Vorlage großer Visionen politischen Druck machen wollen. Oder sie kommen auch von internationalen Organisationen, die strategische Reformen für Deutschland anmahnen. Alle diese Urheber und Initiatoren haben aber meistens nicht die Macht, solche Pläne umzusetzen. Trotzdem können solche Vorschläge für die politische Debatte natürlich nützlich sein. Sie lenken die Debatte auf die Inhalte und auf die Zukunft, weg von Personen und persönlichen Eitelkeiten.

Aber in die Wirklichkeit umgesetzt werden strategische Reformen nur mit politischer Macht, und das verlangt politische Führung.

Mit Macht meine ich die Herbeiführung politischer Mehrheiten, in der eigenen Partei, vor allem aber im Bundestag und im Bundesrat. In der Bundespolitik braucht man für eine strategische Reform nicht nur eine politische Mehrheit im Parlament. Die meisten und die größeren Konflikte wegen geplanter massiver Veränderungen der Politik in Deutschland bestehen nicht zwischen den unterschiedlichen Parteien des demokratischen Spektrums auf Bundesebene, sondern zwischen dem Bund und den Ländern. Denn die meisten politischen Reformen haben mit der Veränderung von Zuständigkeiten und mit dem Einnehmen, Ausgeben oder Verteilen von Geld zu tun. In diesen Fällen gibt es in Deutschland immer Konflikte zwischen Bund und Ländern, weil die Finanzströme zwischen Bund und Ländern aufs Engste miteinander verflochten sind.

Als Bundesinnenminister war ich mir mit meinen Innenministerkollegen der Länder, die auch der Union angehörten, über grundlegende Veränderungen bei der Gesetzgebung zu

Fragen der öffentlichen Sicherheit oder des Asyls einig. Aber viele Landesinnenminister hatten nicht die Macht, ihre politischen Überzeugungen in ihren jeweiligen Koalitionsregierungen durchzusetzen, was dann später bestenfalls zu einer Enthaltung bei der entsprechenden Gesetzgebung im Bundesrat führte. Deswegen habe ich ihnen immer gesagt, für mich zähle als politische Währung für die Durchsetzung von Reformen die Mehrheit im Bundesrat und nicht die Mehrheit auf eigenen Parteitagen.

Aber selbst eine gesetzgeberische Mehrheit in Bundestag und Bundesrat genügt oft nicht, um eine strategische Reform durchsetzen zu können. Gesetze allein verändern immer weniger die politische und gesellschaftliche Wirklichkeit. Hierzu bedarf es auch einer Verwaltung, die bereit und in der Lage ist, den gesetzgeberischen Willen umzusetzen. Es bedarf entsprechender Haushaltsmittel, ohne die das Ziel der Reform nicht gelingen wird. Immer mehr bedarf es einer Umsetzung durch Informationstechniken (IT), deren Bedeutung für den Erfolg bei der Umsetzung einer solchen strategischen Reform zumeist unterschätzt wird. Und es bedarf der Akzeptanz wenigstens einer Mehrheit der Gesellschaft, damit eine strategische Reform auch gelingt.

Macht und Führungsstärke bedeuten insoweit, nicht nur die Mehrheiten zur politischen Durchsetzung, sondern auch die Mittel zur finanziellen, administrativen und technischen Umsetzung eines Plans beschaffen zu können und erfolgreich für eine gesellschaftliche Akzeptanz zu sorgen.

Politische Gegenmacht zu organisieren, damit eine strategische Reform verhindert wird, ist in Deutschland ungleich leichter, als positiv eine Reform durchzusetzen. Wer einfach nur nein sagt, hat es immer leichter. Das erleben wir bei Reformen des Föderalismus, des Steuersystems oder auch der Planungsbeschleunigung. Umso dringlicher ist es, solche

Pläne zu entwickeln und umzusetzen, die Deutschland positiv verändern. Dafür braucht es politische Führung.

3. Politische Führung bedeutet, für strategische Reformen einen günstigen Zeitpunkt zu erwischen oder eine günstige Konstellation entschlossen zu nutzen. Das kann sogar bedeuten, im Zweifel lieber darauf zu verzichten, eine strategische Reform anzustoßen, wenn der Zeitpunkt dafür ungünstig ist. Alles hat seine Zeit, das gilt auch für große politische Reformen. Zu viele große strategische Reformen auf einmal überfordern das politische System und können bei der Bevölkerung Verunsicherung hervorrufen. Das Unterlassen strategischer Reformen kann dagegen zum Vorwurf politischer Untätigkeit und der Zukunftsvergessenheit führen. Zu Beginn einer Legislaturperiode sind strategische Reformen leichter durchzusetzen als am Ende, wenn alle schon im Wahlkampfmodus denken.

Oft bedarf es für die erfolgreiche Durchsetzung einer strategischen Reform eines geeigneten Anlasses. Demokratien lernen ebenso wie Menschen am ehesten durch Krisen. Nicht in der Krisenlage selbst, aber doch kurz danach besteht eine gute Chance für die Durchsetzung einer strategischen Reform, wenn man argumentieren kann, die Reform sei eine notwendige Lehre aus der Krise. Leider gilt dies in Deutschland nicht umgekehrt. Präventive Maßnahmen zur Verhinderung einer größeren Krise haben es schwer, weil die meisten doch hoffen und annehmen, dass es schon nicht zu einer Krise kommen werde, und deshalb eine Vorbeugung eher abgelehnt wird, insbesondere wenn sie mit Einschränkungen und Kosten verbunden ist. So war es auch mit den vorgeschlagenen Vorbeugemaßnahmen gegen eine zu erwartende Pandemie. Als ich 2016 ein neues Rahmenkonzept für den Zivilschutz in Deutschland vorstellte und in diesem

Zusammenhang öffentlich anregte, es wäre gut, wenn sich jeder Bürger mit Trinkwasser und etwas haltbarer Ernährung wappnen würde, um zum Beispiel mit einem längeren Stromausfall schadlos umgehen zu können, erntete ich viel Kritik und einen Shitstorm im Internet mit dem Vorwurf, ich würde die Bevölkerung unnötig verunsichern.

In einer Zeit ohnehin großer Veränderungen sind diejenigen strategischen Reformen attraktiv, die Sicherheit bei der Bewältigung solcher Veränderungen versprechen. In einer Zeit politischer Langeweile sind dagegen diejenigen strategischen Reformen attraktiv, die den Aufbruch zu neuen Ufern in Aussicht stellen.

Wird von einer Mehrheit ein gesellschaftlicher Veränderungsbedarf diagnostiziert, dann ist eine strategische Reform sicher erfolgversprechend, die an bisherigen Gepflogenheiten und Routinen rüttelt. Sie kommt zu einem günstigen Zeitpunkt. Wenn dagegen eine strategische Reform einen gesellschaftlichen Zustand verändern will, der allgemein als akzeptiert gilt oder an den man sich gewöhnt hat, dann ist das für dessen Veränderung ein ungünstiger Zeitpunkt, selbst wenn die Ziele der Reform noch so gut und richtig sind.

So sehe ich wenig Aussichten auf eine grundlegende Veränderung unserer Mehrwertsteuer mit zwei unterschiedlichen Steuersätzen, die zu grotesken Ergebnissen führen: Hundefutter wird mit einem halben Steuersatz berechnet, Kindernahrung dagegen mit einem vollen Satz. Wer Milch kauft, zahlt den halben Steuersatz, wer Kaffee erwirbt, zahlt den vollen Steuersatz. Und jetzt entbrennt Streit um die Frage, nach welchem Steuersatz ein Cappuccino berechnet wird ... Aber bei der Herbeiführung eines einzigen Steuersatzes würden diejenigen Steuerzahler lauthals protestieren, für deren Umsätze die Steuer erhöht würde. Diejenigen aber, die von einem mittleren Mehrwertsteuersatz begünstigt würden, wären keine große Hilfe bei einer solchen Reform. Sie würden schweigen.

4. Politische Führung bedeutet, für eine strategische Reform genügend Mitstreiter zu haben, und zwar bei der Erarbeitung des Plans, bei der Durchsetzung im politischen Raum und vor allem bei der Umsetzung in die Wirklichkeit.

Politische Mitstreiter zu haben ist etwas anderes als eine politische Mehrheit. Die Mehrheit nützt nichts, wenn es nicht genügend Mitarbeiter im eigenen Ministerium oder Umfeld gibt, die bei der Erarbeitung eines Plans für eine strategische Reform mitarbeiten und kritisch mitdiskutieren, Bedenken aufgreifen und entkräften. Man braucht ein kleines, hartes Team um sich, das diese strategische Reform wirklich will und dafür brennt.

Mitstreiter braucht es auch im sonstigen politischen Raum, die für die strategische Reform in der öffentlichen Debatte Partei ergreifen, die Skeptiker überzeugen, die vor dem Scheitern einer solchen Reform warnen, die die Öffentlichkeit motivieren und anstecken. All dies kann der Initiator und Treiber einer Reform nicht allein. Er braucht solche Mitstreiter, auch um den Preis, dass diese strategische Reform nicht mehr als „seine" gilt, sondern einen anderen Namen oder eine andere Überschrift bekommt. Das ist ohnehin in Deutschland seltener als in den USA. Wir kennen nur die „Riester-Rente" als Bezeichnung für den Aufbau einer privaten geförderten Altersversorgung oder die „Hartz-IV-Reformen" für die Zusammenführung der früheren Arbeitslosenhilfe und der Sozialhilfe zu einer Grundsicherung. Andere strategische Reformen haben meistens keinen Namen einer Person, mit dem sie verbunden werden könnten.

Mitstreiter sind auch nach der politischen Durchsetzung bei der Umsetzung einer solchen strategischen Reform nötig. Geht die Verwaltung bei der Umsetzung einer beschlossenen Reform in eine Art innere Emigration, so wird diese nicht gelingen. Kommt bei der Bevölkerung oder den Betroffenen nichts von dem an, was als Ziel der Reform beabsichtigt war, weil es keine Mitstreiter in der Öffentlichkeit gibt, die darauf hinweisen, was sich zum Besseren verändert, wird eine solche Reform entweder nicht wahrgenommen oder ihre Ergebnisse versickern.

5. Strategische Reformen führen zu Veränderungen. Das ist ja der Sinn der Sache. Veränderungen führen aber dazu, dass Besitzstände derjenigen angegriffen werden, die von der Beibehaltung des bisherigen Zustandes profitieren. Das sind diejenigen, die bei einer strategischen Reform sprichwörtlich „etwas zu verlieren" haben: Geld, Macht oder beides. Damit eine strategische Reform gelingt, ist es wichtig, sich dieser Besitzstände zu vergewissern und ihre Gegenmacht richtig einzuschätzen. Wer vor solchen Besitzständen kapituliert, soll gar nicht erst anfangen. Wer solche Besitzstände ignoriert oder unterschätzt, wird bei der Durch- und Umsetzung einer strategischen Reform scheitern.

Dabei gibt es Besitzstände, die jeder kennt. Wer die Lebensarbeitszeit der Menschen zur Sicherung der gesetzlichen Rente angesichts der veränderten Demografie verlängern will, muss damit rechnen, dass diejenigen dagegen sind, die länger arbeiten müssen, ohne es zu wollen. Sie werden sich lautstark zu Wort melden. Diejenigen, die dadurch begünstigt werden, weil ihre Beiträge nicht zu sehr steigen müssen, werden sich dagegen nicht zu Wort melden.

Es gibt aber auch mächtige Besitzstände, die die Öffentlichkeit nicht so kennt. Mit der Umwandlung der Bundesanstalt für Arbeit in die Bundesagentur für Arbeit war ein Verlust des Einflusses des Bundesarbeitsministeriums verbunden. Das war Absicht, damit durch die neue BA vor Ort besser und lageangemessener gearbeitet werden konnte. Die unzähligen Referate im Arbeitsministerium haben jahrelang dagegen hinhaltenden Widerstand geleistet, weil sie nun nicht mehr wie zuvor zentral bestimmen konnten, wer welche Mittel zur Förderung des Arbeitsmarkts bekommt. Die Öffentlichkeit hat davon wenig mitbekommen.

Der Plan für eine erfolgreiche strategische Reform muss solche bekannten und verdeckten Besitzstände analysieren und in Rechnung stellen und zugleich sicherstellen, dass sie überwunden werden können. Dafür zu sorgen, dass eine strategische Reform nicht nur Verlierer und Gewinner hinterlässt, sondern alle auf bestimmte Besitzstände verzichten müssen und zugleich auch profitieren, ist dabei eine Kunst, die nur selten gelingt.

Politische Führung bedeutet, Besitzstände zu kennen und ihre Beharrungskraft richtig einzuschätzen, um sie überwinden zu können, damit eine strategische Reform Erfolg hat.

6. Politische Führung bedeutet, bei strategischen Reformen das richtige Maß zu finden zwischen „Führen" und „Sammeln".
Der SPD-Politiker Franz Müntefering hat mir einmal gesagt, nach seiner Meinung sei Regieren das richtige Maß zwischen Führen und Sammeln. Wer nur führe, der vernachlässige das Sammeln und werde bald allein dastehen. Wer nur sammle, der vernachlässige das Führen und werde nichts voranbringen. Man müsse aber nicht immer gleichzeitig führen und sammeln, sondern es gebe Zeiten, da komme es mehr auf das Führen an, und andere Zeiten, da komme es mehr auf das Sammeln an. Ich halte das für sehr richtig.

Eine strategische Reform zu planen und durchzusetzen, braucht den Willen zur Führung und die erforderliche Führungskraft. Aber ohne die Bereitschaft und die Geduld, für die Ziele der strategischen Reform „zu sammeln", also Zustimmung und Mehrheiten zu organisieren, geht es auch nicht.

Wer in den Wald geht, um Beeren oder Pilze zu sammeln, tut dies in der Zuversicht, möglichst viele davon zu finden. Er weiß im Vorhinein nicht, ob das gelingt und wie viele es werden. Aber er kennt die Stellen, wo er suchen und sammeln muss. Wohin er geht, das ist sozusagen eine Führungsentscheidung. So ist es auch beim Sammeln von Zustimmung für strategische Reformen. Man muss das Ziel kennen, losgehen und zu den richtigen Stellen finden. Eine Garantie für möglichst viel Zustimmung gibt es dadurch allein aber nicht.

7. Politische Führung bedeutet, bei strategischen Reformen auch dann zufrieden zu sein, wenn nicht alle Ziele der Reform erfolgreich durchgesetzt und umgesetzt werden, aber ein erheblicher Anteil.

Keine große strategische Reform wird am Ende so umgesetzt, wie sie geplant war. Am Anfang hat man vielleicht doch nicht an alles gedacht. Der Reformer muss im Laufe der politischen Debatten zur Herbeiführung einer politischen Mehrheit Kompromisse machen. Es gibt zum Beispiel nicht die erforderlichen Mittel oder Stellen zur Umsetzung, oder die Umstände ändern sich durch unvorhergesehene Ereignisse, etwa durch den Eintritt einer Krise. Bei all diesen Phasen gibt es die Neigung aufzugeben. So mache doch die ganze Reform keinen Sinn mehr, heißt es dann. Oder: Wenn ich diesen Kompromiss noch mache, dann können wir es auch ganz lassen. Es gibt solche Phasen. Manchmal muss man sich dann auch eingestehen, dass die strategische Reform in der Weise, wie sie geplant war, oder wenigstens zu diesem Zeitpunkt nicht sinnvoll ist oder nicht durchgesetzt werden kann. Die Versuchung aufzugeben mag groß sein, wenn man andere für das Scheitern der Reform verantwortlich machen kann. Dann hat man zwar einen Schuldigen, aber es gibt keine Reform.

Deshalb kann es Ausdruck größerer politischer Führungsstärke sein, so viele Kompromisse zu machen, wie es nötig und möglich ist, ohne das Ziel der strategischen Reform vollständig ad absurdum zu führen. Auf den ersten Blick wird das dann als politische Schwäche ausgelegt werden. Aber es gilt dann abzuwägen, ob nicht die Veränderung im Vergleich zum Status quo doch erheblich besser ist als der Verzicht auf die Reform selbst.

Deswegen ist man gut beraten, bei der Vorstellung der Ziele einer solchen strategischen Reform einen taktischen Puffer einzubauen, der von Gegnern der Reform wegverhandelt werden kann, ohne die Reform im Ganzen zu gefährden.

Aber oft werden auch unterhalb eines solchen Puffers Kompromisse gemacht werden müssen. Deshalb ist es wichtig und ratsam, sich zu Beginn der Erarbeitung einer strategischen Reform innerlich und intern festzulegen, ab welchem Zeitpunkt oder ab welchem Kompromiss man lieber auf die Reform ganz verzichtet, anstatt auf ihr zu bestehen mit dem Resultat, dass das Rumpfergebnis praktisch keinen Sinn mehr ergibt.

Als ich das erste Mal Bundesinnenminister war, hatte ich den großen Plan, die Polizeibehörden des Bundes zu einer gemeinsamen großen Polizei, einer echten „Bundespolizei", zusammenzuführen. Die Widerstände in der Bundespolizei und im Bundeskriminalamt waren groß. Ich begann Kompromisse zu machen, vielleicht zu viele. Aber es sollte trotzdem ein großer Wurf werden. In der Öffentlichkeit war das noch nicht bekannt. Wenige Tage vor der Veröffentlichung meines Plans im März wurde ich dann aber – aus anderen Gründen – Verteidigungsminister. Mein Nachfolger verfolgte den Plan nicht weiter. Ob ich Erfolg gehabt hätte, wenn ich im Amt geblieben wäre?

Alles hat seinen Preis – Erfolg und Misserfolg

Wenn es schiefläuft – Umgang mit eigenen und fremden Fehlern

Alle Menschen machen Fehler, deswegen auch Politiker. Nach Meinung der Opposition machen die regierenden Politiker überwiegend Fehler. Nach Meinung der Regierung machen ihre Mitglieder überwiegend keine Fehler.

Das ist der Mechanismus in der Demokratie. Er führt zu bestimmten Mentalitäten. Die Opposition sucht in jeder Maßnahme der Regierung, wo der Fehler sein könnte, und sei es ein Haar in der Suppe. Das Gleiche gilt für die Medien und Journalisten. Die Regierung meint, ihre Maßnahmen gut vorbereitet zu haben, und empfindet deswegen die Kritik von der Opposition und von den Medien als unberechtigt, vor allem als einen typischen Oppositionsreflex. Und auch hier gilt umgekehrt: Anträge oder Vorlagen der Opposition, die sogar der Regierungslinie entsprechen, werden so lange analysiert, bis man einen Grund findet, sie abzulehnen. Die Opposition verkennt Erfolge und vernünftige Maßnahmen der Regierung, und die Regierung missachtet umgekehrt eigene Fehler.

Es wird leicht dahingesagt, dass regierende Politiker ruhig einmal Fehler zugeben sollten. Das mache sie menschlich und werde von der Bevölkerung geschätzt. Meine Erfahrung ist eine andere: Wenn ein Minister einen Fehler zugibt, dann ist darauf nicht die Reaktion, dass alle Verständnis haben oder loben, dass hier ein Minister die Kraft hat, einen Fehler zuzugeben, sondern eher gibt es ein anderes Echo: Wenn schon der Minister einen Fehler zugebe, dann müsse es in Wahrheit noch schlimmer sein, dann habe die Opposition ja doch immer schon recht gehabt, dann zeige das, dass der Minister in seinem Amt überfordert sei. Wird in einem Ministerium eine interne Fehleranalyse vorgenommen und diese Analyse

91

wird dann aus dem Apparat an die Presse gespielt, dann heißt es, der Minister versuche, Fehler zu verheimlichen.

Es wird einem aktiven Minister in Deutschland nicht leicht gemacht, einen Fehler zuzugeben. Für ehemalige Minister ist es andersherum: Hier gilt die Rechtfertigung der eigenen Amtszeit, ohne Fehler zuzugeben, als kleinkariert und starrsinnig, während die nachträgliche Analyse von eigenen Fehlern als Zeichen politischer Reife und menschlicher Größe gilt.

Alle diese Mechanismen sind demokratieimmanent, aber innovationshemmend.

Die beste Lernerfahrung ist für alle Menschen natürlich der Erfolg, die zweitbeste aber ist das Lernen aus Fehlern. Wird eine Fehleranalyse unterdrückt oder wegen des zu erwartenden Außendrucks intern verweigert, dann besteht die Gefahr, dass der gleiche Fehler noch einmal gemacht wird. So werden die Dinge nicht besser.

Bei der Polizei und der Bundeswehr gibt es nach jedem Großeinsatz oder einer Übung eine routinemäßige Analyse, die ausdrücklich auch Fehler anspricht. In der Politik ist so etwas zu selten.

Politische Führung bedeutet deshalb, im eigenen Verantwortungsbereich und vor sich selbst Fehler zu analysieren und daraus für die Zukunft Konsequenzen zu ziehen.

Dazu gehört auch, Mitarbeiter und Kollegen zum Kritiküben zu ermutigen, und zwar nicht nur appellativ, sondern auch ganz direkt, indem man bestimmte Sachverhalte selbst einmal übermäßig kritisch darstellt, um dann die Reaktionen darauf zu testen. Ein Politiker, egal ob an der Spitze oder im „Maschinenraum", sollte einen Kreis von Vertrauten um sich haben, die in Ton und Substanz imstande und mutig genug sind, gemeinsam mit ihm Fehler anzusprechen und zu analysieren. Zugleich sollten mehrere Hierarchieebenen daran beteiligt sein, damit ein vollständiges Bild zustande kommt. Wichtig ist, dies nicht mal so nebenbei zu machen, sondern für diese Auswertung ein gesondertes Format vorzusehen.

Fehler ist allerdings nicht gleich Fehler. Es ist in der Politik zu unterscheiden:

Es gibt eigene Fehler eines Amtsträgers, die er persönlich gemacht hat. Das kann eine unglückliche öffentliche Formulierung sein, das kann eine Fehlentscheidung in Personal- oder Sachfragen sein. Das kann auch ein privates Fehlverhalten sein. Wenn man selbst nicht die Erkenntnis hat, einen solchen Fehler zu analysieren oder einzusehen, dann müssen umso mehr mutige Mitarbeiter die Kraft haben, einen solchen Fehler dem Chef gegenüber offen anzusprechen. Zu guter Führung gehört, das zu loben und nicht zu tadeln.

Komplizierter ist es, wenn es einen Fehler irgendwo im eigenen Mitarbeiterstab oder im nachgeordneten Bereich gibt, der als Fehler der ganzen Institution und/oder der Führungsperson zugerechnet wird. Oft stellt sich dann zwar heraus, dass es einen Fehler gegeben hat. Aber es ist jedenfalls auf die Schnelle unklar, wann und wo der Fehler im großen Verantwortungsbereich genau geschehen ist und wer daran beteiligt war. Das ist eine häufige Konstellation.

Oft werden Hinweise auf solche Fehler durch investigative Journalisten, durch Whistleblower oder durch die Opposition öffentlich gemacht. Dann ist die erste Reaktion des kritisierten Politikers meistens: Das könne nicht sein, das sei eine Verleumdung, einen derartigen Fehler gebe es nicht, mindestens nicht in der dargestellten Dimension. Weist man solche Hinweise oder Vorwürfe entsprechend zurück und stellt sich dann im Nachhinein heraus, dass der Vorwurf im Wesentlichen richtig war, dann heißt es, der verantwortliche Politiker habe Fehler vertuscht oder er habe – genauso schlimm – keine Ahnung, was in seinem Hause vorgeht. Wird der Fehler aber nach dem ersten Vorwurf gleich zugegeben, dann kommt die Frage auf, warum es erst eines Hinweises von außen bedurfte, um den Fehler zu erkennen oder abzustellen. Und wenn ein Amtsträger dann die Verantwortlichen benennt oder hinzufügt, er selbst habe von diesem Vorgang keine Kenntnis gehabt und billige das auch nicht, dann entsteht im eigenen Verantwortungsbereich bei den Mitarbeitern der Eindruck, der Chef stelle sich nicht vor seine Leute und lasse sie im Regen stehen.

Eine solche Konstellation gab es einmal bei mir, als im April 2016 der Vorwurf erhoben wurde, in Hannover am Bahnhof in der Gewahrsamszelle sei ein farbiger Flüchtling durch Bundespolizisten gequält worden. So etwas passte in die Vorurteilsstruktur mancher Medien. Man wollte von mir, dass ich mich schon einmal prophylaktisch entschuldige. Das lehnte ich ab, ohne zu wissen, was wirklich geschehen war. Später stellte sich heraus, dass der Vorwurf unberechtigt war.

Hinzu kommt, dass journalistische Hinweise auf Fehler meistens so vorgetragen werden, dass den Journalisten weitere oder sogar tiefer gehende Fehler zwar bekannt sind, sie aber nicht alle sofort dargestellt, sondern erst nach und nach veröffentlicht werden. Dann muss es bei der Reaktion auf solche weiteren Veröffentlichungen zwangsläufig so aussehen, als würde nur scheibchenweise das zugegeben, was Journalisten gerade veröffentlichen.

Wenn ein Journalist aber sehr gründlich und sehr lange, oft über Jahre, einen sogenannten Skandal aufdeckt und scheibchenweise veröffentlicht, dann hat er in der Darstellung immer einen zeitlichen Vorsprung in den Medien, den eine noch so große Verwaltung, eine noch so professionell aufgestellte Institution, eine noch so gute Pressestelle nicht aufholen kann. Denn die Aufklärung im eigenen Geschäftsbereich dauert lange. Das liegt daran, dass die Verantwortlichen im nachgeordneten Bereich ihre eigenen Fehlervermeidungsstrategien haben. Sie sind auch nur Menschen und nicht erpicht darauf, Fehler in ihrem Bereich zuzugeben. Oft sind die Verantwortlichen nicht mehr im Amt oder jedenfalls nicht mehr auf der entsprechenden Position. Außerdem gilt die Unschuldsvermutung, und es gibt immer den Anspruch auf rechtliches Gehör. So war es etwa bei den Vorwürfen gegen den Deutschen Fußball-Bund, die Fußball-Weltmeisterschaft 2006 in Deutschland sei gekauft worden.

Es gibt in einer solchen Lage keinen richtigen Weg. Und es gibt erst recht keinen Weg zum „Erfolg". Man kann eine solche öffentliche Debatte nicht gewinnen, nur bestenfalls einen guten Eindruck machen. Man kämpft immer bergauf. Es geht immer nur um Schadensbegrenzung.

In einer solchen Lage hilft der politischen Führung nur Glaubwürdigkeit und das Vertrauenskapital, das man sich als Führungspersönlichkeit hoffentlich im Vorhinein aufgebaut hat. Angela Merkel hat in einer solchen Lage immer gesagt: Es kommt sowieso alles heraus, die Frage ist nur, wann. Wenn der beschuldigte Amtsträger oder seine Pressestelle objektiv die Unwahrheit sagt, weil subjektiv das vollständige Bild zum Zeitpunkt der Erklärung noch nicht vorlag, dann entsteht daraus zwar eine politisch schwierige Lage. Man kann das aber überstehen, wenn man in seinem sonstigen bisherigen Verhalten als seriös, glaubwürdig und vertrauenswürdig gilt. Aber auch nur dann.

Insofern ist im Umgang mit eigenen Fehlern und mit Fehlern im eigenen Verantwortungsbereich wie schon beim Umgang mit Krisen für politische Führung das einzige Mittel die persönliche Reputation durch Glaubwürdigkeit und Vertrauen.

Das allein hilft aber beim Abstellen von Fehlern natürlich nicht. Nach der Analyse der Fehler – insbesondere auch, ob es sich dabei um ein einzelnes persönliches Fehlverhalten handelte oder um einen Fehler, der ein strukturelles oder systemisches Problem offengelegt hat – geht es darum, die Wiederholung solcher Fehler für die Zukunft zu vermeiden.

Politische Führung bedeutet, im Umgang mit eigenen und fremden Fehlern im eigenen Geschäftsbereich glaubwürdig und vertrauenswürdig zu sein und entschlossen und hart Fehler abzustellen.

Dies gilt gegenüber sich selbst, aber auch gegenüber dem eigenen Verantwortungsbereich. Jeder hat dafür Verständnis, es sei denn, es geht um einen selbst. Deswegen dürfen persönliche Nähe und Sympathien beim „Aufräumen" keine entscheidende Rolle spielen. Das ist für mich auch immer einer der Gründe gewesen, weshalb ich besonders zurückhaltend war, Menschen einzustellen oder in bestimmte Schlüsselpositionen zu bringen, mit denen ich befreundet oder in einer besonderen Nähe verbunden war.

Nepotismus oder auch nur eine enge persönliche Freundschaft sind deshalb nicht nur ethisch ein Problem für politische Führung. Es rächt sich vor allem beim Umgang mit Fehlern, weil es den politisch Verantwortlichen persönlich befangen macht und die entschlossene Behebung von Fehlern erschwert oder verhindert.

War was? Erfolg und Haftung

Politiker loben sich meistens selbst. Andere übernehmen das nämlich selten. Das liegt auch daran, dass die Opposition und die Medien – wie geschildert – die Politiker in verantwortlichen Positionen kaum loben. Und umgekehrt. Selbstlob ist in der Politik für alle Seiten, für die Regierung wie die Opposition, demokratieimmanent.

Im normalen Leben – hoffentlich gelernt in der Schule – ist es andersherum. Da gilt es als höflich, dass man gelobt wird und sich nicht selber lobt. Wer sich selbst lobt, wird als Angeber angesehen. Damit macht man sich in einer Gemeinschaft nicht beliebt.

Dass sich politische Führung selbst lobt, wird von der Bevölkerung sogar erwartet, von den eigenen Anhängern erst recht. Nach einer Wahlniederlage heißt es, die Regierung habe ihre eigenen Erfolge nicht genügend kommuniziert. Das heißt, die Regierung habe sich selbst nicht genügend oder nicht wirkungsvoll genug gelobt. Übertriebenes Selbstlob schadet aber auch in der Politik. Jedenfalls in Europa. Das sieht man am Echo auf die Kommunikation des amerikanischen Präsidenten Trump. So etwas wird hierzulande eher als peinlich angesehen.

Selten sind politische Erfolge auf das Wirken einer einzelnen politischen Führungspersönlichkeit zurückzuführen. Das mag für

Einzelentscheidungen anders sein, wie etwa die Entscheidung von Bundeskanzler Helmut Schmidt zur Erstürmung des Flugzeuges zur Befreiung der Geiseln in Mogadischu im Oktober 1977.

In der Regel sind politische Erfolge das Ergebnis des Zusammenwirkens von vielen. Das gilt selbst für spektakuläre Einzelentscheidungen wie etwa für die Sparergarantie von Angela Merkel gemeinsam mit Peer Steinbrück in der Finanzkrise im Oktober 2008. Diesen Entscheidungen gingen – wenn auch kurze, so doch intensive – Beratungen im kleinen Kreis voraus. Aber die öffentliche Verkündung durch eine bestimmte politische Führungspersönlichkeit verbindet die Entscheidung dann in der Öffentlichkeit mit dieser Person. Die Hartz-IV-Reformen waren das Ergebnis umfangreicher Erörterungen in einer Kommission, geleitet vom Personalvorstand von Volkswagen, Peter Hartz, und anschließender Beratungen in der Bundesregierung und der damaligen rot-grünen Koalition. Und dennoch ist es in der öffentlichen Wahrnehmung die Reform von Bundeskanzler Gerhard Schröder. Andere Beispiele lassen sich nennen: Die Einführung der D-Mark wird als Erfolg von Ludwig Erhard angesehen. Die Wiederbewaffnung und Westbindung der westdeutschen Bundesrepublik gilt als das Werk von Konrad Adenauer. Die Ostpolitik wird Willy Brandt und Egon Bahr zugerechnet, der NATO-Doppelbeschluss und die Nachrüstung werden auf Helmut Schmidt und Helmut Kohl bezogen. Die Wiedervereinigung Deutschlands gilt in Deutschland als das Verdienst von Helmut Kohl.

All dies ist richtig und falsch zugleich. Diese Entwicklungen und Entscheidungen wurden von vielen öffentlich „unsichtbaren" Mitarbeitern vorgeschlagen, abgewogen, verworfen, neu aufgebracht, in Texte gegossen, in Verhandlungen verändert und schließlich zustande gebracht, aber ihr Erfolg wird mit einzelnen politischen Personen verbunden.

Das ist jedenfalls dann der Fall, wenn diese einen prägenden Einfluss auf die Entwicklung gehabt haben, die zu dem Erfolg geführt hat, hoffentlich auch nach innen, jedenfalls aber nach außen. Und dann ist die Zurechnung eines politischen Gemeinschaftserfolges zu einer einzelnen Person auch in Ordnung, selbst wenn es für diejenigen ein bisschen ungerecht ist, die im Hintergrund und manchmal sogar im Vordergrund die eigentliche Arbeit gemacht haben oder die Ideengeber waren.

Umso wichtiger ist es, dass die politische Führungspersönlichkeit in der eigenen Institution, also zum Beispiel im Ministerium, deutlich macht, dass der Erfolg das Ergebnis einer Teamarbeit ist. Das kann durch einen speziellen oder einen allgemeinen Dank erfolgen. Bonuszahlungen gibt es in Ministerien nicht.

Im politischen Bereich ist deswegen der persönliche Dank durch den Minister von besonderer Bedeutung. Das kann ein Brief oder eine Mail an alle Mitarbeiter sein. Das kann eine lobende Erwähnung während einer Personalversammlung sein. Das kann ein Besuch einzelner Mitarbeiter an ihrem Arbeitsplatz durch den Chef sein. Das kann ein öffentliches Lob in einem Interview oder bei einer Rede vor dem Deutschen Bundestag sein. Solche persönlichen Gesten sind für diejenigen sehr wichtig, die durch ihren Einsatz und ihre Sachkunde wesentlich zu dem Erfolg beigetragen haben, der dann dem jeweiligen Entscheidungsträger zugerechnet wird. Je persönlicher ein solcher Dank ist, umso wirkungsvoller ist er.

Unterbleibt ein solcher Dank, so darf man sich nicht wundern, wenn die Einsatzbereitschaft der Mitarbeiter beim nächsten Mal oder während der nächsten Krise nicht hoch ist.

Politische Führung bedeutet, selbstbewusst darauf hinzuarbeiten, dass ein Erfolg mit dem eigenen Namen verbunden wird, zugleich aber nach innen in die Institution hinein deutlich zu machen, dass der Erfolg ein gemeinsamer Erfolg ist.

Für Erfolge und Fehler gibt es eine politische Verantwortung der politischen Führung. Es gibt aber keine Haftung im rechtlichen Sinne. Schadensersatzansprüche gegenüber Inhabern politischer Ämter gibt es praktisch nicht, selbst wenn neben einem politischen auch ein ökonomischer Schaden entstanden ist.

Das kann nur dann anders sein, wenn der politische Amtsträger zugleich auch wirtschaftlicher Amtsträger ist, etwa Verwaltungsratsvorsitzender eines Unternehmens im öffentlichen Eigentum wie einer Landesbank, einer Messegesellschaft oder einer Förderbank. Dann gibt es eine echte rechtliche Haftung.

Es ist vorgekommen, dass ein Unternehmen ein Gericht mit dem Ziel angerufen hat, die Ausfuhr eines Rüstungsgutes zu erlauben, die der Bundessicherheitsrat aus politischen Gründen untersagt hatte, obwohl es zuvor eine positive Entscheidung gegeben hatte. Daraus kann auch hin und wieder ein Schadensersatzanspruch werden.

Und natürlich führen auch politische Entscheidungen zu rechtlich gebotenen Entschädigungen. Das gilt für klassische Enteignungen. Das gilt aber auch dann, wenn durch eine politische Entscheidung eine wirtschaftliche Betätigung nicht mehr stattfinden darf. So gab und gibt es Ersatzzahlungen für die Betreiber von Kernkraftwerken oder Kohlekraftwerken im Zusammenhang mit dem durch Gesetz verordneten Ausstieg aus der Kernenergie und der Braunkohle. Und es gibt einen Anspruch auf zumindest teilweisen Ausgleich von Einkommensverlusten, die durch ein faktisches Arbeitsverbot durch Betriebs- und Geschäftsschließungen zur Bekämpfung einer Pandemie entstehen.

Das alles sind aber Ausnahmen. Politische Führung bedeutet nicht Rechtshaftung, sondern politische Verantwortung für das eigene Handeln.

Das ist keine rechtliche, sondern eine politische Kategorie. Der Terminus technicus „politische Verantwortung" wird öffentlich eigentlich immer nur mit einer negativen Entwicklung verbunden, nicht mit einem Erfolg. An sich ist sie auch da selbstverständlich, denn eine politische Führungspersönlichkeit trägt immer und jederzeit für alle und alles die politische Verantwortung in ihrem Geschäftsbereich, der ihr Verantwortungsbereich ist. Dem will, kann und soll sie nicht entkommen.

Von den Bedingungen guter Führung

Stilfragen? Haltung und Werte

Politische Führung bedeutet die Ausübung von Macht.

Darüber darf man sich keine Illusionen machen. Warum auch? Demokratie ist eine Form staatlicher Organisation, die sich zur Macht bekennt. Im Grundgesetz für die Bundesrepublik Deutschland heißt es gar nicht zimperlich in Artikel 20 Absatz 2 Satz 1: „Alle Staatsgewalt geht vom Volke aus."

Und die Exekutive heißt im Grundgesetz die „vollziehende Gewalt". Die Hauptverpflichtung aller staatlichen Gewalt ist nach Artikel 1 des Grundgesetzes, die Würde des Menschen zu achten und zu schützen. Dieser Schutz kann durchaus viel Härte verlangen. Das Monopol für legitime Gewaltanwendung liegt in der Demokratie ausschließlich beim Staat. Aber es bleibt eine Form von Gewaltanwendung.

Legitime Gewaltanwendung ist wahrscheinlich das einschneidende und entscheidende Element, das Spitzenämter in der Politik von Führungsfunktionen in anderen Bereichen unterscheidet. Nirgendwo ist die Wirkung größer, nirgendwo die Betroffenheit höher als bei politischen Entscheidungen über die Anwendung von Gewalt, über Leben und Tod.

Politische Macht und legitime Gewaltanwendung sind im demokratischen Staat deshalb transparent und begrenzt, auf viele Ebenen und Institutionen verteilt und gebändigt. Grundrechtseinschränkungen dürfen nur durch ein oder aufgrund eines Gesetzes erfolgen. Gerichte überprüfen die staatliche Gewaltausübung.

Die Inhaber politischer Macht sind ebenfalls gebunden. Sie können als Minister von heute auf morgen entlassen werden. Ihre Kompetenzen sind im Grundgesetz und durch Geschäftsordnungen klar geregelt und dadurch begrenzt.

Auch jenseits rechtlicher Kompetenzen besteht politische Führung in einem klugen, vor allem maßvollen Gebrauch von Macht. Das sollte nicht nur ein Ausdruck der inneren Wertbindung der politischen Führungspersönlichkeit sein, es ist auch politisch klug, den Rahmen gegebener Macht im Normalfall nicht vollständig auszunutzen.

Politische Führung bedeutet, Macht sparsam zu nutzen.

Sie verbraucht sich dann nicht zu schnell. Und im Konfliktfall besteht immer noch die Möglichkeit, den Machtrahmen stärker zu nutzen. Je weniger oft man an die Grenze der zulässigen Machtausübung gehen muss, umso souveräner wirkt politische Führung. Und ähnlich wie in der Erziehung gilt für die Politik auch: Die Grenzen der Macht werden von denjenigen, die der Macht unterworfen sind, gern getestet, um zu erproben, was geschieht, wenn diese Grenzen überschritten werden. Das wird am besten vermieden, indem man als politische Führungspersönlichkeit nicht an die Grenzen der Machtausübung gehen muss und es im Vorhinein für alle Beteiligten unklar ist, wo die politischen Grenzen sind.

Ein politisches „Machtwort" ist immer auch ein Zeichen von Schwäche. Und es muss etwas Seltenes sein. Sonst verschleißt es sich. Auch das wissen alle Eltern. Aber es muss für alle Beteiligten zu jedem Zeitpunkt klar sein, dass der politische Führer im Zweifel seine legitime Macht auch ausübt. Je klarer das ist, umso weniger oft muss das tatsächlich geschehen. Die Macht politischer Führung zeigt sich vor allem in ihrer „Vorwirkung", nicht so sehr in ihrer Anwendung.

Deswegen ist persönliche Härte nicht nur eine Frage des Stils, sondern auch ein politischer Wert. Härte wird nicht geliebt, aber geachtet. Sie wird von der ganz überwiegenden Mehrheit der Bevölkerung für Spitzenämter der Politik auch erwartet. Das kann man immer daran sehen, wenn es um eine Konkurrenz um Spitzenämter geht. Dann wird zwar auch gefragt, ob die Kandidaten sympathisch sind, welches Geschlecht sie haben oder wie alt sie sind. Aber entscheidungserheblich sind dann die Fragen, ob der Kandidat wirklich etwas kann und ob er hart genug ist für die Ausübung des angestrebten Amtes.

Mit Härte meine ich eine Härte gegenüber sich selbst, nämlich Disziplin und die Zurückstellung persönlicher Bequemlichkeiten, aber genauso eine Härte gegenüber anderen, Konfliktstärke im Gespräch, die Fähigkeit, schwierige Personal- und Sachentscheidungen unter Zurückstellung von Sympathien zu treffen, und die Standfestigkeit in Krisensituationen.

Ich meine Härte in der Sache, nicht im Auftreten. Ich habe Spitzenpolitiker kennengelernt, die schienen im öffentlichen Auftritt, in Reden und Interviews hart zu sein, aber sie waren bei Entscheidungen in der Sache und in Verhandlungen oft konfliktunfähig und weich. Ich gehe sogar noch weiter: Je härter ein Spitzenpolitiker im Auftreten ist, desto mehr ist zu vermuten, dass das eine Kompensation für mangelnde Härte in der Sache ist. Und ich habe Spitzenpolitiker erlebt, die freundlich, zurückhaltend und höflich auftreten, aber hart in der Sache sind. Ich zähle mich zu der zweiten Kategorie.

Für Minister in der Bundesrepublik Deutschland gilt nicht erst seit Kurzem das, was man heutzutage Compliance-Regelungen nennt. Es gab sie von Anfang an, nämlich im Grundgesetz in Artikel 66. Im Ministergesetz heißt es in Paragraf 5 fast wortgleich: „Die Mitglieder der Bundesregierung dürfen neben ihrem Amt kein anderes besoldetes Amt, kein Gewerbe und keinen Beruf ausüben. Die Mitglieder der Bundesregierung sollen während ihrer Amtszeit kein öffentliches Ehrenamt bekleiden. Die Mitglieder und ehemaligen Mitglieder der Bundesregierung haben dieser über Geschenke Mitteilung zu machen, die sie in Bezug auf ihr Amt erhalten. Die Bundesregierung entscheidet über die Verwendung der Geschenke." Ähnliche Regelungen gibt es in den Landesministergesetzen. Das sind strenge und richtige Regelungen.

Minister zu sein bedeutet volle Hingabe und ungeteilte Loyalität zu diesem einen Amt, das der Minister innehat. Kein anderes Amt, nicht mal ein Ehrenamt soll die Aufmerksamkeit des Ministers von seinem Ministeramt ablenken.

Auch nach dem Ausscheiden aus dem Ministeramt sind den Ministern noch besondere Pflichten auferlegt. Sie haben Stillschweigen über Amtsgeheimnisse zu bewahren. Und sie müssen gemäß einer Neuregelung des Ministergesetzes aus dem Jahr 2015, für die ich als Innenminister die Verantwortung trug, 18 Monate lang nach dem Ausscheiden die Aufnahme jeder Tätigkeit, auch unbezahlter und ehrenamtlicher Tätigkeit, beim Chef des Bundeskanzleramts anzeigen. Sie müssen hinnehmen, dass die Bundesregierung nach einer Empfehlung einer unabhängigen Kommission die Aufnahme einer solchen Tätigkeit befristet untersagen kann. Und natürlich gelten für Minister strenge Regeln für die Nutzung von Dienstwagen.

Darüber gilt es nicht zu klagen. Jeder wird und bleibt freiwillig Minister. Dass die Öffentlichkeit Wert darauf legt, dass Minister gewissenhaft ihre Dienstpflichten erfüllen, nicht auf Kosten des Steuerzahlers in Saus und Braus leben und sich mit voller Konzentration um ihr Amt kümmern, das ist (selbst-)verständlich und richtig.

Gleichwohl will ich darauf hinweisen, dass die Regelungen in der Bundesrepublik Deutschland in dieser Hinsicht wohl mit die strengsten sind, die ich kenne. In anderen gewachsenen Demokratien wie etwa in Frankreich, Großbritannien oder Italien haben meine Ministerkollegen den Kopf geschüttelt, wenn ich ihnen von unseren Regelungen in Deutschland erzählt habe. Das gilt insbesondere dann, wenn man sich anschaut, welche staatlichen Infrastrukturen der französische Staatspräsident oder der britische Premierminister wie selbstverständlich im Vergleich mit der deutschen Bundeskanzlerin kostenfrei nutzen darf.

In Deutschland sind also bestimmte Wertvorstellungen darüber, wie sich ein Minister zu verhalten hat, auch rechtlich geregelt. Und zwar streng. Darüber hinaus aber gibt es wichtige informelle, nicht förmlich durch Gesetz oder Erlass normierte Regeln für Minister und politisch Verantwortliche. Sie sind Ausdruck von Erwartungen der Öffentlichkeit und haben viel mit Werten und Werthaltungen zu tun.

Da ist zunächst das Gebot von Transparenz, das ich schon beschrieben habe. Das Leben eines Spitzenpolitikers vollzieht sich quasi unter den Augen der Öffentlichkeit. Er hat kein Recht mehr am eigenen Bild. Das bedeutet, jedermann darf ihn fotografieren und die Bilder veröffentlichen, es sei denn, es geht unzweifelhaft um das Privatleben. Vertrauliche Gespräche gelten als verdächtig, nur weil sie vertraulich sind.

Bis zu einem gewissen Grade sind diese Anforderungen an Transparenz verständlich. Demokratie verlangt Transparenz. Aber alles in allem haben wir es in Deutschland damit übertrieben. Natürlich ist die Politik daran zum Teil selbst schuld. Wenn Kandidaten ihr Privatleben in Wahlkämpfen als heile Welt präsentieren, dann dürfen sie sich nicht wundern, wenn diese Welt auch dann präsentiert wird, wenn sie nicht mehr so heil ist.

Aber ich meine, öffentlicher Dienst bedeutet Handeln im öffentlichen Interesse, nicht stets und ständig öffentliches Handeln.

Ein Minister wirkt als Vorbild, ob er will oder nicht. Menschen nehmen sein Verhalten als ein positives oder negatives Beispiel. Dieses Schicksal teilt ein Spitzenpolitiker mit anderen Prominenten wie Schauspielern oder Fußballspielern. Und dennoch sind in der Politik die Maßstäbe strenger. Der öffentliche Auftritt eines betrunkenen Ministers wird kritischer und unnachsichtiger betrachtet als der eines betrunkenen Schauspielers. Disziplin oder Fleiß von politischen Entscheidungsträgern werden öffentlich von jedermann bewertet, manchmal mehr als seine Sachkunde. Sie sind von jedermann scheinbar leicht zu bewerten.

Vor allem anderen kommt es für die Vorbildwirkung aber auf die innere und äußere Haltung einer politischen Führungspersönlichkeit an. Das gilt in „normalen" Zeiten und insbesondere in Krisen. Mit Haltung meine ich Stressfähigkeit, Seriosität, eine zurückhaltende Garderobe, Höflichkeit und Bescheidenheit, den Verzicht auf Beleidigungen, Beschimpfungen oder sonstige Ausbrüche. Die Menschen erwarten von einem politischen Amtsträger Haltung.

Politische Führung bedeutet, Haltung zu zeigen. Dies gilt jedenfalls in Deutschland. Neuerdings erleben wir in Großbritannien, in den USA, der Türkei oder in Brasilien exaltierte politische Führer, die ein anderes Auftreten pflegen. Sie wurden in ihren Ländern vielleicht sogar gerade deswegen gewählt. Bei vielen Menschen gelten die gewohnten und manchmal als zu glatt empfundenen Umgangsweisen politischer Eliten als langweilig oder als aufgesetzt. Ich freue mich darüber, dass das in Deutschland und in Europa überwiegend (noch) anders ist.

Das, was ich mit Haltung meine, muss aber natürlich authentisch sein, also mit der Persönlichkeit einhergehen. Wenn eine solche Haltung gezwungen oder angelernt ist oder nur so aussieht, dann wird auch eine noch so gut gestaltete Haltung einer politischen Führungspersönlichkeit keine positive politische Wirkung erzielen.

Ein sehr wichtiger Wert und mehr als nur eine Stilfrage ist Respekt. Wir beklagen einen Rückgang des Zusammenhalts der Gesellschaft. Dies gilt jedenfalls im Internet. Da gibt es Hass, Schmähungen, Verschwörungstheorien und Beschimpfungen aller Art. Es fehlt oft – zu oft – an einem respektvollen Umgang miteinander. Politische Maßnahmen gegen solche Umtriebe, auch rechtliche, werden freilich scheitern, wenn die politische Führung sich untereinander selbst nicht respektvoll begegnet. Das gilt auch für das Verhalten der Regierung gegenüber der Opposition und umgekehrt. Derbe und drastische Kritik an der Regierung muss ebenso erlaubt sein wie umgekehrt der Opposition gegenüber. Aber drastische Kritik muss immer mit einem respektvollen Umgang einhergehen. Politische Führung kann nur dann wertvoll und wirkmächtig sein, wenn der Umgang untereinander und gegenüber der Bevölkerung von Respekt getragen ist.

Politische Führung bedeutet, mit Macht sparsam umzugehen, genügend Härte zu besitzen, transparent zu arbeiten, sich seiner Vorbildwirkung bewusst zu sein, Haltung zu zeigen und respektvoll aufzutreten.

Der Antrieb – Motivation (für sich selbst und für die Mitstreiter)

Erfolgreiche politische Führung braucht Motivation, für sich selbst sowie für Mitstreiter und Mitarbeiter.

Die wichtigste Motivation für eine politische Führungsaufgabe besteht wie wahrscheinlich in jedem Beruf darin, dass man das übertragene Amt gern ausübt und sich mit dem Auftrag und dem Kernanliegen, das damit verbunden ist, voll identifiziert.

Das klingt trivial, ist es aber nicht. Ein Kultusminister, der gegenüber Schülern und Lehrern nicht die richtige Sprache spricht, wird kein guter Kultusminister sein. Ein Innenminister, der mit Polizisten und Nachrichtendiensten fremdelt, wird kein guter Innenminister sein. Ein Verteidigungsminister, der Bilder mit Waffensystemen scheut, darf sich nicht wundern, wenn das bei Soldaten für Kopfschütteln sorgt.

Man muss die Menschen mögen, mit denen man es zu tun hat. Das gehört zu erfolgreicher politischer Führung. Nicht jeden persönlich natürlich, aber als Gruppe, als Berufsstand, als Institution. Sonst kann man sich selbst nicht gut motivieren. Und man motiviert auch nicht andere. Und dann ist man auch nicht erfolgreich.

Zur Selbstmotivation gehört, dass man für sein Amt „brennt". Routine und Erfahrung sind wichtig, sie helfen bei der Amtsführung enorm. Wenn sie aber zu einer persönlichen Erstarrung führen, dann wird das auf die Amtsführung abfärben. Wenn nichts in einem selbst als Minister mehr „brennt", dann ist es Zeit aufzuhören.

Wer glaubt, er habe nach der Ablegung des Amtseides alles erreicht, der irrt und wird nicht erfolgreich sein. Nach der Ernennung geht es erst richtig los. Jeder Tag, auch in einer langen Amtszeit, ist ein neuer Tag, an dessen Beginn ein Ziel stehen muss. Natürlich wird das nicht immer gelingen. Frust und Routine können Motivation auffressen. Das beste Mittel dagegen sind Ziele, neue Wege und Ausbruch aus der Terminroutine.

Auch eine Krise kann eine Motivation für einen Minister sein. Das mag merkwürdig klingen. Krisen sind eine Belastung, aber auch eine Chance. Sie schärfen den Sinn dafür, worauf es wirklich ankommt, und sie verleihen oft Flügel.

Für manche Spitzenpolitiker mag womöglich auch äußere Eitelkeit eine Motivation sein. Es schmeichelt, wenn man mit „Herr Minister" angesprochen wird. Es befriedigt, wenn man für jeden Termin eine vorbereitete Mappe bekommt, die Flüge gebucht und andere Reisen vorbereitet werden. Es ist bequem, keinen Parkplatz suchen zu müssen und zu Terminen vorgefahren zu werden. Man freut sich darüber, wenn man auf der Straße erkannt wird.

Aber wer diese äußeren Insignien der Macht zur Befriedigung der persönlichen Eitelkeit braucht, der sollte besser keine Führungsaufgabe übernehmen. Solche Äußerlichkeiten reichen nicht aus, um daraus – insbesondere in schweren Zeiten – eine eigene Motivation zu schöpfen.

Allerdings gibt es eine andere Art von Eitelkeit, die sehr wohl zur Stärkung der eigenen Motivation bei politischen Führungspersönlichkeiten führt. Ich nenne sie eine „innere Eitelkeit".

Damit meine ich einen hohen Anspruch gegenüber sich selbst, gut zu sein. Damit meine ich, bei einem wichtigen Anlass eine gute Rede halten zu wollen, eine schwierige Verhandlung gut führen zu wollen, vor einem wichtigen Auditorium eine gute Präsentation abliefern zu wollen oder einen skeptischen Gesprächspartner von der eigenen Position überzeugen zu wollen. Andere Beispiele ließen sich nennen. Dafür von anderen gelobt zu werden oder sich selbst innerlich zu Recht zu loben, ohne dass es jemand merkt, das erhöht in besonderer Weise die Motivation für die Amtsausübung. Dem eigenen hohen Anspruch gerecht zu werden, das ist eine besondere Form von innerer Eitelkeit, die einer Führungsperson guttut.

Ich bin während meiner Amtszeit oft gefragt worden, ob ich Spaß empfinde oder Freude daran habe, Macht auszuüben. Ich habe sinngemäß geantwortet, dass es Freude macht, Verantwortung zu übernehmen und Dinge gestalten zu können. Ähnlich haben meine Kollegen auf die gleichen Fragen geantwortet. Ja, das ist so: Ein politisches Führungsamt innezuhaben, gibt ein Gefühl von Macht und Bedeutung. Und das erhöht ebenfalls die eigene Motivation. Wer die Rolle nicht als bedeutend erlebt, die ein Ministeramt mit sich bringt, wer an dieser Bedeutung keine Freude hat, der wird auf Dauer an dem Amt zerbrechen oder sein Licht unter den Scheffel stellen.

Die Freude an der Machtposition, an der Verantwortung und an der eigenen Bedeutung ist erforderlich, um Freude daran zu haben und um motiviert zu arbeiten, aber sie darf sich nicht verselbstständigen. Die Macht, die Verantwortung, die Funktion, all das hat eine dienende Rolle für die Aufgabenerfüllung.

Macht ohne eine innere Wertebindung auszuüben, ist gefährlich. Eine innere Wertebindung ohne Macht zu haben, ist wirkungslos.

Ein politisches Amt ist herausgehoben, wie man gern sagt. Aber herausgehoben ist etwas anderes als abgehoben. Wenn die eigene Motivation nur auf der Bedeutung des Amtes beruht und nicht mehr auf dem inhaltlichen Anspruch, gute Arbeit zu leisten, dann wird es gefährlich. Dann sind die Selbstüberheblichkeit und der Machtmissbrauch nicht weit. Verantwortung ist nicht Selbstverliebtheit in das Amt.

Ein herausgehobener Amtsträger braucht nicht nur Motivation für sich selbst und seine Arbeit, er muss auch imstande sein, seine Mitarbeiter und Mitstreiter zu motivieren.

Dafür bedarf es natürlich guter Arbeitsbedingungen und einer angemessenen Unterbringung. Die Mitarbeiter müssen ordentlich verdienen und einen sicheren Arbeitsplatz haben. All das ist im öffentlichen Dienst mehr oder weniger gegeben.

Entscheidender ist etwas anderes: Eine Führungspersönlichkeit muss den Mitarbeitern glaubwürdig das Gefühl vermitteln und den Eindruck erwecken, dass es ihr um die Sache geht und dass jeder auf seinem Platz einen Beitrag zu dieser Sache leisten soll und leisten kann. Alle Mitarbeiterbefragungen zeigen, dass die Arbeitszufriedenheit vor allem daran hängt, dass die Mitarbeiter das Gefühl haben, an einer sinnvollen Sache mitzuarbeiten. Dies zu vermitteln ist bei großen Institutionen nicht einfach. Den Mitarbeitern im persönlichen Umfeld ist das leichter zu vermitteln als denjenigen, die weit weg vom Chef arbeiten.

Oft wird hierzu der Rat gegeben, man solle die Mitarbeiter „mitnehmen". Ich halte das für kein geeignetes Bild. Mit dem Wort „mitnehmen" verbinde ich das Bild eines Busfahrers, der an einer Haltestelle anhält und die dort Wartenden mitnimmt. Sie steigen ein, nehmen Platz und steigen wieder aus, wenn sie ihr Ziel erreicht haben. Das ist mir für die angestrebte Wirkung von politischer Führung viel zu passiv. Es heißt „Mitarbeiter" und nicht „Mitfahrer". Aktive Mitarbeit wird nicht durch einen Appell zum Mitnehmen oder zum Mitfahren erreicht oder gefördert. Erklären, überzeugen, zur Mitarbeit ermuntern und Mitarbeit ermöglichen, das ist etwas ganz anderes.

Ich denke, es ist erforderlich, dass ein Minister ca. ein Drittel seiner Zeit und seines Engagements nach innen richtet, also für die eigenen Mitarbeiter und die dem Ministerium zugeordneten Geschäftsbereiche einsetzt.

Dabei muss man sich vor zu viel Nähe in Acht nehmen. Das wird eifersüchtig beäugt. Gerüchte entstehen schnell.

Macht macht einsam. Das ist so. Mangelnde Nähe zu Menschen, mit denen man nah sein möchte, ist ein Preis für gute und gerechte Machtausübung.

Ein wichtiges Instrument zur Erhöhung der Motivation von Mitarbeitern ist die Delegation von Macht und Verantwortung.

In der Politik gibt es ein tief gestaffeltes System von Hierarchien und Verantwortung. Das gilt nicht nur für Ministerien, sondern auch für Parteien, Fraktionen und Parlamente. Es dient der Motivation aller Beteiligten, wenn man diese Hierarchien achtet und nutzt. Delegierte Verantwortung führt dazu, dass diejenigen, auf die Verantwortung delegiert ist, ihre Aufgabe besser und buchstäblich verantwortungs-voller erfüllen. Delegierte Verantwortung führt zur Entlastung der Spitze und zu besserer Aufgabenerfüllung des Gesamtsystems.

Natürlich heißt Delegation von Macht nicht die Aufgabe von Macht, sondern eine veränderte Ausübung von Macht. Für eine eigenverantwortliche Aufgabenerfüllung anderen kluge Vorgaben zu machen, ist schwieriger, aber wirksamer als der Versuch, alles selber zu machen oder in der Hand zu behalten. Es verbleibt zudem immer die Aufsicht und Kontrolle und notfalls das Recht, diese Delegation auch rückgängig zu machen. Wem eine Aufgabe delegiert worden ist, der macht seine Aufgabe besser. Er kann eigenverantwortlich handeln und fühlt sich nicht alleingelassen. Und er kann sich seinem Chef zeigen und beweisen, was er kann.

Schließlich ist die Einräumung von Aufstiegsmöglichkeiten ein wichtiges Mittel zur Motivation von Mitarbeitern. Sie sind im Bereich des öffentlichen Dienstes begrenzt. Einstellungsmöglichkeiten sind an formale Voraussetzungen gebunden. Beförderungen verlangen in der Regel die Ableistung bestimmter Dienstzeiten. Oft fehlt es an einer geeigneten Stelle im Haushalt eines Ministeriums. Das Personalvertretungsrecht erfordert Ausschreibungen für bestimmte Stellen und die Mitsprache von Personalräten, Gleichstellungs- und Behindertenvertretern. Und dennoch gibt es mit ein bisschen Fantasie genügend Möglichkeiten, gute Mitarbeiter zu fördern. Natürlich gibt es dabei Fallstricke: Eine zu schnelle Beförderung von Mitarbeitern aus dem eigenen Stab gilt leicht als Günstlingswirtschaft.

Und dennoch gilt: Letztlich wissen alle Mitarbeiter nur zu genau, wer etwas kann und wer nicht. Und sie akzeptieren, dass die

Leistungsträger schneller befördert werden als andere, ja sie erwarten es. Die Leistungsträger erst recht. Personalentwicklungspläne können dabei helfen, Kriterien und Maßstäbe für Beförderungen zu rationalisieren und vorab bekannt zu machen. Wenn sich Leistung lohnt und nicht Opportunismus, Parteibuch oder nur das Dienstalter, dann hat das einen ungeheuer positiven Effekt auf die Motivation der ganzen Institution.

Politische Führung bedeutet, für die eigene Aufgabe zu brennen, sich selbst und die eigenen Mitarbeiter für die Sache zu motivieren und Leistungsträger zu fördern.

Zeitmanagement – eine fast aussichtslose Aufgabe

Eine fast aussichtslose politische Führungsaufgabe ist für einen Spitzenpolitiker das Zeitmanagement.

Es gibt tausend kluge Ratschläge: Man solle sich Zeit nur für das Wichtige nehmen. Die operative Arbeit solle man anderen überlassen, damit man mehr Zeit habe für das Strategische. Man solle sich terminlich nicht verzetteln und sich nicht von seinen Zeitplänen ablenken lassen. Diese Ratschläge sind richtig. Sie werden gewiss auch zu wenig beachtet.

Und dennoch: Das politische Geschäft folgt anderen Gesetzen. Da kümmert man sich zu wenig um das Wichtige, weil das Eilige dringlicher ist, nicht aus Unfähigkeit oder bösem Willen, sondern aus anderen Gründen: Die Beantwortung einer kleinen, kniffligen parlamentarischen Anfrage ist zeitgebunden und hat Vorrang vor einer strategischen Beratung. Die lästige kritische Anfrage eines Journalisten am späten Nachmittag muss bearbeitet werden, auch wenn man gerade an einer großen Rede sitzt. Ein wichtiger Abgeordneter macht es eilig und drängt auf ein Telefongespräch, obwohl der Sachverhalt, den er vorträgt, nicht wichtig ist.

Es sind nicht nur Terroranschläge oder andere Großereignisse externer Art, die den Zeitplan eines politischen Entscheidungsträgers verständlicherweise durcheinanderbringen und dazu führen, dass ein Tag oft anders endet, als er sollte, sondern es ist die Unzahl von kleinen, in der Sache scheinbar nicht so wichtigen, aber politisch eiligen und ärgerlichen Dingen, die ein strategisches Zeitmanagement erschweren.

Auch der parlamentarische Betrieb verändert das Zeitmanagement. Es ist das gute Recht des Parlaments und insbesondere der Opposition, Dinge für einen Zeitpunkt auf die Tagesordnung einer Sitzungswoche zu setzen, den das Parlament oder die Opposition für richtig hält. Manchmal entwickelt sich im parlamentarischen Geschehen durch unerwartete kritische Nachfragen von Abgeordneten oder aktuelle Presseberichte eine Eigendynamik. Das kollidiert oft mit dem eigenen Zeitplan oder auch der geplanten Inszenierung eines bedeutenden Vorhabens. Das ist dann so. Klagen hilft nicht.

Für politische Führung ist es wichtig und wird oft unterschätzt, sich die Zeit zu nehmen, die Ergebnisse von Besprechungen und Verhandlungen denjenigen zu berichten, die für die Umsetzung zuständig sind, aber selbst nicht dabei waren. Man nennt das Debriefing. Unterbleibt das, so ist der nächste Ärger vorprogrammiert, weil das Ergebnis nicht so umgesetzt wird, wie man das möchte. Das liegt dann aber nicht am mangelnden Vermögen der Mitarbeiter, sondern an einem mangelnden Debriefing des Chefs. Nach meiner Erfahrung liegt beim unterlassenen Debriefing eine banale Erklärung für manchen großen politischen Streit und manche institutionelle Fehlleistung.

Für mich als Minister waren meistens mehr als 90 Prozent der Termine nicht von mir veranlasst, sondern von außen an mich herangetragen oder als regelmäßige Termine wie etwa Kabinetts- und Fraktionssitzungen fest eingeplant. Ich habe von Zeit zu Zeit den Terminkalender auf vermeidbare Termine durchgeschaut, mit mäßigem Ergebnis.

Umso wichtiger ist es, dass man termintreu bei den Terminen ist, die man beeinflussen kann. Wichtige regelmäßige Besprechungen einmal am Tag oder einmal in der Woche ersetzen mehrere Einzeltermine. An ihnen sollte man daher festhalten, auch wenn es immer die Versuchung gibt, solche Termine abzusagen, weil gerade etwas anderes wichtiger erscheint.

Aus all diesen Gründen ist es nicht verwunderlich, wenn auch kritikwürdig, dass einem Spitzenpolitiker meist viel zu wenig Zeit für strategische Überlegungen, für die Aufnahme von neuen grundsätzlichen Gedanken, für die Gelegenheit zu Gesprächen mit Menschen außerhalb des eigenen Wirkungskreises bleibt.

Zum Arbeitstag eines Spitzenpolitikers gehört auch das Wochenende. Dies gilt insbesondere, wenn er ein Parlamentsmandat hat und/oder ein Amt ausübt, bei dem traditionell viele Veranstaltungen am Wochenende stattfinden wie im Bereich des Sports, der Heimatpflege oder der Kultur. Bei bedeutenden Veranstaltungen dieser Art wird natürlich die Anwesenheit des Ministers erwartet. Das gehört dazu. Oft sind das schöne Termine, die Freude machen. Aber sie sind eben am Wochenende, mindern eine Zeit des Abschaltens und Erholens und verlangen oft eine lange An- und Abreise.

Auch Parteitermine sind oft am Wochenende. Und zur Wochenendarbeit eines Ministers gehört zusätzlich die Bearbeitung von Akten, die während der Woche liegen geblieben sind und bis zur neuen Woche fertig bearbeitet sein müssen. Außerdem stehen am Wochenende wichtige Telefontermine an, für die während der Woche keine Zeit blieb, insbesondere über Personalfragen oder um politische Mitstreiter vorab und vertraulich darüber zu informieren, was Anfang der Woche offiziell bekannt gegeben wird.

Es gibt viele Bemühungen, den Sonntag „politikfrei" zu halten. Aber zunehmend finden wichtige Besprechungen zur Planung der kommenden Woche am Sonntagnachmittag oder -abend statt. Dies gilt auch dann, wenn kurzfristig ein wichtiger Termin gesucht werden muss. Dann bleibt oft nur der Sonntag, weil alle anderen Tage terminlich bereits fest verplant sind. Und trotzdem finde ich, dass das nicht zur Selbstverständlichkeit werden sollte. Gerade dann, wenn man durch Sitzungen und Termine am Wochenende und vor allem am Sonntag auch Mitarbeiter bindet.

Politische Führung bedeutet, den Anteil aktiver und selbst geplanter Termine immer wieder neu zu erhöhen und jedenfalls auf zehn bis 20 Prozent zu bringen. Und es bedarf besonderer Kraft und der mitdenkenden Fürsorge von Mitarbeitern, dass ein noch so herausgehobener politischer Amtsträger wenigstens Teile des Wochenendes freihat, Urlaub machen kann und Zeit für die Familie, für Sport oder zum Nachdenken findet.

Wie viel Schwäche ist erlaubt? Die eigene Gesundheit und die der Mitarbeiter

Als Minister hat man gesund zu sein. Krankheit gilt als Schwäche. Und wenn man schon krank ist, muss man wenigstens erreichbar sein.

Politiker müssen stundenlange Sitzungen konzentriert und jederzeit interventionsbereit durchhalten. Manche Tage bestehen fast nur aus Sitzungen des Parteivorstandes, der Fraktion, des Kabinetts, eines Ausschusses, des Parlaments und den eigenen Lagebesprechungen.

Zwischendurch muss man der Presse souverän Rede und Antwort stehen. Und am späten Abend ist man bei erlesenen Veranstaltungen zu Gast, wo nach einem langen und harten Arbeitstag eine außergewöhnlich gute Rede erwartet wird. Das, was anderswo als Work-Life-Balance angestrebt wird, wird bei Spitzenpolitikern nicht akzeptiert.

Einen Arbeitnehmer darf niemand fragen, woran er erkrankt ist. Die Gesundheit eines Ministers ist selbstverständlich Gegenstand öffentlicher Betrachtung. In den USA muss ein Präsident oder ein

Präsidentschaftskandidat sogar ein Bulletin der eigenen Gesundheit veröffentlichen. Als Bundeskanzlerin Angela Merkel eine Zeit lang bei dem Abspielen der Nationalhymne und dem damit verbundenen längeren Stehen am ganzen Körper zitterte, war dies überall in Deutschland Gesprächsgegenstand. In Zeitlupe und Großaufnahme wurde jede Bewegung analysiert. Ärzte fanden es sogar taktvoll, Diagnosen aus der Ferne in Zeitungen öffentlich zu machen.

Es gibt zum Glück auch andere Beispiele: Seit Jahren wird bei Bundestagspräsident Wolfgang Schäuble darauf Rücksicht genommen, dass er im Rollstuhl sitzt. Seine Disziplin wird bewundert. Die Fotografen verzichten darauf, ihn in für ihn beschwerlichen Situationen abzulichten. Die rheinland-pfälzische Ministerpräsidentin Malu Dreyer geht mit ihrer Multiplen Sklerose offen um, was ihr besonderen Respekt eingetragen hat.

Krebserkrankungen von Spitzenpolitikern werden zunehmend öffentlich kommuniziert, wie bei den Ministerpräsidenten von Mecklenburg-Vorpommern Erwin Sellering und Manuela Schwesig. Es wird akzeptiert, dass solche Persönlichkeiten ihr Amt über eine längere Zeit gar nicht oder nur eingeschränkt ausüben können.

Ich kann das nur begrüßen. Krankheiten kommen und gehen. Bestimmte Krankheiten bleiben, erlauben aber trotzdem eine hohe Arbeitsleistung. Warum sollte das bei Spitzenpolitikern anders sein als bei den Kollegen, die man im Arbeitsleben kennt und mit denen man einen normalen Umgang längst gewohnt ist?

Man kann einiges tun, um sich seine Gesundheit zu erhalten, zum Beispiel wenig Alkohol trinken, Zeit für Mahlzeiten einplanen, Sport treiben, vor wichtigen Terminen kurz die Augen im Auto oder Flugzeug schließen, sich feste Zeitkorridore schaffen, wann man morgens mit Terminen beginnt und wann man abends nach Hause geht.

Diese Fürsorge sollte man auch den eigenen Mitarbeitern gegenüber an den Tag legen. Natürlich gibt es gerade in politischen Institutionen immer wieder Situationen und Phasen, in denen sich ein geregelter Acht-Stunden-Tag nicht durchhalten lässt. Dazu zählen Krisen, aber auch „planbare" Hochphasen wie Wahlkämpfe. Gerade dann ist es wichtig, auch im größten Stress nicht den Blick für andere zu verlieren. Ich musste in der Flüchtlingskrise manchmal Mitarbeiter nachts gegen ihren Willen nach Hause schicken. Als Chef muss man gegenüber Mitarbeitern mit den zeitlichen Maßgaben genauso streng sein wie mit den inhaltlichen.

Politische Führung bedeutet, mit dem Arbeitspensum des eigenen Amtes und der Mitarbeiter sensibel umzugehen und die Kraft zu finden, bewusst Grenzen dafür zu setzen.

Eine Frage der Zeit – Rhythmen der Macht

Gute Zeiten, schlechte Zeiten – Richtige und falsche Zeitpunkte

Politische Führung gelingt nicht immer gleich gut. Sie wird beeinflusst durch Zeitläufe. Es gibt Phasen, da gelingt viel, und Phasen, da gelingt wenig bis nichts.

Eine Erklärung dafür ist das, was man „Fortune" nennt. Das ist mehr als Glück im Sinne von Zufall, mehr, als ein Glückspilz zu sein. Und es ist etwas anderes, als „einen guten Riecher" zu haben. Das braucht man auch, um Erfolg zu haben. Fortune ist mehr. Sie ist so etwas wie ein „glückliches Händchen". Oder es sind glückliche Umstände, die – ungeplant – eine politische Entscheidung zu einem Erfolg machen. „Fortune" kann man nicht planen, sie fällt einem zu – oder auch nicht.

Eine wichtigere Erklärung dafür, dass politische Führung nicht immer gleich gut gelingt, hat mit dem zu tun, was man „Rhythmen der Macht" nennen könnte. Mein Klassenkamerad, der frühere Abteilungsleiter bei Helmut Kohl im Bundeskanzleramt

Michael Mertes, hat das sehr gut beschrieben in „Der Zauber des Aufbruchs – die Banalität des Endes: Zyklen des Regierens". Er nennt einige Gründe, weshalb eine Regierung am Anfang ihrer Amtszeit erfolgreicher ist als gegen Ende: Jede Regierung verliere im Laufe der Zeit ihre ursprüngliche Ausstrahlung. Das bengalische Feuer charismatischer Herrschaft nutze sich ab. Es gebe nach einiger Zeit eine institutionelle Sklerose. Mit längerer Regierungszeit entstehe ein Realitätsverlust. Und irgendwann sei es Zeit für einen Wechsel. Gegen diese Grundstimmung sei dann kein Kraut mehr gewachsen.

Diese Analyse deckt sich mit meiner Erfahrung. Am Anfang einer neuen Regierungszeit sind die neuen Gesichter für alle interessant. Sie agieren anders als ihre – oft abgewählten – Vorgänger. Sie sind neugierig und machen neugierig. Sie umgeben sich mit neuen Menschen. Aber im Laufe der Zeit gewöhnt man sich aneinander. Die Auftritte werden vorhersehbarer. Die Machtstrukturen haben sich etabliert. Daraus entstehen Routine und Seriosität. Aus Vertrautheit wächst Vertrauen. So wichtig das ist, es kann dazu führen, nicht mehr zu „brennen", wie ich es beschrieben habe. Sachliche Kritik wird im Laufe längerer Regierungszeit als Kritik an der Person wahrgenommen. Man verengt den gedanklichen Blick. Wenn es gut läuft, dann besteht die Neigung, dass es so bleiben soll, wie es ist, anstatt darüber nachzudenken, was verändert werden muss, damit es auch weiterhin gut läuft.

Gegen solche Mechanismen des Verschleißes von Macht ist letztlich wohl tatsächlich kein Kraut gewachsen.

Machtwechsel sind nicht nur das unvermeidliche Ergebnis der physischen Alterung der politischen Führung, sondern sie sind auch das kaum vermeidbare Ergebnis des dauerhaften Gebrauchs von Macht. Für eine Demokratie ist das prinzipiell eine gute Nachricht. Andernfalls käme es ja nie oder zu selten zu einem Regierungswechsel. Bei Wahlen wird eine Opposition meistens nicht in die Regierung gewählt, weil sie so gute Oppositionsarbeit macht, sondern weil ein großer Teil der Bevölkerung mit der bestehenden Regierungsarbeit nicht mehr zufrieden ist und zusätzlich das Zutrauen besteht, dass die Opposition es besser machen könnte.

So unvermeidbar also der Verschleiß von Macht auf lange Sicht ist, umso mehr kann man tun, um dieser Gefahr so lange wie möglich zu begegnen.

Dazu gehören personelle Veränderungen. Das kann eine Kabinettsumbildung sein. Neue Gesichter in der Regierung bei gleicher politischer Konstellation können so etwas wie den „Zauber des Aufbruchs" in beschränktem Umfange wiederherstellen.

Personelle Veränderungen sind auch im persönlichen Umfeld einer politischen Führungspersönlichkeit wichtig. Das gilt für die zweite Ebene, etwa die Staatssekretäre, ebenso wie für Abteilungsleiter und insbesondere das persönliche Büro einschließlich des Pressesprechers. Allein die Einarbeitung neuer enger Mitarbeiter verändert das Verhalten auch eines altgedienten Ministers, indem die bisherigen Arbeitsabläufe durch Erklärung reflektiert und hoffentlich auch mal verändert werden. In meinen politischen Ämtern habe ich oft Personalrotationen durchgeführt. Das wurde dann kritisiert, als wäre dies ein Ausdruck von Unzufriedenheit. „Warum muss ich eine neue Arbeit übernehmen? Sind Sie mit meiner Arbeit unzufrieden?", so wurde ich dann gefragt. Ich habe geantwortet: „Nein, im Gegenteil. Weil Sie gut sind, möchte ich, dass Sie diese gute Arbeit an einem anderen Platz leisten und dadurch persönlich noch besser werden."

Ich bin aus derselben Begründung, nämlich der Gefahr einer institutionellen Verkrustung, auch gegen feste Beraterkreise. Selbst wenn sie fachlich hervorragende Arbeit leisten, nützt es wenig, wenn sie im Laufe der Zeit nur noch zu dem raten, wozu der zu beratende Amtsträger ohnehin neigt. Wenn sie immer das raten, was man ohnehin schon vorhersagen kann, dann kann man auf einen solchen festen Beraterkreis lieber gleich verzichten. Ich habe deshalb gern mit wechselnden Kreisen oder Personen gearbeitet, um diesen Risiken zu entgehen und häufiger mit neuen Personen, Gedanken und Ideen konfrontiert zu werden.

Um einem Realitätsverlust zu entgehen, ist es wichtig, Termine, die ausschließlich im „Hamsterrad" des Politikbetriebes stattfinden, so zu reduzieren, dass genügend Zeit bleibt für den Kontakt zu Menschen und Verantwortungsträgern außerhalb der eigenen Institution. Für einen Minister, der zugleich Wahlkreisabgeordneter ist, bietet die Wahlkreisarbeit dafür eine wichtige Chance. Selbst wenn der eigene Wahlkreis nicht repräsentativ für Deutschland ist, so bieten doch die Termine vor Ort und die Gespräche mit regionalen Verantwortungsträgern und Bürgern die Gelegenheit, die Sprach- und Gedankenwelt des Ministeriums hinter sich zu lassen und Normalität zu tanken, mit gesundem Menschenverstand konfrontiert zu werden und Bodenhaftung zu behalten.

Politische Führung bedeutet, einen letztlich unvermeidlichen Machtverfall durch persönliche Veränderungen in der Organisation, bei den Abläufen und durch Personalwechsel hinauszuzögern.

Neben personellen Veränderungen und Neuerungen im Ablauf und in der Organisation sind auch inhaltliche Veränderungen nötig, um Rhythmen von Macht jedenfalls zu verlangsamen. Jeder verantwortliche Entscheidungsträger trägt die Neigung in sich, davon überzeugt zu sein, dass die von ihm selbst getroffenen Entscheidungen richtig waren und deshalb heute auch noch richtig sind. Sonst könnte man sie auch nicht überzeugend begründen und um die Zustimmung zu solchen Entscheidungen werben. Aber Entscheidungen finden in Zeit und Raum, unter bestimmten Bedingungen, mit einem zum jeweiligen Zeitpunkt gegebenen Sachverhalt und unter den gegebenen Verhältnissen der Durchsetzbarkeit statt. Sie werden mit Blick auf bestimmte Erwartungen getroffen. All das kann sich aber ändern.

Eine Veränderung der bisherigen Politik durch dieselbe politische Führung ist nicht leicht. Viele werden das als das Eingeständnis eines Fehlers analysieren. Das ist es aber nicht. Ein Fehler wäre es, eine sich als fehlerhaft herausstellende Entwicklung aufgrund einer eigenen Entscheidung nicht zu korrigieren.

Natürlich ist in einem solchen Fall die Kommunikation wichtig. Sie muss überzeugend darzulegen versuchen, dass die frühere Entscheidung nach dem damaligen Kenntnisstand richtig war, dass sie aber zu Ergebnissen geführt hat, die heute nicht mehr richtig sind. Je überzeugender das gelingt, umso eher wird das akzeptiert, und der Regierung wird attestiert, sie habe sogar die Kraft zur Selbstkorrektur.

Politische Führung bedeutet, die Kraft zu haben, getroffene Entscheidungen im Blick auf ihre Voraussetzungen und Wirkungen zu überprüfen und gegebenenfalls zu korrigieren.

In den Rhythmen der Musik ist der Einsatz ebenso wichtig wie die Pause. Das gilt auch für die Rhythmen der Macht. Man kann auch in der Politik nicht pausenlos Entscheidungen treffen. Pausen sind nicht nur zur Erholung wichtig, sie erhöhen auch die Spannung. Auch der Einsatz muss sitzen. Nichts ist schlimmer, als wenn bei dem berühmten Beginn der 5. Symphonie von Beethoven die ersten vier Töne dahinkleckern und nicht alle Musiker des Orchesters gleichzeitig kraftvoll beginnen. Der Zeitpunkt einer Entscheidung ist in der Politik genauso wegweisend. Oft weiß man erst hinterher, ob der Zeitpunkt richtig und der Einsatz gelungen war.

Aber es gibt für den richtigen Zeitpunkt im Vorfeld Hinweise und Maßstäbe.

So hat es sich nach meiner Auffassung bewährt, schwierige und unpopuläre Entscheidungen zu Beginn einer Legislaturperiode anzupacken und nicht aufzuschieben. Das habe ich schon an anderer Stelle geschrieben. Es ist nicht nur wahltaktisch ungeschickt, unpopuläre Entscheidungen im Vorfeld der nächsten Wahl treffen zu müssen. Man weiß auch zu Beginn einer Legislaturperiode gar nicht, wohin sie sich entwickelt und ob das, was man sich vorgenommen hat, in einigen Jahren noch von Bedeutung ist.

Weiterhin ist es wichtig, dass man den Zeitpunkt einer herausgehobenen politischen Entscheidung plant. Die Planung kann durcheinandergeraten. Sie kann verworfen werden. Aber ein Plan ist besser als kein Plan. Und manchmal geht der Plan ja auch auf. Jedenfalls muss der Zeitpunkt bewusst gewählt sein: Soll die Entscheidung in einen politischen Zeitraum fallen, in dem ohnehin sehr viele wichtige Entscheidungen getroffen werden, damit die Entscheidung eher untergeht? Oder soll sie umgekehrt dadurch besondere Beachtung finden, dass sie dann getroffen wird, wenn gerade wenig andere Entscheidungen fallen?

Das gilt natürlich nur für geplante Entscheidungen. Sind Entscheidungen fällig, weil sie von außen an die politische Führung herangetragen werden und überraschend zu treffen sind, dann muss die Notwendigkeit der Entscheidung alles andere verdrängen.

Helmut Kohl und Angela Merkel wurde oft vorgehalten, dass sie Dinge aussäßen in der Hoffnung, dass sie sich von selbst erledigten, oder aber treiben ließen und sich erst am Schluss auf die Seite derjenigen schlügen, die gewinnen. Das sei das Gegenteil von politischer Führung. Ich sehe das anders: Manche Dinge erledigen sich wirklich von selbst. Chefsachen verschleißen sich, wenn alles zur Chefsache wird. Und eine zu frühe politisch streitige Entscheidung findet oft zu wenig Gefolgschaft. Und sowohl Helmut Kohl wie auch Angela Merkel haben, wenn es darauf ankam, entschlossen gehandelt.

Deswegen ist mein Rat zum Zeitpunkt einer Entscheidung der politischen Führung: Man treffe eine grundlegende und unwiderrufliche Entscheidung so spät wie möglich, aber so früh wie nötig.

Das klingt banal, ist es aber nicht. Wer so spät wie möglich entscheidet, hat die Gelegenheit zu gründlicher Abwägung, zur Analyse des Sachverhalts und zur Beteiligung notwendiger Dritter, um eine Entscheidung auch durchsetzen zu können. Wird sie aber zu spät getroffen, dann gilt der Entscheider als ein Getriebener. Es können Entwicklungen eingetreten sein, die durch die Entscheidung nicht mehr beeinflusst werden können. Eine zu späte Entscheidung kann dann nicht mehr die Wirkung entfalten, die sie entfalten sollte. Auf jeden Fall aber soll man nicht so lange warten, bis alle denkbaren Erkenntnisse und Folgenanalysen zweifelsfrei vorliegen. Das wird nämlich nie der Fall sein. Kritik wegen einer angeblich übereilten Entscheidung, deren Folgen man nicht bedacht habe, die sich allerdings erst hinterher herausgestellt haben, muss man aushalten.

Dauer und Ausdauer: Wie hält man sich im Amt?

Die Amtsdauer von Ministern und vergleichbaren politischen Führungspersönlichkeiten ist im Durchschnitt kürzer, als viele glauben. Die langen Amtszeiten der Bundeskanzler der Bundesrepublik Deutschland und einiger weniger, lang dienender Minister verzerren das Bild. Das gilt auch international. Als ich nach nicht einmal zwei Jahren Amtszeit als Verteidigungsminister mein Amt aufgab, um wieder Innenminister zu werden, gehörte ich in der NATO schon zu den zwei oder drei dienstältesten Verteidigungsministern.

Für die Amtsdauer von Abgeordneten gilt etwas anderes. Sie sind in der Regel länger im Amt, auch in Deutschland. Hierzulande ist es zwar nicht so wie im US-Senat, in dem viele seit Jahrzehnten Senatoren sind. Aber mehrere jeweils vierjährige Amtszeiten als Abgeordneter des Deutschen Bundestages zu erreichen, das ist auch in Deutschland eher der Regelfall. Dabei gilt es zu unterscheiden zwischen dem Parlamentsmandat und herausgehobenen Parlamentsfunktionen. Die Amtszeit als Parlamentspräsident, als Fraktionsvorsitzender, als Ausschuss- oder Arbeitskreisvorsitzender ist wesentlich kürzer und von sehr viel mehr Faktoren abhängig als die reine Mitgliedschaft im Parlament.

Ein Spitzenamt, insbesondere ein Ministeramt dagegen ist immer ein Amt auf Zeit, und zwar auf kürzere Zeit. Nach deutschem Verfassungsrecht endet es automatisch und von Gesetzes wegen mit dem Beginn einer neuen Legislaturperiode, ohne dass es einer Entlassung bedarf. Das darf aber nicht dazu führen, dass die Minister ihr Amt so führen, dass sie die wenigen Jahre ihrer Amtszeit einfach überleben und keine langfristigen Impulse setzen. Sie haben von ihren Vorgängern Projekte übernommen, die lange zuvor begonnen worden sind und die sie selbst nicht einmal zu Ende führen können. Und sie sollen Projekte beginnen, deren Ende sie nach aller politischen Wahrscheinlichkeit nicht mitgestalten werden. Ein Minister muss die Spannung aushalten, dass seine Amtszeit morgen zu Ende sein kann und er gleichzeitig Dinge entscheidet, ja entscheiden muss, die Jahre bis zur Umsetzung brauchen oder sich erst viel später auswirken, zu einem Zeitpunkt, zu dem der Minister schon lange nicht mehr im Amt ist.

Institutionen und politische Prozesse brauchen eine längere Kontinuität als die Amtsdauer der jeweiligen politischen Führungen. Das darf allerdings nicht dazu führen, dass die Institutionen sich verselbstständigen und ihren Kurs selbst bestimmen, unabhängig davon, wer gerade im Amt ist, weil sie davon ausgehen, dass die Chefs kommen und gehen, die Mitarbeiter aber bleiben. Das wäre dann ein politisches Führungsversagen.

Die Wirtschaft verlangt oft von der Politik Planungssicherheit. Langfristige Investitionen – etwa im Energiebereich – würden nur dann getroffen, wenn von der Politik für die Refinanzierung einer Investition eine langfristige Planungssicherheit gegeben würde. Eine solche Planungssicherheit kann und darf eine politische Führung in einer Demokratie nur unter ganz besonderen Bedingungen gewähren. So ist es etwa geschehen bei der Absicherung der sogenannten Ewigkeitslasten im Zusammenhang mit dem Ausstieg aus der Förderung der Steinkohle. Im Regelfall aber muss eine neue Regierung, die von der bisherigen Opposition gestellt wird, die Chance haben, eine neue Politik zu machen und bisherige Grundentscheidungen zu korrigieren. Das Argument, die alte Regierung habe aber etwas anderes politisch zugesagt oder in Aussicht gestellt, kann dann schon demokratietheoretisch nicht überzeugen. Die Politik muss in einem solchen Fall dafür natürlich auch den politischen Preis und manchmal sogar einen wirtschaftlichen Preis in Form von Entschädigungen zahlen.

In abgemilderter Form gilt das auch für jeden einzelnen Amtsträger. Er geht auf einem Pfad, den der Vorgänger eingeschlagen hat. Der ist nicht rückgängig zu machen. Aber eine andere Richtung muss für die Zukunft möglich sein. Wenn man transparent und seriös damit umgeht, ohne den Vorgänger zu beschädigen, dann wird das auch akzeptiert.

Eine lange Amtszeit verlangt Ausdauer. Damit ist zunächst einmal die physische Kraft zur Ausdauer gemeint. Ein politisches Führungsamt verlangt im Grundsatz dauerhafte Gesundheit, lang anhaltende Stressfähigkeit und unendlich viel Geduld.

Viele Veranstaltungen und Themen wiederholen sich, etwa jährliche Tagungen, bei denen auch ein langjähriger Amtsträger immer wieder neu einen guten Eindruck hinterlassen muss. Die meisten Argumente wiederholen sich, auch wenn es anderswo zu personellen Wechseln kommt. Wenn zum Beispiel der neue Vorsitzende des Richterbundes zu mir als Bundesinnenminister kam, dann waren 70 Prozent der Argumente dieselben, die der Vorgänger auch schon vorgetragen hatte. Die andauernden und nie endenden Streitereien zwischen Bund und Ländern über alle Finanzierungsfragen kosten Geduld und brauchen eine immer wieder geforderte Balance zwischen Nachgiebigkeit und Härte. Das zutreffende Argument, man kenne das schon, man habe das alles schon einmal erlebt, man wisse, wie das ausgehe, liegt nahe und ist eine Versuchung. Aber es stört die Gesprächspartner, die aus ihrer Sicht etwas ganz Neues und Wichtiges vorzutragen glauben. So entsteht bei einer langen Amtsdauer zuweilen der Anschein von Amtsmüdigkeit, der aber nichts anderes ist als die resignierende Ungeduld, mit dem immer Gleichen zu oft und immer wieder konfrontiert zu werden.

Ausdauer und gute Nerven braucht man auch im Umgang mit Kritik. Sie nimmt zu und ab. Das ist anfangs aufregend, auf Dauer normal bis ermüdend. Je länger man im Amt ist, umso mehr verfestigen sich zuschreibende Bilder, ob sie zutreffend sind oder nicht. So ist für mich das Bild der „Büroklammer" allmählich entstanden, das ich zwar nicht als völlig abwegig, aber auch nicht als vollständige Beschreibung meiner politischen Persönlichkeit empfand. Ich musste einfach lernen, das mit Ausdauer und Geduld auszuhalten. Und das gelingt auch.

Politische Führung bedeutet, Ausdauer und Geduld zu entwickeln, ohne dass aus einer solchen Routine Langeweile und Veränderungsresistenz wird.

Die Bestätigung durch eine Wiederwahl in ein Parlament oder eine Wiederberufung in dasselbe oder ein neues gleichwertiges Amt ist ein beglückendes Gefühl. Es geht sogar tiefer als beim ersten Mal. Die erstmalige Wahl oder Berufung in ein Amt ist oft eher Ausdruck einer bestimmten Konstellation als das eigene Verdienst. Aber die Wiederwahl oder die Wiederberufung gelingt nicht, ohne dass man gezeigt hat, dass man das Amt gut geführt hat. Für die Erstberufung in ein wichtiges politisches Amt kann man nur dankbar sein. Bei der Wiederberufung darf man dankbar und stolz zugleich sein.

Auch das Ansehen im Kollegenkreis, national und international, steigt mit einer Wiederberufung. Für die Wiederwahl in herausgehobene Ämter, die das Ergebnis eines erfolgreichen Wahlkampfes ist, wie etwa bei Ministerpräsidenten oder der Bundeskanzlerin, gilt dies erst recht. Ein Ministerpräsident, der ohne Landtagswahl berufen wird, ist in der Öffentlichkeit und erst recht bei seinen Kollegen politisch nicht so viel wert wie dieselbe Person nach einer gewonnenen Landtagswahl. Eine Wiederwahl ist so etwas wie ein Ritterschlag für politische Führung. Die erste Wahl kann darauf beruhen, dass die Vorgängerregierung besonders schlecht war. Für die Wiederwahl gilt das dann nicht mehr. Das ist das Ergebnis erfolgreichen Regierens, selbst wenn es andere Faktoren geben mag, die für die Wiederwahl wichtig waren, wie etwa ein guter Bundestrend für die Partei des Ministerpräsidenten oder sonstige äußere begünstigende Umstände.

Über die Wahl in ein Wahlamt entscheidet in der Demokratie das Volk der Stimmberechtigten oder ein gewählter Wahlkörper wie das Parlament. Das ist gewissermaßen funktional die Hauptversammlung. Aber bei einer Urwahl, also einer Wahl durch die gesamte Bevölkerung, gibt es keine Stimmpakete von starken Aktionären. Jede Stimme zählt gleich. Die Stimme des Staatsrechtsprofessors hat den gleichen Wert wie die Stimme einer nicht ausgebildeten Hilfskraft. Das ist der innerste Kern der Demokratie. Ihn gilt es demütig anzunehmen.

Anders ist es bei der Wiederberufung in ein Ministeramt. Diese wird viel mehr von der bisherigen Leistung des Amtsinhabers beeinflusst. Wer sich bewiesen hat, darf bleiben, auch wenn er vielleicht nicht mehr ganz in den politischen Kriterienkatalog einer Regierung passt.

Politische Führung bedeutet, gute Arbeit zu leisten. Das ist zwar keine Garantie für eine Wiederberufung, aber eine notwendige Voraussetzung.

Abschiede – Wenn die Aufgabe zu Ende geht

Die Kehrseite einer Berufung in ein politisches Führungsamt ist die Abwahl, eine Entlassung oder ein Rücktritt.

Wenn es keine besonderen Umstände wie einen Rücktritt, eine Entlassung oder eine Verschiebung durch eine Kabinettsumbildung gibt, dann endet auch die Amtszeit eines Ministers mit dem Beginn der nächsten Legislaturperiode. Dieses Wissen um die zeitliche Begrenzung einer Funktion bedeutet für die innere Haltung eines Funktionsträgers und seiner ganzen Familie, dass es eine persönliche Lebensplanung nur in den Grenzen der Jahresringe einer Wahl- oder Legislaturperiode gibt.

Bei einem Abschied aus einem politischen Spitzenamt besteht der entscheidende Unterschied nicht darin, ob der Abschied geplant oder ungeplant ist. Das ist zwar wichtig für die Zeit und Gelegenheit des Abschiednehmens. Bei meinem Wechsel vom Innenministerium in das Verteidigungsministerium im März 2011 hatte ich genau einen Tag Zeit, um Abschied zu nehmen, mein Büro auszuräumen und mich innerlich auf das neue Amt einzustellen. Das war hart, zumal ich den Wechsel zunächst nur ungern akzeptiert hatte. Das änderte sich dann allerdings schnell.

Viel entscheidender für den Abschied von einem politischen Führungsamt ist stattdessen, ob es ein selbstgewählter, freiwilliger Abschied oder ein unfreiwilliger ist.

Beides tut weh. Selbst ein freiwilliger und vielleicht lange geplanter und angekündigter Abschied wird nicht leichtfallen, wenn man sein Amt gern ausgeübt hat. Nur wer nicht oder nicht mehr für sein Amt „gebrannt" hat, geht leichten Herzens. Ein unfreiwilliger Abschied aber schmerzt in jedem Fall. Das kann ein Schmerz sein, weil man als Minister in einem lang anhaltenden Kampf gegen einen Rücktritt nach berechtigten oder unberechtigten Vorwürfen „verloren" hat und gehen muss. Ein solcher Schmerz wird allerdings mit einer Erleichterung einhergehen, dem Druck nicht mehr ausgesetzt zu sein, die Vorwürfe nicht mehr anhören zu müssen und einfach seine Ruhe zu haben.

Oder es kann ein Schmerz sein, weil man glaubt, gute Arbeit geleistet zu haben und eine Wiederberufung allgemein erwartet wird, aber die politischen Umstände dazu führen, dass jemand anderes das Ministeramt bekommt. So war es in meinem Fall Anfang 2018, als die CSU erfolgreich verhandeln konnte, das Innenministerium zu besetzen, und Horst Seehofer mein Nachfolger wurde. Ich wäre gern Innenminister geblieben.

Das ist ein in der Demokratie unvermeidlicher Schmerz. Er wird begleitet – wie in meinem Fall – durch von Mitleid geprägte Sympathie, fachlichen und persönlichen Respekt und durch positive Würdigungen in der Presse. Das schmeichelt der Eitelkeit und tut gut. Aber dennoch fällt der Abschied von den Menschen, mit denen man zusammengearbeitet hat, und von der Institution, für die man Tag und Nacht gearbeitet hat, dadurch nicht leichter. Die persönlichen Lebensumstände ändern sich vom einen auf den anderen Tag. Die Bedeutung der Person endet abrupt, die Erkenntnis in einem selbst, dass man nicht mehr bedeutend ist, wächst aber nicht so schnell. Das Bewusstsein des Bedeutungsverlusts dauert länger und ist mühsamer als der Verlust des Ministeramts selbst.

Ich habe die Tatsache, dass ich nicht mehr Minister sein würde, mit dem Erhalt dieser Nachricht sofort und innerlich voll akzeptiert. Aber die Verarbeitung, das Abschiednehmen, die Neuorientierung, all das hat mehrere Monate gedauert.

Politische Führung besteht darin, innerlich zu akzeptieren, dass eine Amtszeit ein Ende hat und dass dieses Ende schmerzhaft ist.

Wer prägt wen? Amt und Person

Ein politisches Amt verändert die Person. Das lässt sich nicht leugnen. Hoffentlich nicht ganz und mit Haut und Haaren. Genauso kann und soll die Person eines Ministers auch das Amt verändern. Ganz wird auch das allerdings nicht gelingen.

Ich meine mit Persönlichkeitsveränderung nicht ein anderes persönliches Auftreten eines Menschen, der ein hohes politisches Amt übernommen hat und der ab der Ernennung seine Freunde vergisst und sich auf einem Sockel wähnt. Solch eine Persönlichkeitsveränderung gibt es. Sie ist nicht bekömmlich.

Ich meine vielmehr eine politisch-persönliche Veränderung. Die politische Position einer Institution wie eines Ministeriums prägt das Denken des Chefs dieser Institution. Das muss auch so sein.

Es ist die Aufgabe eines Gesundheitsministers, die öffentliche Gesundheit der Bevölkerung als sehr wichtig anzusehen. Sonst hat er seinen Job verfehlt. Gesundheit ist wichtiger als Wirtschaft, das ist der erste Satz eines Gesundheitsministers. Ähnliches gilt für einen Verteidigungs-, einen Innen- oder einen Umweltminister für ihre politischen Anliegen. Man braucht nicht nur Verständnis für die Denkweise und Mentalität der Institution, die man führt. Man muss sich diese Mentalität bis zu einem gewissen Grade auch selbst aneignen.

Als Innenminister muss man zum Beispiel lernen, misstrauisch zu werden, besser gesagt, in den Kategorien des Misstrauens zu denken. Das ganze Wirken für mehr öffentliche Sicherheit zielt auf das Verhindern und Verfolgen von Straftaten ab. Insofern stehen die Verhaltensweisen von potenziellen oder tatsächlichen Straftätern im Zentrum des Denkens derer, die sich um öffentliche Sicherheit kümmern, also auch des Ministers. Man muss sich als Amtsträger aber Mühe geben, dass das Denken in Misstrauenskategorien nicht Überhand gewinnt, dass das eigene Menschenbild nicht verschwimmt und man zum Zyniker wird.

Deswegen ist es gut, dass der Innenminister in Deutschland auch der Verfassungsminister ist und die Grenzen staatlicher Verbrechensbekämpfung ebenso in sein Denken einbeziehen muss.

Ein Finanzminister muss bei jeder öffentlichen Förderung daran denken, dass es unerwünschte Mitnahmeeffekte geben wird, die es zu verhindern gilt. Ein Umweltminister wird die Klimaveränderung als Menschheitsaufgabe erster Priorität wahrnehmen. Und doch muss er zu einem vernünftigen Kompromiss mit dem Wirtschaftsminister in der Lage sein, selbst wenn er damit seine Ziele etwas zurückstecken muss. Das alles muss so sein und wird von der Öffentlichkeit auch erwartet. Politische Führung bedeutet volle Identifizierung mit dem Amt.

Man darf sich aber nicht vom Amt „auffressen" lassen, weder von den äußeren Anforderungen, die damit verbunden sind, noch von den inneren Ansprüchen, die ein solches Ressort naturgemäß fordert. Veränderung ja, aber keine Umkrempelung der Persönlichkeit. Das gelingt nur, wenn man sich der prägenden Kraft einer Institution immer bewusst ist und sie in seiner Arbeit stets kritisch reflektiert. Dazu gehört sogar die Bereitschaft zur Distanz gegenüber dem eigenen Tun.

Politische Führung bedeutet, eine innere Stärke aufzubauen oder zu bewahren, um sich persönlichen Veränderungsprozessen auszusetzen, die mit dem inneren Kern des Auftrages eines Amtes verbunden sind, und sie anzunehmen. Politische Führung bedeutet aber genauso, sich solcher Veränderungen im Persönlichen stets bewusst zu sein und ihnen nicht vollständig zu erliegen.

Es tut auch einer Institution gut, wenn ein neuer Chef mit seiner Führungsstärke und Persönlichkeit auf den Stil und die Mentalität dieser Institution prägend einwirkt. Sie ganz und gar zu verändern wird kaum gelingen, schon gar nicht angesichts der Kürze der Amtsdauer. Das ist übrigens auch gar nicht ratsam. Aber es ist eine Chance, wenn die Mitarbeiter erleben, wie ein neuer Chef Besprechungen anders als sein Vorgänger führt, ähnliche Sachverhalte anders benennt, die Akten anders bearbeitet oder sein Büro neu gestaltet.

Voraussetzung für eine solche Stilprägung einer ganzen Institution durch eine politische Führungspersönlichkeit ist allerdings, dass man das als Chef will und auch bei solchen Stilfragen auf Veränderung dringt.

Auch Stilfragen sind Führungsfragen. Es führt nicht automatisch zu Verhaltensänderungen im Apparat, wenn sich ein neuer Amtsträger einfach anders verhält als sein Vorgänger. Er muss sich seines Stils bewusst sein, ihn pflegen, ihn ritualisieren, vielleicht sogar erklären, begründen, einfordern und ihn zum Gegenstand der

Gespräche der Mitarbeiter machen. Manche Bemerkung, manche Personalentscheidung, manche Gesten bei Gemeinschaftsveranstaltungen bleiben länger im kollektiven Gedächtnis einer Institution haften als manche Entscheidung in der Sache.

Politische Führung bedeutet, die Institution, die man führt, durch seinen Führungsstil gern und bewusst zu prägen.

Das Kraftwerk des Wohlstands – Führen in der Wirtschaft

(von Karl-Ludwig Kley)

Führung in der Wirtschaft findet allerorten und auf allen Ebenen statt. Der Fokus dieses Beitrages liegt auf der Führungsarbeit des Vorstandes in Großunternehmen (Lufthansa und Merck), die ich 17 Jahre lang praktisch mitgestalten konnte. Seit fünf Jahren begleite ich nun die Vorstandsarbeit aus der Sicht des Aufsichtsrats (BMW, E.ON, Lufthansa). Auch Erlebnisse aus dieser Zeit sind in die folgenden Ausführungen eingeflossen. Damit möchte ich einige der Erfahrungen weitergeben, die ich gesammelt habe. Subjektiv, wie Erfahrungen halt so sind.

Auch der Inhalt dieses Beitrages ist sehr subjektiv angelegt. Die Gliederung folgt weitgehend der meines Co-Autors. Für einen Beitrag über Führung in Unternehmen ist das ein reizvoller, aber ungewöhnlicher Ansatz. Inhaltlich habe ich mich dazu entschlossen, Beschreibendes und Erfahrenes zu mischen und die Schwerpunkte sehr nach meinem eigenen Kompass zu setzen. Der Leser muss beurteilen, ob dieser Cocktail gelungen ist.

Wer kommt ganz nach vorne – und wie?

Unplanbar – Auf dem Weg zum Vorstand

Ich weiß nicht, ob es Menschen gibt, die gleich zu Beginn ihrer Berufslaufbahn das Ziel haben, eines Tages Vorstand eines Unternehmens zu werden. Wahrscheinlich würden sie es nicht zugeben. Zu viel erkennbarer Ehrgeiz wirkt am Anfang einer Karriere schlecht, ist hinderlich. Ehrgeiz muss, jedenfalls nach außen, wie überall im Leben, wohldosiert daherkommen. Interessanterweise wird aber auch im Nachhinein das Karriereziel Vorstand selten benannt. Zum Teil, weil es tatsächlich nicht da war. Zum Teil aber auch, weil Karrieren später oft der Wirkung wegen rekonstruiert, mit Leichtigkeit, Zufälligkeit und ganz viel Glück versehen werden.

Als ich 1982 zu Bayer kam, war mein Ziel, „Direktor", wie es damals hieß, zu werden. Das entspricht heute der ersten oder zweiten Führungsebene unter dem Vorstand. Das erschien mir wünschenswert und zugleich realistisch. Später konkretisierte sich das Ziel in die Ambition, Geschäftsführer der damaligen Bayer-Tochtergesellschaft Haarmann & Reimer zu werden: wegen des Geschäftsmodells, der relativen Unabhängigkeit eines Teilkonzerns, der internationalen Ausrichtung und seiner Produkte (Geschmacks- und Geruchsstoffe fand ich faszinierend). Dazu kam es aber nie. Haarmann & Reimer existiert übrigens nicht mehr; die Firma ist in der heutigen Symrise aufgegangen.

Im Rückblick halte ich meine damalige Einstellung unverändert für richtig. Übersteigerter Ehrgeiz führt leicht zu überhöhten Karrierezielen. Wenn diese dann verfehlt werden, machen die enttäuschten Erwartungen die Verarbeitung des „Scheiterns", das es oft objektiv gesehen gar nicht ist, schwer. Dies gilt natürlich die ganze Berufslaufbahn hindurch. Aber gerade am Beginn einer Karriere sollten gesunde Ambition und realistische Einschätzung des eigenen Könnens und der Entwicklungsmöglichkeiten stehen.

Wo man in einem Unternehmen zu arbeiten beginnt, hängt von der Ausbildung und bereits absolvierten Berufstätigkeiten ab. Naturwissenschaftliche Studien ermöglichen viele Chancen. Bei den Sozial- und Geisteswissenschaftlern sind es Betriebs-, weniger Volkswirte und Juristen, die die größten Chancen haben. Bei mir ergab sich die Möglichkeit, als Jurist in der Finanzabteilung von Bayer anzufangen. Das eröffnete mehrere alternative Berufswege. Später ging mir oft durch den Kopf, dass ein Studium der Psychologie wertvolle Kenntnisse vermittelt hätte. Ist doch Menschenführung eine der wesentlichen Anforderungen an eine Führungskraft.

Ein Studium ist zwar nicht zwingend erforderlich, um Vorstand zu werden. Es waren aber immer schon Ausnahmefälle, die es ohne Studium ganz nach oben schafften. Ich denke an meine frühen Mentoren, die ehemaligen Vorstandsvorsitzenden von Bayer Hermann Josef Strenger und Werner Wenning. Bei ständig steigenden Studentenzahlen sinkt die Wahrscheinlichkeit einer solchen Karriere allerdings weiter.

Stellenausschreibungen und -bewerbungen laufen zunächst weitgehend online ab. Das hat die Zahl der von Unternehmen zu bearbeitenden Bewerbungen vervielfacht; sie werden daher in einem ersten Schritt schematisch abgearbeitet. Jede Bewerbung muss daher mittels Zusatzqualifikationen so ausgestaltet sein, dass sie diese erste Hürde überspringen hilft. Ein zunehmender Fokus wird dabei heute (im Gegensatz zu früher) auf Zusatzqualifikationen wie Praktika, Auslandsaufenthalte usw. gelegt. Vor allem Auslandspraktika können sehr sinnvoll sein. Erst dann rückt die Persönlichkeit des Kandidaten stärker in den Mittelpunkt des Auswahlprozesses.

Ob die Karriere gleich im ersten Unternehmen nach oben führt oder der spätere Einstieg nach einer Zeit als Unternehmensberater oder in anderen Unternehmen gewählt wird, ist letztlich unerheblich. Alle Möglichkeiten haben statistisch vermutlich die gleiche

Erfolgswahrscheinlichkeit. Bei mir war es zweimal der Wechsel des Arbeitgebers, der den Sprung in den Vorstand ermöglicht hat.

Im Job kommt es dann zuallererst darauf an, fachliche Kompetenz und Teamgeist zu demonstrieren und damit auf sich aufmerksam zu machen. Fachliche und menschliche Kompetenzen allein reichen aber nur in den seltensten Fällen aus. Man ist immer auf andere angewiesen, die die Fähigkeiten des Einzelnen erkennen und sich dann, nicht immer aus altruistischen Gründen, zum Förderer aufschwingen. Zur Not muss man auch Selbstpropaganda betreiben, allerdings im richtigen Maß. Unanständiges Verhalten wird dabei nicht immer, aber zumeist erkannt. Unvergessen der Moment, als ich beim damaligen Vorstandsvorsitzenden der Lufthansa, Wolfgang Mayrhuber, saß. Eine Führungskraft Y beschwerte sich gerade telefonisch bei ihm über den Kollegen X. Mayrhuber rief dann X an und erzählte ihm, was Y über ihn gesagt hatte. Anschließend informierte er Y über Xs Reaktion. Die sofortige Konfrontation half, sich anbahnende Konflikte im Keim zu ersticken, bevor sie sich in der Organisation störend etablierten. Und Y verstand den eleganten Rüffel und veränderte sein Verhalten in der Folgezeit.

Zum Nachweis der fachlichen Kompetenzen und menschlichen Qualitäten gesellt sich bald die Notwendigkeit, Führungsfähigkeit und -bereitschaft zu demonstrieren. Bis zu einem gewissen Grad ist Führung erlernbar. Sie muss aber auch erlernt werden: durch gezielte Weiterbildung, durch Coaching und Mentoring und durch gemachte Erfahrungen. Im Berufsleben wiederholen sich Situationen immer wieder; aus dem richtig oder falsch Gemachten ist viel zu lernen.

Eine meiner wichtigsten frühen Erfahrungen war der falsche Einsatz von Währungsoptionen in meiner Zeit als CFO bei Bayer Japan, der im Rahmen meiner damaligen Verantwortlichkeit zu doch ganz beachtlichen Verlusten führte. Ich habe daraus gelernt, dass ich jedes Derivat selbst komplett verstehen muss, dass ich neben der finanziellen Struktur alle möglichen Auswirkungen erst einmal bilanziell abbilde und dass ich grundsätzlich stärker auf die Derivaterisiken achten muss als auf die Derivatechancen. Als ich später für die großen Derivatepositionen bei der Lufthansa verantwortlich war (Währungen, Kerosin), habe ich aus diesen Erfahrungen geschöpft. Dort ist dann auch nichts schiefgegangen.

In Japan habe ich auch die Bedeutung des Zuhörens entdeckt. Ich habe auch die Erkenntnis gewonnen, dass es nicht immer erforderlich ist, sich zu verteidigen, selbst wenn man im Recht ist. Manchmal hilft eine Entschuldigung, obwohl sie sachlich eigentlich gar nicht erforderlich wäre, eine verfahrene Situation zu bereinigen. Ich habe dort gelernt, dass vieles nicht so schwarz-weiß ist, wie wir in Europa lernen. Der Graubereich, die Welt des Sowohl-als-auch, ist viel größer, als viele bei uns glauben.

Ich habe großartige Chefs gehabt, die mir Mentoren waren, solche, die mir gezeigt haben, mit wie viel Menschlichkeit man führen kann. In Italien sagte mir mein damaliger Chef Hans-Peter Kleefuss: Sie machen eigentlich alles anders, als ich das tun oder gern sehen würde. Aber es ist erfolgreich für das Geschäft, die Menschen schätzen und respektieren Sie. Ich akzeptiere Ihre Andersartigkeit, obwohl es mir nicht leichtfällt. In Japan half mir Theodor Heinrichsohn in einer schwierigen krankheitsbedingten Situation. Von ihm lernte ich, wann das Pflichtbewusstsein des Mitarbeiters (meins) mal zurücktreten kann und wo die Verantwortung des Vorgesetzten beginnt, sich auch im Persönlichen um den Mitarbeiter zu kümmern. Beide sind für mich Vorbilder geworden.

Bei anderen Chefs habe ich viel über Führung erfahren können: das untrügliche Gespür meiner ersten Vorgesetzten Franz-Josef Weitkemper und Klaus Schlede für Zahlen und ihre Bedeutung in der Beurteilung von Sachverhalten; David Ebsworths Dynamik, seine Fähigkeit, Teams hinter sich zu sammeln, Menschen zu motivieren und Geschäfte zu entwickeln; Jürgen Webers untrügliches Gespür für Kunden- und Mitarbeiterbedürfnisse. Ich habe von vielen Menschen gelernt. Für mich gab es nie die eine Führungspersönlichkeit, die das absolute Vorbild war. Mit dem Kult, der um

Menschen wie Jack Welch, den früheren GE-Chef, gemacht wurde, konnte ich nie etwas anfangen. Jeder Unternehmensführer hat hervorragende Qualitäten, von denen jeder von uns etwas lernen kann. Aber jeder von uns hat auch ausreichend Defizite. Die zu erkennen und auch daraus zu lernen ist ebenso bedeutsam.

Noch eine kleine Geschichte am Rande. Coaching kann auch dann helfen, wenn es mal sehr kleinteilig wird. Besagter David Ebsworth sagte mir mal, ich solle nicht so viel an meiner Nase herumfummeln. Das löse bei anderen Assoziationen aus. Denn das deutsche Wort hochnäsig komme nicht von ungefähr. Darüber hatte ich vorher nie nachgedacht. Ich bin seinem Rat gefolgt.

Ich konnte bei Bayer vom Finanzbereich in das Pharmageschäft wechseln und wieder zurück. Erst diese unterschiedlichen Perspektiven haben es mir ermöglicht, die firmenspezifischen Silos zu verlassen und gesamthafte Führungsverantwortung auch als solche zu verstehen. Außerdem musste ich mit Anfang vierzig noch einmal einen Grundkurs in Pharmakologie, Herz-Kreislauf-Erkrankungen und Infektionskrankheiten absolvieren, bevor man mich als Teil der Job-Rotation als Pharmareferenten auf Ärzte losließ. Ich war mit Sicherheit in dieser Funktion kein großer Gewinn, weder für Bayer noch für die Ärzte. Aber die dort gewonnenen Erfahrungen waren ein großer Schatz für die spätere Tätigkeit bei Bayer und Merck. Ich kannte das tägliche Leben eines Pharmareferenten aus eigenem Erleben.

Während meiner Jahre in Italien habe ich realisiert, wie nah, vor allem aber wie unterschiedlich und damit fern Europa ist. Die Jahre dort haben mir die Relevanz kultureller Aspekte in der Unternehmensführung deutlicher gemacht, als ich dies je in Deutschland oder in der Ferne (von Japan erwartet man eh keine Nähe) hätte erleben können. Insbesondere für Verhandlungen im Ausland war dies eine unendlich wichtige Erfahrung.

Und vieles mehr: gescheiterte und gelungene Geschäftsabschlüsse, die Höhen und Tiefen des operativen Geschäfts, menschliche Bereicherungen und Enttäuschungen. Im Rückblick habe ich in all den Jahren des Werdens bereits viel von dem erlebt, mit dem ich in späteren Vorstandsjahren konfrontiert wurde.

Irgendwann hat man es dann geschafft und ist bei den oberen Führungskräften angekommen. Eine Berufung in den Vorstand rückt in den Bereich des Möglichen.

Fazit:

- Führungsvorbereitung beginnt mit der Kombination aus Ambition und Realitätssinn, Führungsfähigkeit mit fachlicher Kompetenz und Teamgeist.

- Die ersten Jahre der Berufstätigkeit sind Jahre des Lernens, des Sammelns von Erfahrungen, des Erkennens der eigenen Stärken und der Bereiche, in denen es gilt, an sich zu arbeiten. Auch Führung ist bis zu einem gewissen Grad erlernbar.

- Mentoren und Vorbilder im Unternehmen helfen, die eigene Führungsfähigkeit zu entwickeln. Zur eigenen Führungstätigkeit gehört, dass man selber später als Mentor für junge Führungskräfte tätig wird oder selber Vorbild ist.

Von außen oder von innen? Die Nachfolgeentwicklung im Unternehmen

Als ich Bayer 1997 verließ, um Finanzvorstand bei der Lufthansa zu werden, fragte mich der damalige Aufsichtsratsvorsitzende Hermann Josef Strenger, ob ich denn nicht wüsste, was man bei Bayer mit mir vorhätte. Ich verneinte, lernte damit aber gleichzeitig, dass es eine Nachfolgeplanung für den Vorstand gab. (Ich lernte übrigens gleichzeitig, dass man besser noch mal nachfragt, was das Unternehmen mit einem vorhat, bevor man es verlässt.)

Was mir damals schon hätte klar sein müssen: Vorstandskandidaten kommen nicht aus dem Nichts. Sie sind das Ergebnis der Nachfolgeplanung und ihrer Umsetzung.

Zunächst muss der Vorstand selber Führungskräfte entwickeln, aus denen der Kreis der Vorstandskandidaten resultiert. Vorstandspotenzial von Führungskräften ist dabei so früh wie möglich zu identifizieren. Für mich ist die zweite Hälfte dreißig der richtige Zeitpunkt. Da ist einerseits das Potenzial in aller Regel bereits erkennbar, andererseits hat das Unternehmen noch genügend Zeit, die Kandidaten auf den Prüfstand zu stellen bzw. geeignete Fördermaßnahmen zu veranlassen.

Mit der Nachfolgeplanung verbunden ist die Entwicklungsplanung. Damit soll identifizierten Kandidaten ein Entwicklungspfad über mehrere Stationen aufgezeigt (und vor allem umgesetzt) werden, der hilft, die notwendigen Führungserfahrungen zu vermitteln und die Kandidaten menschlich und beruflich weiterzuentwickeln. Essenziell ist dabei die intensive Begleitung durch Vorgesetzte.

Darüber hinaus wurde in den letzten Jahrzehnten eine Fülle von Instrumenten zur Personalbeurteilung und -entwicklung eingeführt, die sowohl den Unternehmen bei der Einschätzung als auch den Beurteilten bei der Selbstentwicklung helfen können. Für den Einzelnen kann das durchaus Hilfe zur Selbsthilfe sein. Allerdings reagieren Menschen darauf völlig unterschiedlich. Ich habe zum Beispiel einen sehr erfolgreichen Manager erlebt, der eine solche Fremdbespiegelung als Teil einer Verschwörung gegen ihn interpretierte, während sein Nachfolger dasselbe Instrument zu einer Weiterentwicklung nutzte, die mich tief beeindruckt hat. Menschen müssen bereit sein, sich ihren Defiziten zu stellen und daran zu arbeiten, wenn sie wirklich gute Führungspersönlichkeiten sein wollen. Am Ende eines solchen Entwicklungspfades jedenfalls sollten Persönlichkeiten mit nachgewiesener Vorstandsfähigkeit stehen.

Die Entwicklung künftiger Führungspersönlichkeiten ist eine der vornehmsten Führungsaufgaben. Jede Führungskraft muss sich für diese Aufgabe ausreichend Zeit nehmen; so nebenbei ist das nicht zu schaffen.

Funktionieren diese Prozesse in Unternehmen nun so, wie ich sie gerade idealtypisch beschrieben habe? Bis zu einem gewissen Grad ja. Allerdings kommt in der Praxis nach meiner Erfahrung oft etwas dazwischen. Junge Talente entwickeln sich nicht weiter oder verlassen die Firma. Das Unternehmen stellt nicht genügend Entwicklungspositionen zur Verfügung, zum Beispiel, weil Vorgesetzte nicht mutig genug sind und eher den soliden Spezialisten befördern als das risikobehaftetere Talent. Oder weil Führungskräfte auf Positionen gehievt oder dort belassen werden und damit Entwicklungspositionen für Talente blockieren, obwohl sie nicht (mehr) den Anforderungen genügen. Ihre Chefs scheuen aber die Konfrontation oder die Abfindungszahlungen. Nachteilig kann es aber auch sein, wenn sich das Zeitfenster für die Berufung früher öffnet als geplant und ein Kandidat noch nicht „fertig" ist. Gesetzgeberisches Handeln kann ebenfalls Karrieren beenden, zum Beispiel durch die Einführung von Quoten, die ein Kandidat nicht erfüllt.

All das führt in der Praxis dazu, dass auch extern nach Kandidaten für den Vorstand gesucht werden muss. Verstärkt wird diese Notwendigkeit durch Anforderungen von Investoren, die in bestimmten Fällen gern ein Benchmarking im Auswahlprozess sehen möchten. Dies gilt insbesondere bei der Auswahl des Vorstandsvorsitzenden. Und schließlich kann die Situation eines Unternehmens eine externe Besetzung erfordern, zum Beispiel weil eine Kulturänderung erforderlich ist oder weil die Digitalisierung eine neue Aufstellung nötig macht, wofür eine Befruchtung von außen sinnvoll ist.

In diesen Fällen wird in der Regel ein Personalberater eingeschaltet, es sei denn, der Aufsichtsrat kann unter Nutzung des eigenen Netzwerkes adäquate Kandidaten ansprechen. Bei der Auswahl von Personalberatern waren für mich zwei Punkte von besonderer Bedeutung: erstens gegenseitiges Vertrauen. Und zweitens muss der Berater nicht nur den Markt kennen, sondern auch den Kunden, die Anforderungen des Geschäftsmodells, die Kultur der Firma. Er muss die handelnden Personen einschätzen können, um zu wissen, ob sie zur suchenden Firma passen oder nicht. Die Erstellung der Stellenbeschreibung, des Suchprofils und der Fokusfragen für die Interviews nimmt mehrere Wochen in Anspruch. Das professionell abzuarbeiten, erfordert hohe Arbeitsqualität und -intensität. Die Erstellung von Kandidatenlisten aus einer Datenbank ist nicht ausreichend.

Fazit:

- Eine der wichtigsten Führungsaufgaben überhaupt ist die Förderung von Mitarbeitern, die Entwicklung ihres Potenzials sowie die Erstellung und Umsetzung der Nachfolge- und Entwicklungsplanung.

- Führung heißt auch, Konsequenzen zu ziehen, wenn Mitarbeiter dauerhaft den Leistungs- oder Verhaltensansprüchen nicht genügen.

- In der Tätigkeit einer Führungskraft sollten Personalthemen, insbesondere Führungskräfteentwicklung, regelmäßig zehn bis 20 Prozent der Zeit einnehmen. Jede Führungskraft ist in gewisser Weise auch Personalchef.

Was man mitbringen muss – Kompetenzen und Eigenschaften eines Vorstandes

In Stellenausschreibungen für Vorstandsbesetzungen wird in der Regel – wie auch in vielen anderen Offerten – die eierlegende Wollmilchsau gesucht. Sie ist aber auch hier nicht zu finden. Es muss daher priorisiert werden.

Zunächst ist die Frage zu beantworten, in welcher Situation das Unternehmen ist. Bedarf es der Konsolidierung, der Kontinuität, einer ruhigen Hand, um Vorhandenes weiterzuentwickeln? Oder ist ein Umbruch nötig, um die Firma in eine neue Zeit zu führen? Ist der gefragt, der Wachstum treibt, oder eher der, der in erster Linie die Kosten begrenzen möchte? Jeder Manager hat natürlich sein Handwerk gelernt und sollte grundsätzlich in der Lage sein, alle Anforderungen abzudecken. Aber jeder hat auch seine besonderen Stärken (und Schwächen). Und auf die kommt es meistens in der konkreten Situation an.

Meiner Auffassung nach sollte jeder Vorstandskandidat, soweit irgend möglich, eine erfolgreiche Unternehmenskarriere hinter sich haben. Vorstandsbesetzungen ohne diese Voraussetzung sind jedenfalls in meinem Umfeld die Ausnahme. Denn das soziale System des Unternehmens erfordert Erfahrung in der Führung von Menschen großer Unterschiedlichkeit, vom hochdekorierten Wissenschaftler bis zum Meister in der Wartung. Diese Fähigkeit lernt man nicht so leicht in Unternehmensberatungen, Rechtsanwaltskanzleien oder Investmentbanken und auch nicht in der Politik.

Jeder Kandidat muss in seinem Berufsleben erfolgreich gewesen sein. Erfolg wird in aller Regel durch wirtschaftlichen Erfolg definiert; nach Möglichkeit sollte ein Vorstand bereits vor seiner Ernennung Verantwortung für eine vollständige Gewinn- und Verlustrechnung gehabt haben. Daneben gibt es für Fachfunktionen wie Finanzen oder Recht fachspezifische Erfolgskriterien.

Breite Führungserfahrung ist entscheidend für eine Berufung in den Vorstand. Der beste Fachmann ist zwar oft nicht die beste Führungskraft. Aber dennoch sind Fachkenntnisse bzw. Kompetenzen für einen Vorstand von überragender Wichtigkeit. Natürlich muss der Leiter einer Hühnerfarm keine Eier legen können. Selbstverständlich wissen Mitarbeiter in aller Regel über ihren eigenen Aufgabenbereich mehr als ein Vorstand. Ein Vorstand muss aber jederzeit in der Lage sein, in seinen Zuständigkeitsbereichen auch fachlich zu führen. Das heißt: die richtigen Fragen zu stellen, sich rasch in relevante Themen einzuarbeiten, die Fachkenntnisse der Mitarbeiter zu überprüfen. In neue Fachgebiete muss man sich dabei einarbeiten. Das dauert etwas, ist aber kein Ding der Unmöglichkeit. Ein Vorstand, der nicht in der Lage ist, bei Bedarf ins fachliche Detail zu gehen (oder das nicht tut), hat seinen Job verfehlt.

Neben Fachkenntnissen sind unterschiedliche berufliche Erfahrungen wesentlich. Wer nur in schönem Wetter gesegelt ist, wird es in einer Krise schwer haben. Wer nur Kosten gesenkt und seine Einheiten auf Effizienz getrimmt hat, wird sich schwer damit tun, neue Wege zu beschreiten oder Wachstum zu ermöglichen.

Ich persönlich habe auch immer sehr darauf geachtet, dass Kandidaten, wenn irgend möglich, Auslandserfahrungen gesammelt haben, und zwar nicht nur sechs Monate an einer Universität im Osten der USA. Wer noch nie vor Ort im internationalen Kontext gearbeitet hat, tendiert dazu, kulturelle Faktoren in transnationalen Geschäftsbeziehungen zu unterschätzen und sie in der Mitarbeiterführung zu übersehen. Er wird sich auch in seiner Arbeit als Vorstand schwertun, das umfassende Bild der Welt in seiner Relevanz für das eigene Unternehmen zu erfassen.

Neben Führungserfahrung, Fachkenntnissen und beruflichen Erfahrungen sind es Persönlichkeitsmerkmale, denen zentrale Bedeutung zukommt. Während Kompetenzen jederzeit weiterentwickelt werden können, sind Eigenschaften in der Regel bis zum 25. Lebensjahr „durchsozialisiert". Sie treten in dem Alter, in dem eine Vorstandsernennung ansteht, zwar zunehmend prononcierter hervor. Sie sind aber viel schwerer noch entwickelbar. Ist ein Kandidat veränderungswillig, lässt sich mit der richtigen analytischen und empathischen Unterstützung noch eine ganze Menge ändern. Dennoch: Das grundsätzliche Eigenschaftsprofil bleibt in seinen Grundcharakteristiken bestehen und kommt in der Regel in Stresssituationen oder wenn eine neue Sicherheit eingetreten ist, wieder zum Vorschein. Darum habe ich bei Besetzungen zunehmend auf die Analyse des Eigenschaftsprofils der Kandidaten besonderen Wert gelegt.

Die Psychologie bietet verschiedene Kategorisierungen und Methoden an, die erlauben, das Profil eines Menschen zielgerichtet zu erfassen. Ich hole mir dazu die Meinung eines Experten ein; mein Instinkt stimmt oft, aber eben nicht immer. Der richtige Experte kann bei der Entscheidung enorm helfen. Wichtig ist: Es muss der richtige sein. Es ist wie bei Ärzten: Nicht jeder, der einen Beruf ausübt, ist für den eigenen Bedarf passgerecht. Zumeist begleiten mich Berater in den verschiedenen Bereichen, mit denen mich schon ein jahre-, ja oft ein jahrzehntelanges Vertrauensverhältnis verbindet.

Zunehmend kommen weitere Aspekte bei der Vorstandsbestellung hinzu. Für mich sind Geschlecht, Herkunft usw. eigentlich immer unerheblich gewesen. Es kam mir auf den Menschen an. Eine solche Position ist in Zeiten des Genderns unhaltbar. Das Geschlecht (m/f/d) ist zu einer zusätzlichen bestimmenden Größe geworden. Ein weiterer Aspekt ist das Alter. Eine Vorstandsaufgabe erfordert menschliche Reife und Lebenserfahrung. Ein Kandidat muss schon über eine bemerkenswerte Frühreife verfügen, wenn er mit weniger als 40 Jahren in den Vorstand eines größeren börsennotierten Unternehmens kommen soll. Konsequenterweise haben wir zum Beispiel bei den Baden-Badener Unternehmergesprächen, die die nächste Vorstandsgeneration auf ihre Tätigkeit vorbereiten sollen, ein Richtalter für die Teilnahme von 40–50 Jahren vorgesehen.

Schließlich ist von außerordentlicher Bedeutung, wie ein neues Vorstandsmitglied in das Vorstandsteam passt. Es geht dabei einerseits um Teamfähigkeit und andererseits um „diversity of minds". Bei der Zusammenstellung des Teams ist es wichtig, das Zusammenwirken der einzelnen Vorstandsmitglieder zu kennen, Verbindendes richtig einzuordnen oder die Abstoßungsmechanismen zu verstehen. Die Bewertung und Einschätzung dieses Aspektes ist eine schwierige Frage; dem Aufsichtsratsvorsitzenden kommt hierbei eine zentrale Rolle zu. Leichter ist es, die Diversität des Denkens und des Charakters zu erfassen. In Stereotypen gesprochen: Der Vorstandsvorsitzende muss vorangehen und strategisch in die Zukunft schauen, der Finanzvorstand muss die kühle Analytik liefern und zur Vorsicht mahnen. Zusammen ergibt das dann den richtigen Mix.

Entscheidend ist somit auch das Vertrauen der Vorstandsmitglieder in die Arbeit und Persönlichkeit der Kollegen. In meinen Anfangsjahren bei der Lufthansa habe ich erlebt, dass der damalige Vorstandsvorsitzende Jürgen Weber mir aus verschiedenen Gründen so recht nicht vertraute. Später habe ich verstanden, warum. Heute ist zwischen uns eine Freundschaft entstanden. Aber damals habe ich am eigenen Leib erlebt, dass es schwer ist, in einem Vorstandsteam zu arbeiten, wenn es an Vertrauen fehlt. Auch in meinen späteren Jahren bei Merck gab es Kollegen, bei denen sich das Vertrauen nicht einstellte. Man kann über eine gewisse Zeit daran arbeiten, dies herzustellen. Das geht aber nur, wenn alle Beteiligten bereit sind, ihr Verhalten zu überprüfen. Klappt das nicht, bleibt nur die Trennung.

Fazit:

- Kompetenzen und Fachkenntnisse kann man erlernen. Wichtig ist, stets lernwillig und -fähig zu bleiben. Denn gute Führung bedeutet zunächst einmal gute Selbstführung. Neugierig bleiben, getrieben vom Willen, sich selbst weiterzuentwickeln. Das Wort vom lebenslangen Lernen ist kein dummer Spruch.

- Man wird zwar nicht als Führungskraft geboren. Aber die Eigenschaften, die einen Menschen befähigen, eine gute Führungskraft zu sein, werden früh angelegt, spätestens in den Zwanzigern. Dort sollte man Hemmungen überwunden und erste Führungsaufgaben in der Schule oder im Verein übernommen haben. Diese frühen Führungsrollen prägen mehr, als viele Menschen denken.

- Bei der Zusammensetzung eines Vorstandsgremiums ist auf Teamfähigkeit einerseits und „diversity of minds" andererseits zu achten.

- Führung ohne Vertrauen ist für mich nicht denkbar. Besteht kein Vertrauen im Führungsteam, wird ein Vorstand schnell dysfunktional.

Die Zielgerade – Auswahl und Berufung als Vorstand

Zuständig für die Berufung von Vorständen ist der Aufsichtsrat. Vorbereitet wird die Entscheidung vom Präsidium, dessen Entscheidung wiederum vom Aufsichtsratsvorsitzenden. Zu welchem Zeitpunkt das jeweilige Gremium eingeschaltet wird, hängt insbesondere vom Vertrauensverhältnis zwischen den Akteuren ab; je größer der Kreis der Eingeweihten ist, desto höher auch die Wahrscheinlichkeit eines vorzeitigen Bekanntwerdens der Personalie. Zum anderen bedeutet die Vorbereitung von Personalentscheidungen in 20-köpfigen Aufsichtsräten einen kaum zu leistenden Koordinationsaufwand.

In der Praxis werden Vorstandsernennungen vom Aufsichtsrat(svorsitzenden) mit dem Vorstandsvorsitzenden und gelegentlich auch mit anderen Vorstandsmitgliedern, zum Beispiel bei deren unmittelbarer Nachfolge, diskutiert. Ein neues Vorstandsmitglied gegen den Willen des Vorstandsvorsitzenden einzusetzen, geht schief. Dauerhafte Konflikte statt Kooperation sind damit vorprogrammiert.

Zunächst ist über die Vorstandsstruktur zu entscheiden. Vorstandsstrukturen sind einem steten Wandel unterworfen. Grundsätzlich gilt der Lehrsatz, dass die Organisation der Strategie folgt. Mit anderen Worten muss die strategische Ausrichtung eines Unternehmens aus der Vorstandsorganisation (und dem Geschäftsverteilungsplan) erkennbar sein. Die Größe eines Vorstandes kann erheblich schwanken. Bei den DAX-Firmen lag die Größe Ende 2020 zwischen zwei und zehn Mitgliedern. Ist ein Unternehmen als Holding aufgebaut, reichen oft drei Vorstandsmitglieder; bei funktional oder divisional aufgestellten Unternehmen können es je nach Wertschöpfungstiefe und Komplexität des Geschäftsmodells deutlich mehr sein. Für mich liegt die optimale Größe zwischen vier und sechs Mitgliedern. Größere Vorstände lassen sich nur noch schwer als Team führen.

Neben der Struktur sind weitere Rahmenbedingungen zu beachten. Vernünftigerweise sollte ein Vorstand die Chance auf eine Amtszeit von zehn Jahren haben. Die heutige Praxis zeigt allerdings zunehmend kürzere Verweilzeiten: Für DAX-Vorstände soll sie nach einer Untersuchung bei vier bis sechs Jahren liegen. Ich weiß nicht, ob das stimmt; meiner Erfahrung nach wäre das zu kurz. Die volle Wirksamkeit erreicht ein Vorstand in aller Regel erst in der zweiten Amtsperiode. Daraus ergibt sich, dass Vorstände spätestens mit Anfang fünfzig berufen werden sollten. Ein Vorstand sollte einmal die Diversität des Unternehmens, seiner Märkte und Kunden widerspiegeln, zum anderen aber auch zur Diversität des Vorstandes selbst beitragen. Diverse Denk- und Herangehensweisen bereichern Vorstandsdiskussionen und -entscheidungen. In Deutschland wird Diversität zumeist auf das Geschlecht (m/f/d) verkürzt. Ob die Behauptung, geschlechtlich diverse Vorstände lieferten bessere Ergebnisse ab, zutreffend ist, kann ich letztlich nicht beurteilen. In meiner Praxis habe ich weder für noch gegen diese These ausreichende Evidenz gefunden. Enorm wichtig ist schließlich, dass der Vorstand als Team funktioniert und gegenseitig Vertrauen und Respekt herrscht.

Nach Klärung dieser Vorbedingungen wird mit internen Ressourcen und gegebenenfalls mit Hilfe von Beratern eine „Long List" erstellt. Diese wird dann relativ zügig zu einer „Short List" verdichtet. Die Kandidaten der Short List werden entweder vom Unternehmen direkt oder über einen Personalberater angesprochen.

Es folgt ein intensiver Interviewprozess, der in aller Regel von den Mitgliedern des Aufsichtsratspräsidiums geführt wird. Bei externen Kandidaten lege ich, wie bereits ausgeführt, Wert darauf, dass diese sich auch einer Persönlichkeitsbeurteilung durch einen Experten unterziehen. Denn eine solche liegt bei internen Kandidaten vor; hier ist „Waffengleichheit" geboten. Zum anderen lässt sich die fachliche Kompetenz eines bislang unbekannten Kandidaten in Interviews recht gut abgreifen. Bei der Persönlichkeitseinschätzung ist professionelle Unterstützung hilfreich.

Am Ende dieses ganzen Prozesses steht die Entscheidung: zunächst im Aufsichtsratspräsidium, dann im Aufsichtsrat. Sollte ein vom Präsidium ausgewählter Kandidat im Aufsichtsrat keine Mehrheit finden, muss sich das Präsidium die Frage gefallen lassen, ob es seiner Aufgabe gewachsen war.

Fazit:

- Die Entscheidung über Vorstandsernennungen kann gar nicht intensiv genug vorbereitet und umgesetzt sein. Sie ist die wichtigste Führungsaufgabe des Aufsichtsrats.

- Gegenwärtige Vorstände zu beurteilen und über künftige Vorstände nachzusinnen ist eine Daueraufgabe sowohl des Aufsichtsrats als auch jedes Vorstandsmitglieds. Von dieser wesentlichen Führungsaufgabe darf man sich nicht durch das täglich Dringende ablenken lassen.

- Das richtig zusammengesetzte Vorstandsteam zu finden, das respekt- und vertrauensvoll zusammenarbeitet, ist eine für das Unternehmen entscheidende Führungsaufgabe.

Der Amtsantritt – Die ersten Monate im Vorstand

Die ersten Monate eines neuen Vorstandes unterscheiden sich, je nachdem, ob es sich um eine interne oder eine externe Besetzung handelt. Der von intern ernannte Vorstand ist mit dem Geschäft, dem Unternehmen und der Unternehmenskultur vertraut. Er kann mehr oder weniger am Tag eins mit der Umsetzung seiner Agenda beginnen. Der von extern ernannte Vorstand hingegen muss zunächst Zeit darauf verwenden, das Geschäft besser zu verstehen, Kunden und andere Stakeholder kennenzulernen, sich mit der Führungsmannschaft auszutauschen, sich Mitarbeitern und Mitarbeitervertretern (Vertretung der leitenden Angestellten, Betriebsräte) vorzustellen und – vielleicht das Wichtigste – zu versuchen, ein Verständnis der Unternehmenskultur zu entwickeln.

Ob von innen oder von außen: Für jedes neu ernannte Vorstandsmitglied gilt es, seinen Platz im Vorstand zu finden. Das deutsche Aktienrecht geht vom Bild des Vorstandes als eines gemeinsam verantwortlichen Gremiums aus. Auch dem Vorstandsvorsitzenden kommt rechtlich keine Sonderstellung zu. Faktisch sieht das anders aus. Nicht nur ist der Vorstandsvorsitzende das Gesicht des Unternehmens nach außen, von dem erwartet wird, zu jeder Zeit im Namen des Unternehmens zu kommunizieren. Auch intern ist er der wichtigste Gesprächspartner des Aufsichtsratsvorsitzenden, verfügt über die Sitzungsleitung bei Vorstandssitzungen und ist in aller Regel Disziplinarvorgesetzter der wichtigsten zentralen Steuerungsfunktionen des Unternehmens. Die faktische Macht eines Vorstandsvorsitzenden ist daher deutlich größer, als das Aktienrecht es vermuten lässt. Dennoch besitzt das einzelne Vorstandsmitglied beträchtliche Mitwirkungsrechte bei der Entwicklung und Umsetzung der Gesamtstrategie des Unternehmens. Daraus wird einmal mehr deutlich, wie sehr die Entwicklung eines großen Vertrauensverhältnisses zwischen den Vorstandsmitgliedern absolute Voraussetzung für eine erfolgreiche Arbeit ist.

Die zweite Grundvoraussetzung ist es, Anerkennung, Vertrauen und Respekt von den Führungskräften zu gewinnen und umgekehrt auch deren Leistungsfähigkeit, deren eigene Führungsfähigkeiten und ihre Loyalität einschätzen zu lernen. Es gibt Vorstände, die Führungskräfte ihres Vertrauens in die neue Position „mitbringen". Ich habe, als ich zweimal von außen in einen Vorstand kam, auf die vorhandenen Führungskräfte, die ja nicht ohne Grund in diesen Positionen waren, gebaut und Umbesetzungen, wenn notwendig, erst nach längerer Zeit vorgenommen. Dabei habe ich mich vor zu schnellen Beurteilungen gehütet. Wirkliche Kenntnis der Personen und Vertrauen entstehen nur über Zeit. Erst konkrete Ergebnisse zeigen, ob eine Beziehung belastbar ist.

Ein Vorstand kann allerdings als Einzelner wenig ausrichten, wenn ein etabliertes Netzwerk in der Organisation nicht mitziehen kann oder will. Wo Geschwindigkeit auf der Agenda eines Vorstandes erfolgskritisch ist, kann er es sich nicht erlauben, sich mit der Zähigkeit der Organisation zu lange herumzuschlagen oder Kämpfen im Verborgenen nachzuspüren. Hier ist rechtzeitig eine Option vorzubereiten, das Führungsteam neu zu besetzen.

Niklas Luhmann weist in seinem Aufsatz „Der neue Chef" (S. 16) zu Recht darauf hin, dass sich in jeder Organisation unterhalb der formalen Ordnung eine informale Ordnung mit eigenen Rollen und Machtschwerpunkten bildet. Solche informalen Ordnungen sind nicht zweckspezifisch, sondern personal orientiert. „Ihre Kristallisationspunkte sind diejenigen Bedürfnisse, welche die formale Organisation nicht befriedigt oder [...] schafft." Jeder (formal) neue Vorstand gewinnt nicht automatisch das Vertrauen der informalen Ordnung. Hierfür braucht es Zeit; es kann aber auch gut sein, dass sich die informale Ordnung mit einem neuen Vorstand neu gruppiert. Es ist jedem neuen Vorstand anzuraten, diesen organisatorischen Rahmenbedingungen viel Aufmerksamkeit zu widmen. Vor allem in meiner Zeit als Vorstand der Lufthansa brauchte ich lange, um das Netzwerk der persönlichen Beziehungen und die daraus resultierenden Abhängigkeiten bzw. Informationsflüsse zu verstehen. Das hat meine Effektivität als Vorstand in dieser Zeit gehemmt. Das Glück, dass mich jemand in diese informelle Struktur einführte, hatte ich leider nicht.

Drittens gilt es, belastbare Beziehungen zu externen Stakeholdern aufzubauen: der Finanzvorstand zu Investoren und Finanzinstituten, der Vertriebsvorstand zu Kunden, der Personalvorstand zu Gewerkschaften usw. Dieser Beziehungsaufbau ist gerade am Anfang von enormer Bedeutung. Krisen sind unvermeidlich; in guten Zeiten aufgebaute Beziehungen sind da belastbar. Wenn man erst aufeinander zugeht, wenn die Lage verfahren ist, wird es viel schwieriger, den Karren aus dem Dreck zu ziehen.

Inhaltlich gehört es zu den ersten Schritten, sich intensiv mit der Unternehmensstrategie zu befassen und sie in ihren Verästelungen und Implikationen für den eigenen Zuständigkeitsbereich zu verstehen. Denn alles unternehmerische Handeln, auch opportunistische Reaktionen auf das und im Tagesgeschäft, müssen im Einklang mit der strategischen Linie des Gesamtunternehmens stehen.

Jeder Neuling erbt von seinen Vorgängern offene Themen, manchmal auch „Baustellen". Diese gilt es schnell zu verstehen, einzusortieren und gegebenenfalls Kursänderungen zu initiieren. Darin liegt keine Missachtung der Arbeit des Vorgängers. Arbeitsschwerpunkte und auch Vorgehensweisen sind oft Ausdruck unternehmerischen Handelns, der Persönlichkeit eines Vorstandes, seiner Lagebeurteilung, seines Ermessens. Und es ist das Natürlichste von der Welt, dass ein Nachfolger manches anders sieht und tut. Vielleicht ist er gerade deshalb auch berufen worden. Das schließt natürlich nicht aus, sich mit seinem Vorgänger zu beraten. Ob das möglich ist, hängt von den Umständen des Wechsels ab. Wer im Zorn scheidet, wird wenig Lust verspüren, seinen Nachfolger noch groß einzuarbeiten. In der überwiegenden Zahl aller Fälle kommt es in Unternehmen allerdings zu geordneten und kooperativen Amtsübergaben. Daran sollte man sich bei seinem eigenen Abschied tunlichst erinnern.

Wichtig ist weiterhin, dass ein neues Vorstandsmitglied noch einmal darüber nachdenkt, was Führen als Vorstand heißt. Es unterscheidet sich nämlich deutlich von der Führung auf nachgelagerten Führungsebenen. Als Vorstand hat man deutlich mehr Macht. Als Vorstand hat man Letztverantwortung. Es gibt niemanden mehr, an den man Entscheidungen „nach oben" delegieren kann. Es gibt niemanden mehr, der einen korrigiert. Das zwingt einen dazu, Entscheidungen noch gründlicher zu durchdenken, noch intensiver zu begründen. Außerdem ist man viel stärker als früher Schlichter und Moderator, Träger von Erwartungen und Projektionsfläche von Enttäuschungen. Wobei man sich immer vergegenwärtigen sollte, dass ein Gutteil des Mitarbeiterverhaltens der Rolle geschuldet ist und nicht dem Menschen.

Noch stärker ist der Druck der Letztverantwortung übrigens in einer Struktur wie bei Merck. Dort sind die Vorstände gleichzeitig persönlich haftende Gesellschafter; sie haften also mit ihrem Privatvermögen für ihre unternehmerische Tätigkeit. Ich habe an mir selbst gemerkt, dass diese Haftungskomponente einem die Verantwortung noch deutlicher vor Augen führt. Ich weiß nicht, ob ich ohne diese Haftung manchmal anders entschieden hätte. Ich habe aber auf jeden Fall bewusster entschieden.

Wie gesagt, hat man als Vorstandsmitglied Gesamtverantwortung. Zwar führt jeder Vorstand in der Regel ein Ressort. Er ist aber gleichermaßen verantwortlich für das, was in den anderen Ressorts entschieden wird. Ein Vorstand ist daher nicht Vertreter von Ressort- (oder Silo-)Interessen im Vorstand. Das ist auf der einen Seite die Aufforderung, im eigenen Ressort mehr zu delegieren, und auf der anderen Seite, sich auch in andere Ressorts mit Fingerspitzengefühl „einzumischen". Bei Merck habe ich deshalb zum Beispiel eingeführt, dass auf Vorstandsvorlagen kein Vorstandsmitglied als Einreichender oder Sponsor stehen darf. Sobald ein Thema in den Vorstand kommt, gilt die Gesamtverantwortung.

Ein Neuer tut gut daran, zeitnah seine eigenen Routinen einzuführen. Zusammensetzung und Häufigkeit von Führungsbesprechungen, Berichtswesen und Informationsanforderungen sind zu regeln. Vorschriften gibt es dafür nicht; jeder Vorstand kann das auf seine Weise regeln. Den Rahmen geben die über Jahre im Voraus terminierten Aufsichtsrats- und Vorstandssitzungen, die Unternehmenssatzung sowie die Geschäftsordnungen von Aufsichtsrat und Vorstand vor. Als Finanzvorstand bei der Lufthansa hielt ich wöchentliche Arbeitsbesprechungen mit meiner Führungsmannschaft ab, als Vorstandsvorsitzender führte ich eher Einzelgespräche.

Ein Vorstand eines Großunternehmens hat de facto keine Möglichkeit, individuell mit allen Mitarbeitern zu kommunizieren. Vor allem zu Beginn seiner Tätigkeit sind die Möglichkeiten zur wirksamen Kommunikation mit den Mitarbeitern begrenzt. Die üblichen (und notwendigen) Antritts-Statements in Versammlungen, Videos oder anderen Internet-Messages werden erst mal mit Zurückhaltung aufgenommen. „The proof of the cake is in the eating." Dennoch muss ein Vorstand unverdrossen alle Möglichkeiten nutzen, seine zentralen Botschaften immer wieder aufs Neue zu senden.

In diesem Zusammenhang gewinnt Symbolik bei der Kommunikation an Bedeutung. Ich habe es gerade zu Beginn für wichtig gehalten, mit symbolischem Handeln auf wichtige Themen hinzuweisen. So habe ich bei Merck meine ersten Arbeitstage bei den Niederlassungen in Korea, Taiwan und Japan verbracht. Ich habe dort Kunden kontaktiert und das Gespräch mit Mitarbeitern gesucht. Damit wollte ich deutlich machen, dass der Kunde im Mittelpunkt stehen muss und dass Merck weit mehr ist als nur die Zentrale in Darmstadt. Die Botschaft kam an; sie führte sogar zu heftigen Reaktionen bei einer Betriebsversammlung in Darmstadt. Aber das Zeichen war gesetzt. Ein anderes Symbol war der Besuch der Apotheke in Darmstadt, in der das Unternehmen vor 350 Jahren seinen Anfang nahm. Ich hatte eine Zeit großer Veränderungen angekündigt.

Mit dem Besuch wollte ich demonstrieren, dass wir aber trotz aller Veränderungen unseren Wurzeln treu bleiben.

Insgesamt gilt: Ein Vorstand muss ein „Gesicht" haben und zugänglich sein. Die meisten Menschen identifizieren sich mehr mit Menschen und weniger mit strategischen Zielen und Kennzahlen.

Fazit:

- Zum Führungsverhalten gehört es, Mitglied des Führungsteams zu sein und nicht Einzelkämpfer.

- Ohne Vertrauen, Respekt und Ansehen bei den Mitarbeitern ist gute Führung nicht leistbar. Vertrauen gilt dabei in zwei Richtungen: einmal Vertrauen des Vorstandes in seine Mitarbeiter, zum anderen Vertrauen der Mannschaft in ihren Vorstand.

- Führung heißt, ein belastbares internes und externes Netzwerk aufzubauen, und zwar in guten Zeiten. In der Krise kann man ernten, was man vorher gesät hat.

- Führen heißt, die Führungsarbeit zu strukturieren. Routinen sind wichtig für die Führung einer Großorganisation.

- Führung heißt in starkem Maße auch kommunizieren. Die beste Strategie, die besten Absichten helfen nichts, wenn niemand davon weiß. Wichtig ist es, die adäquaten Wege zu finden, seine Botschaften zu verbreiten. Symbolische Handlungen können einen wichtigen Beitrag dazu leisten.

- Ein Vorstand muss für die Mitarbeiter sichtbar sein und darf sich nicht in seinem Büro „verbarrikadieren".

Was zählt? Kriterien der Amtsführung

Wer bestimmt den Weg? Werte und Aufträge

Nun ist man also Vorstand geworden. Es ist an der Zeit, sich noch einmal über die Kriterien seiner Amtsführung zu vergewissern. Was ist mein Führungsauftrag? Welche Ziele sind mir vorgegeben, welche setze ich mir? Was sind die Maßstäbe für meine Führungsleistung, und wer bewertet sie?

Mit der Übernahme von Vorstandsaufgaben übernimmt man Verantwortung. Und mit der Verantwortung geht die Verpflichtung einher, sein Handeln an Werten auszurichten.

Jedes Unternehmen hat heute Unternehmenswerte. Für mich sind Werte Begriffe, die einen ethischen Anspruch verkörpern, die spezifische Sittlichkeit symbolisieren, die Orientierung bieten. 25 Prozent Eigenkapitalrendite mag ein Ziel unternehmerischen Wirkens sein. Die Rendite ist aber kein Wert, der eine ethische Qualität hat. Gleiches gilt für die Kundenorientierung. Dringend notwendig, aber keine Leitlinie für „gutes" Verhalten.

Bei Merck haben wir nach meiner Amtsübernahme als Vorstandsvorsitzender im Jahre 2007 einen intensiven Prozess über die Neuausrichtung der Unternehmenswerte durchgeführt – einen Prozess, der ohne jede Beratung von außen ablief. Denn die Werte eines Unternehmens sind etwas, was so tief im Innersten empfunden werden muss, dass es jeder Professionalisierung durch Beratung abhold ist. Wir konnten dabei auf einer langen Tradition aufbauen; die ersten Werte wurden bereits 1842 von Emanuel Merck formuliert.

Am Ende einigten wir uns auf die folgenden Werte:

- Mut (Courage) eröffnet Zukunft,

- Leistung (Achievement) ermöglicht unseren unternehmerischen Erfolg,

- Respekt (Respect) begründet ein partnerschaftliches Miteinander,

- Verantwortung (Responsibility) bestimmt unser unternehmerisches Handeln,

- Integrität (Integrity) sichert unsere Glaubwürdigkeit,

- Transparenz (Transparency) erlaubt gegenseitiges Vertrauen.

Die Anfangsbuchstaben der englischen Bezeichnungen ergaben die „Eselsbrücke" CARRIT, was die erfolgreiche Kommunikation der Werte unterstützte.

Hinter diesen Überschriften stehen konkrete Willenserklärungen der Führung, wie sie selbst handeln will und was sie von ihren Führungskräften und Mitarbeitern erwartet.

Kritisch könnte man einwenden, das seien Allerweltswerte. Alle Unternehmen hätten mehr oder weniger dieselben Begriffe, dieselben „Floskeln", die Hochglanzprospekte füllen. Im Nachhaltigkeitsbericht von VW aus dem Jahr 2014 steht als Unternehmenswert unter anderem Verantwortung. Wie bei Merck. Da hatte aber der VW-Skandal mit der Verfälschung der Emissionswerte der VW-Diesel-Fahrzeuge gerade seinen Höhepunkt erreicht. Ist das nun ein Argument gegen Unternehmenswerte überhaupt?

Nein. Die Unternehmenswerte in unserem Land entstammen alle dem gleichen Wertekanon. Kein Wunder, dass sie teilweise austauschbar wirken. Entscheidend ist aber nicht die Hochglanzbroschüre. Entscheidend ist, wie die Werte in den Firmen gelebt werden, ob nach den Werten gehandelt wird. Auch bei BMW gehört Verantwortung zu den Unternehmenswerten. Bei BMW wurde aber keine „Schummelsoftware" für die Abgasbehandlung des Dieselmotors eingesetzt. Das ist dann gelebte Verantwortung.

Je stärker die Unternehmenswerte Teil der Gene eines Unternehmens sind, desto geringer ist auch die Gefahr von Rechtsverletzungen. Demzufolge haben wir uns seinerzeit bei Merck entschieden, die Werte unternehmensweit auszurollen. Alle Mitarbeiter weltweit sollten an den Veranstaltungen teilnehmen. Die Begeisterung dafür war überschaubar; sie hat sich aber, wie man an den Rückmeldungen erkennen konnte, gelohnt. Mein damaliger Fahrer nahm eher unwillig an einer solchen Veranstaltung teil, bekannte aber später, es habe sich für ihn gelohnt. Vor allem über das Thema Respekt habe er viel nachgedacht und es zu einer Maxime seines Handelns gemacht.

Ein Caveat muss ich aber doch noch anbringen. Ein solches Wertegerüst ist keine Garantie dafür, dass im Unternehmen nicht etwas passiert, was nicht passieren sollte.

Und es stellt auch keine absolute Antwort auf ethische Fragen dar. Die Welt ist, wie gesagt, nicht schwarz-weiß; in der Realität dominieren die Grautöne. Und unser Wertesystem ist auch nicht absolut. Ja, Unternehmer müssen Wege finden, ihr Wertegerüst in der Praxis zu leben. Aber nein, sie können und sollten sich zum Beispiel nicht aus allen Ländern zurückziehen, die ein anderes Wertegerüst haben. Einfache Antworten auf komplexe ethische Grundsatzfragen gibt es in der unternehmerischen Praxis jedenfalls nicht. Denn Unternehmer benötigen neben Werten ein gerüttelt Maß an Realitätssinn. Kann man sich als Unternehmer aus China oder Russland zurückziehen, weil die dortigen politischen Systeme nicht unseren europäischen Wertvorstellungen entsprechen? Nicht, wenn man global tätig ist, nicht, wenn man auf Vorprodukte aus diesen Ländern angewiesen ist. Nicht, wenn die Technologieführerschaft in diesen Ländern liegt, wie es zunehmend in China der Fall ist. Leichter tun sich alle, Politik, Wirtschaft, Kulturschaffende, wenn ein Land weniger Bedeutung hat; ich denke an die Fälle Südafrika zur Zeit der Apartheid oder Myanmar. Aber das kann nicht ernsthaft ein Kriterium für Investitionsentscheidungen sein.

Welchen Auftrag ein Unternehmen hat, ist Gegenstand endloser Debatten. Die der angelsächsischen Tradition verhaftete Denkschule hielt die Steigerung des Unternehmenswerts lange Zeit für das einzige Ziel unternehmerischer Tätigkeit. Diskussionen gab es hierbei allenfalls darüber, wie nachhaltig (oder langfristig) diese Wertschaffung zu erfolgen hat. Beziehungen zu Kunden, zu Mitarbeitern oder zur Gesellschaft als ganzer waren in diesem Kontext nur relevant, soweit sie der Steigerung des Unternehmenswertes (Shareholder-Value) dienen. In den letzten Jahren werden allerdings auch von Investoren aus den USA oder Großbritannien zunehmend Fragen nach Umweltbelangen, Nachhaltigkeit oder „guter Unternehmensführung" (Good Governance) gestellt. In Unternehmen, die bei diesen Themen einen gewissen Standard unterschreiten, darf dann nicht mehr investiert werden. Hat man die Barriere jedoch überwunden, regiert wieder der Shareholder Value.

Unstrittig ist, dass die Gewinnerzielung Unternehmensauftrag ist. Ein Unternehmen, das nicht profitabel ist, hat im Wirtschaftsleben nichts verloren. Ohne Gewinn (und Cashflow) kann es weder investieren noch Innovation finanzieren noch die Mitarbeiter bezahlen: In Summe, ohne Gewinn kann ein Unternehmen nicht nachhaltig wirtschaften, seine Zukunft nicht sichern. Vor jeder Diskussion darüber, welche Personen oder Institutionen Ansprüche an ein Unternehmen anmelden können (sogenannte Stakeholder), muss daher jedem klar sein: Ein Unternehmen ist dazu da, um Gewinn zu erzielen. Ist Gewinn da, kann eine Stakeholder-Diskussion geführt werden.

Für mich ist bei dieser der in Deutschland verbreitete Stakeholder-Ansatz maßgebend. Danach sind die Interessen aller direkt oder indirekt am Unternehmen Beteiligten zu berücksichtigen, also neben denen der Eigentümer die der Mitarbeiter oder der Gesellschaft. Ich neige dazu, auch das vor allem in der Betriebswirtschaft umstrittene Unternehmensinteresse als eigene Kategorie anzuerkennen, räume aber zugleich ein, dass ein solches nur schwer verbindlich definiert und als Auftrag formuliert werden kann.

Die wichtigsten Stakeholder für ein Unternehmen sind die Kunden, die Eigentümer, die Mitarbeiter, die Gesellschaft und der Staat.

Ich beginne bei den Stakeholdern mit den wichtigsten für ein Unternehmen, den Kunden. Unternehmen existieren für Kunden. Deren Bereitschaft, die Produkte eines Unternehmens zu kaufen, ist die einzige Daseinsberechtigung für ein Unternehmen. Die Kosten einer Unternehmung einschließlich der Kosten der Mitarbeiter werden von den Kunden getragen. Und auch die Steuern zahlen letztlich die Kunden. Wenn es bei Unternehmen also heißt, der Kunde steht im Mittelpunkt, ist dies nicht eine Leerformel, sondern die Erinnerung daran, wer ein Unternehmen am Leben erhält. Demzufolge ist Kundenorientierung nicht nur eine Aufgabe von Funktionen wie Vertrieb, Marketing oder Anwendungstechnik. Die Sicherstellung der Kundenorientierung ist elementare Führungsaufgabe des Vorstandes. Der Vorstandsvorsitzende ist immer auch der erste Verkäufer seiner Produkte.

Ein Unternehmen auf Kundenwünsche auszurichten, ist eine enorm schwierige Führungsaufgabe. Kundenwünsche sind aufzunehmen und zu verstehen. Kunden sind aber alles andere als eine gleichförmige Gruppe von Menschen. Nehmen wir einen Geschäftsreisenden in einem Flugzeug nach New York. Der eine möchte seine Zeit am Flughafen minimieren. Der zweite benötigt Arbeitsatmosphäre an Bord, der dritte extralange Sitze, der vierte veganes Essen. Der fünfte reist mit Lufthansa wegen des Filmprogramms, der sechste wegen der Abflug- und Ankunftszeiten, der siebte wegen der Umsteigeverbindungen. Ein anderer schaut auf die verfügbaren Online-Tools oder auf sein Meilenkonto. Aus all diesen unterschiedlichen Anforderungen ein einheitliches Kundenprofil zu entwickeln ist unmöglich. Umgekehrt kann aber auch nicht zu sehr individualisiert werden, weil sonst keine Skaleneffekte möglich werden, die überhaupt erst die Wirtschaftlichkeit erlauben. Zwischen der aus Kundensicht erforderlichen individuellen Betreuung und der Skalierbarkeit ist eine Balance zu finden – eine enorm schwierige Führungsaufgabe.

Nehmen wir Merck als ein weiteres Beispiel. Da gibt es industrielle Großkunden wie Samsung oder LG für Materialien für Bildschirme aller Art, mittelständische Labore für Materialien und Geräte, Ärzte und Kliniken für Pharmazeutika sowie Apotheken und Verbraucher für frei verkäufliche Medizinprodukte. Diese Ausdifferenzierung der Kunden in einer Firma zeigt schon, dass Kundenorientierung keine Einheitslösung verträgt. Während es selbstverständlich ist, dass ein Vorstand die Großkunden persönlich aufsucht, ist das bei den Ärzten schon gar nicht mehr möglich.

Diese wenigen Beispiele mögen genügen, um die Komplexität der Führungsaufgabe bei der Orientierung einer ganzen Organisation an Kundenwünschen zu verdeutlichen. Etwas abstrakter gesprochen besteht die Führungsaufgabe vor allem darin, Strukturen, Prozesse und Fähigkeiten der Organisation an der Erfüllung der Kundenwünsche auszurichten. Es muss alles qualitativ so gut sein, dass der Kunde kontinuierlich „Aha-Erlebnisse" hat. Führung heißt, diese Qualitäten fortlaufend zu überprüfen. Ändern sich Märkte oder Kundenanforderungen, müssen auch die Strukturen, Prozesse und Fähigkeiten angepasst werden. Wer als Vorstand nicht ganz eng den Markt verfolgt, kann seiner Führungsaufgabe nicht wirklich gerecht werden.

Die Eigentümerinteressen werden bei Aktiengesellschaften von Aktionären vertreten. Sie wählen in der Hauptversammlung den Aufsichtsrat, der wiederum den Vorstand ernennt. Sie entlasten Aufsichtsrat und Vorstand (oder auch nicht) und treffen Entscheidungen über wichtige Fragen, zum Beispiel über die Dividende oder die Kapitalia eines Unternehmens. Und wenn ihnen das Unternehmen nicht mehr gefällt, verkaufen sie ihre Aktien und legen das Geld woanders an.

Was hier so einfach klingt, ist in der Wirklichkeit viel komplizierter. Und die Kompliziertheit wächst jedes Jahr weiter. Der frühere Wirtschaftsminister Otto Graf Lambsdorff sagte mir einmal, das Schmerzensgeld dafür, mit Aktionären zu diskutieren und eine Hauptversammlung zu ertragen, sei in der Vorstandsvergütung enthalten. Bei der heutigen Ausdifferenzierung der Aktionäre und der stärkeren Relevanz von Hauptversammlungsbeschlüssen würde er diesen Satz wahrscheinlich heute noch stärker pointieren.

Aktionäre sind keine einheitliche Gruppe. Es gibt langfristig handelnde Pensionsfonds und kurzfristig orientierte Hedgefonds, Privataktionäre und professionelle Anleger, Aktivisten und Familienaktionäre. Und von all denen gibt es wieder Untergruppierungen. Es ist eine wichtige und anspruchsvolle Führungsaufgabe, mit all diesen so unterschiedlichen Aktionärsgruppen zu kommunizieren und die unternehmerische Ausrichtung des Unternehmens zu begründen und gegebenenfalls zu verteidigen. Jedes Großunternehmen hat inzwischen seine eigene Abteilung dafür (Investor Relations). Da aber Aktionäre als Eigentümer einen Anspruch darauf haben, mit den höchsten Entscheidungsträgern zu kommunizieren, sind Vorstand und (allerdings in deutlich geringerem Maße) Aufsichtsrat regelmäßig selbst gefordert. Ich erinnere mich noch gut an eine intensive Diskussion mit einem Großaktionär der Lufthansa Anfang 2020, der sich darüber beklagte, die Kapitalstruktur sei nicht optimal: Lufthansa habe zu viel Liquidität und ein zu hohes Eigenkapital. Das Unternehmen solle mehr Flugzeuge leasen, die Verschuldung erhöhen und das so gewonnene Geld an die Aktionäre ausschütten. Nach Ausbruch der Coronakrise nur wenige Wochen später klang das plötzlich ganz anders. Als verantwortlicher Unternehmensführer muss man auch so manches Mal Aktionärswünschen widerstehen.

Pfiffige Unternehmer versuchen immer wieder, sich in bestehende Wertschöpfungs- und Informationsketten einzuklinken, wenn diese nicht optimal laufen, und daraus als Intermediäre eigene Geschäftsmodelle zu entwickeln. Alle kennen das aus dem täglichen Leben: Reiseportale bündeln Angebote von Reiseunternehmen, Fluglinien oder Hotels und etablieren sich als neue Vertriebskanäle. Dasselbe passiert im Finanzbereich. In Deutschland sind die Vertreter der Kleinaktionäre zu nennen, aus den USA schwappt die Welle der sogenannten Proxy Advisors über den Atlantik, das gleiche Geschäftsmodell in groß. Sie sprechen für die Aktionäre, die sie mandatieren, verdienen daran und vertreten zusätzlich auch eigene Interessen. Diese Aufgabenteilung entlastet die Aktionäre, belastet aber die Unternehmen.

In der Praxis besonders problematisch ist, dass Proxy Advisors wie auch große Investoren unterschiedliche Erwartungen an die Unternehmen formulieren. Und viele dieser Erwartungen weichen wiederum von den gesetzlichen Standards, wie zum Beispiel dem Deutschen Corporate Governance Kodex (DCGK), ab. Als Beispiel mögen hier die Regeln für das sogenannte Overboarding dienen. Diese Regeln sollen die Anhäufung zu vieler Mandate bei Aufsichtsräten verhindern. Der DCGK sieht eine Beschränkung der Mandate auf fünf vor, dabei zählt der Aufsichtsratsvorsitz doppelt. Der größte Proxy Advisor, ISS, genehmigt hingegen nur vier. Und der weltgrößte Kapitalanleger, die amerikanische Firma BlackRock, lässt ebenfalls nur vier durchgehen. Ähnlich unterschiedliche Anforderungen bestehen in vielen Feldern, seien es Vergütung des Vorstandes, Schaffung von Kapitalia u. v. m. Dieses Stimmengewirr der Kapitalanleger richtig auszubalancieren ist für Vorstände eine Herausforderung.

Da mir kein Großunternehmen bekannt ist, das nur mit Eigenkapital finanziert ist, spielen auch die Gläubiger eine große Rolle. Hier existiert eine ähnlich große Vielfalt wie bei den Aktionären. Es gibt den Kapital- und den Bankenmarkt, langfristige und kurzfristige Anleger. Und auch hier gibt es Intermediäre. Öffentlich bekannt geworden sind in den Krisen der letzten Jahre die großen Ratingagenturen. Auch diese Stakeholder erfordern große Aufmerksamkeit seitens des Vorstandes. Auch hier ist intensive Kommunikation ebenso erforderlich wie Beziehungsmanagement. In Zeiten wie nach den Krisen von 9/11 oder Corona ist der Fortbestand von Finanzierungen nur möglich, wenn diese Beziehungen über Jahre glaubwürdig gepflegt wurden. In der Krise selbst lässt sich das nicht mehr nachholen.

Offensichtlich sind Unternehmen ohne Mitarbeiter nicht denkbar; logischerweise bilden sie eine bedeutsame Stakeholder-Gruppe. Aber auch hier ist eine enorme Ausdifferenzierung der zunächst so einheitlich erscheinenden Gruppe zu konstatieren. In internationalen Unternehmen sind zunächst unterschiedliche Mitarbeiterinteressen in den einzelnen Ländern festzuhalten, unterschiedliche rechtliche Rahmenbedingungen und unterschiedliche Modelle für Führung und Mitarbeiterbeteiligung. Ich habe das intensiv während meiner fünf Jahre in Japan und später in Italien erlebt. Oder auch jetzt im Aufsichtsrat von E.ON, wo aufgrund der Rechtsform der SE bis zum Brexit Vertreter aus fünf verschiedenen Ländern die Arbeitnehmerseite repräsentierten – mit durchaus unterschiedlichen Interessen. In den Aufsichtsräten der deutschen Aktiengesellschaften repräsentieren die Arbeitnehmervertreter zumeist nur die deutsche Belegschaft.

Die nächste Ausdifferenzierung findet entlang der Hierarchiestufen statt. Führungskräfte, leitende Angestellte und Mitarbeiter sind unterschiedliche Gruppen, die aber auch in sich wieder inhomogen sind: Alter, Firmenzugehörigkeit, Kenntnisse der Digitalisierung bilden Bruchstellen. Typischerweise gibt es auch Bruchstellen zwischen den Hauptquartieren und den Außenstellen, zwischen den Realitäten in der Fabrik und im Büro. Die Ausdifferenzierung erfolgt auch entlang von Berufsgruppen. Im Extremfall wie bei der Lufthansa führt das zu drei unterschiedlichen Gewerkschaften mit wieder eigenen Partikularinteressen (Verdi, Vereinigung Cockpit und UFO), die sich auch untereinander nicht immer grün sind.

Ein weiteres Element der Ausdifferenzierung stellt die Ausprägung der Mitbestimmung in Deutschland dar, auf betrieblicher und auf Unternehmensebene. Auch hier gibt es die unterschiedlichsten Welten: starke und schwache Betriebsräte, eine Gewerkschaft oder drei (wie bei Lufthansa). Sowohl die Machtverhältnisse zwischen Betriebsräten und Gewerkschaft als auch das Verhältnis zwischen konkurrierenden Gewerkschaften untereinander haben erheblichen Einfluss auf die Unternehmenskultur und die Entscheidungsprozesse im Unternehmen. Eine wesentliche Führungsaufgabe des Vorstandes ist es, das Unternehmen unter den jeweiligen Rahmenbedingungen der betrieblichen Mitbestimmung und der auf der Unternehmensebene weiterzuentwickeln. Erforderlich dafür sind gegenseitige Akzeptanz, Verständnis der jeweiligen Rollen, Ausrichtung der Arbeit am Unternehmensinteresse und dem der Mitarbeiter sowie Fähigkeit zum Kompromiss. Diese Voraussetzungen sind nicht immer gegeben. Das kann an einzelnen Personen liegen, aber auch an der Unternehmenskultur. Etwas an diesen Problemen zu ändern erfordert neben gutem Willen sehr viel Zeit und Geduld.

Aufträge der Gesellschaft und der Politik können in vielfacher Form Einfluss auf das Unternehmen haben. Solche Aufträge gab es historisch immer wieder, man denke nur an die Kriegswirtschaft im Nationalsozialismus. Heute haben ethische Investments große Konjunktur. Diese haben übrigens eine unerwartet lange Geschichte. Bereits im 17. Jahrhundert haben sich die Quäker mit dem Thema befasst. Der erste ethische Investmentfonds wurde 1928 in den USA vom Vermögensverwalter Pioneer aufgelegt.

Ethische Investments werden heute vor allem unter dem Begriff ESG zusammengefasst. ESG steht für Environment (Umwelt), Social (Soziales) und Governance (Aufsichtsstrukturen und Rechtmäßigkeit des Unternehmenshandelns). Diese Oberbegriffe sind mit detaillierten Inhalten gefüllt. Die Einhaltung der ESG-Prinzipien bei Unternehmen wird wiederum von Ratingagenturen gemessen. Und da sich hier wieder ein neues Geschäftsmodell für Berater entwickelt hat, gibt es zurzeit einen Überfluss an Ratinganbietern und Ratingmodellen. Wie beim Rating der Finanzschulden wird sich über die Jahre auch dieser Markt konsolidieren; am Ende wird auch hier ein Oligopol stehen.

ESG ist zunächst einmal eine Anforderung, die Teile der Gesellschaft und zunehmend auch die Politik an die Unternehmen stellen. Von großer Bedeutung sind dabei das Pariser Abkommen und die daraus abgeleiteten Klimaprogramme der EU. Denn die Industriestaaten haben sich darin dazu verpflichtet, dass die Finanzmärkte so umgestaltet werden, dass sie der Einhaltung von Klimazielen dienen. Der dazu entwickelte Prozess der EU trägt die Bezeichnung EU-Taxonomy. Dazu kommen Anforderungen von Einzelstaaten, die nicht aufeinander abgestimmt sind. Und weiter melden sich zunehmend immer mehr große Investoren mit eigenen Anforderungen.

Nehmen wir das Beispiel der Lufthansa. Substanzielle CO_2-Einsparungen lassen sich auf mannigfache Weise erzielen. Den kurzfristig größten Beitrag dürfte eine Neuregelung des europäischen Flugraums liefern, mit der Flugzeiten substanziell verkürzt und der Kerosinverbrauch deutlich verringert werden könnten. Aus politischen Gründen kommt das aber nicht so recht voran. Mittelfristig wichtig sind Investitionen in neue Flugzeuge mit geringerem Kerosinverbrauch; allerdings sind die Investitionsmittel der Fluggesellschaften infolge der Coronakrise deutlich geschmolzen. Den alles entscheidenden Beitrag würden allerdings Fortschritte bei der Ersetzung von Kerosin als einzigem Treibstoff leisten. Eine Fluggesellschaft allein kann das nicht stemmen. Große Konsortien, die das leisten könnten, sind aber noch nicht in Sicht. In Zeiten der Nachhaltigkeitsdiskussionen eine Fluggesellschaft durch diese schwierige Konstellation zu steuern ist eine wirklich herausfordernde Führungsaufgabe.

Gesellschaftspolitische Aufgaben von Unternehmen enden aber nicht schon dort, wo die Geschäftsinteressen zu Ende sind. Das gilt für den Handwerksbetrieb auf Gemeindeebene genauso wie für global tätige Unternehmen. Dass zum Beispiel in der Werksküche von Merck täglich ein großer Topf Suppe für die Darmstädter Tafel gekocht wird, ist vielleicht aus buchhalterischer Sicht ein kleiner, für die betroffenen Menschen aber ein wichtiger Beitrag für ein elementares Menschenrecht: Niemand soll hungern müssen. Das andere Ende der Skala von Mercks Verantwortung für die Gesellschaft bildet ein großes Programm gegen eine Wurmerkrankung. Bilharziose ist eine Tropenkrankheit, an der 240 Millionen Menschen leiden und an deren Folgen jährlich mehr als 200 000 Erkrankte sterben. Merck hat sich 2007 zum Ziel gesetzt, dazu beizutragen, die Krankheit auszurotten. Seitdem wurden mehr als eine Milliarde Tabletten des Wirkstoffs Praziquantel bei Merck produziert und an die Weltgesundheitsorganisation WHO gespendet, vornehmlich zur Behandlung von Schulkindern in Ländern südlich der Sahara. Mit dieser Spende ist es aber noch lange nicht getan. Es bedarf der intensiven Zusammenarbeit mit der WHO, den Gesundheitssystemen in den betroffenen Ländern, Ärzten, Lehrern oder Logistikanbietern. Merck leistet damit einen substanziellen Beitrag zu einem der 17 Nachhaltigkeitsziele (Sustainable Development Goals) der Vereinten Nationen: dem Zugang von Menschen zu guter medizinischer Versorgung.

Auch die gesellschaftlichen „Metadiskurse" wandeln sich. In Europa treten im öffentlichen Diskurs Themen wie Wohlstandssicherung oder Wachstum zunehmend in den Hintergrund. Stattdessen wird vermehrt die Frage nach dem Sinn des Wirtschaftens gestellt. Früher war die Legalität des unternehmerischen Handelns in der Öffentlichkeit entscheidend, heute wird zunehmend die Frage nach der Legitimität gestellt. Die Lufthansa veröffentlichte im Zuge der Diskussionen um die Staatsunterstützung während der Coronakrise alle Informationen, die ihr unternehmerisches Engagement in sogenannten Steueroasen betrafen. Im Wesentlichen handelte es sich dabei um operative Einheiten der Catering-Gesellschaft LSG Sky Chefs. Einige Politiker forderten daraufhin, auch Informationen über Aktivitäten in anderen Ländern zu geben, die zwar keine Steueroasen seien, aber deutlich niedrigere Steuersätze als Deutschland hätten. An diesem Beispiel zeigt sich, dass die Forderung nach einer Legitimität unternehmerischen Handelns die herkömmlichen (juristischen) Leitplanken überschreitet und mit moralischen Kategorien versucht wird, auf unternehmerisches Handeln Einfluss zu gewinnen. Vorstände müssen lernen, mit diesen Herausforderungen umzugehen. Wegducken wird nicht funktionieren, ebenso wenig Beharren auf der Legalität des eigenen Handelns. Ich habe heute zwar kein Patentrezept, wie damit umzugehen ist; entscheidend ist aber für mich die am Beginn dieses Kapitels angeführte Werteorientierung unternehmerischen Handelns. Was durch die Unternehmenswerte gedeckt ist, ist prima facie auch legitim.

Führung in solchen gesellschaftlichen Konfliktfällen wird ein immer größeres Führungsthema für Manager. Sie müssen dann in einem Umfeld handeln, in dem sie nicht sozialisiert wurden und in dem andere Regeln gelten. Dies gilt es aber in die Führungsausbildung zu integrieren. Denn diese Art der Konfliktaustragung wird nicht verschwinden, im Gegenteil, sie wird zunehmen.

Ein weiterer Stakeholder, den es zu erwähnen gilt, ist der Staat. Denn neben seiner Rolle als Gesetzgeber und Verwalter tritt er auch als Stakeholder auf. Zum Beispiel mit Wünschen: Rücktransporte deutscher Urlauber in der Coronakrise, Schaffung von Arbeitsplätzen, Forschung und Produktion zur Erreichung gesundheitspolitischer Ziele zu Hause u. v. a.

Besonders bedeutsam ist die Rolle des Staates als Stakeholder im Heimatland eines Unternehmens. Denn Unternehmen haben eine Heimat, in der sie fest verwurzelt sind, die sie kulturell, geografisch und auch ordnungspolitisch prägt (siehe dazu Karl-Ludwig Kley, „Heimat statt Beliebigkeit"). Ich gehe noch weiter: Heimatbezug ist gerade in der globalisierten Welt ein Markenzeichen. Der Nimbus von Apple beruht auch auf seiner Herkunft aus dem Silicon Valley, BMW wirbt in der Welt mit seinem Münchner Vierzylinder-

Gebäude, Lufthansa steht in den Augen vieler für Qualität, Sicherheit und Zuverlässigkeit, alles Werte, die auch Deutschland zugeschrieben werden. Unternehmen sind daher nach meiner Auffassung auch dazu verpflichtet, sich für das Heimatland besonders zu engagieren. Im Einzelfall ist aber die Abwägung so manches Mal sehr schwierig. Baut man eine Fabrik in Deutschland zur Absicherung von Arbeitsplätzen hier, wenn der Markt ausschließlich in Asien liegt und die teuren deutschen Energiekosten den Export fast prohibitiv teuer machen? In diesem Beitrag kann die Frage nicht abschließend beantwortet werden; sie stellt sich aber für alle Unternehmen in mannigfacher Form. Heimatverbundenheit und Realitätssinn müssen Hand in Hand gehen.

Dem Stakeholder-Interesse dürften in Deutschland die meisten Unternehmen verpflichtet sein. Wie die Interessen der einzelnen Stakeholder aber untereinander gewichtet werden, hängt von den Zielen des jeweiligen Unternehmens, der Unternehmenskultur und den Machtverhältnissen ab. Für den Vorstand ist dies oft eine sehr schwierige Entscheidung. Denn wie eben gezeigt wurde, sind Stakeholder-Interessen alles andere als homogen.

Schließlich ist noch auf Folgendes hinzuweisen: Unter die einzelnen Stakeholder-Interessen wird Unterschiedlichstes subsumiert. Für die einen sind Betriebsräte an sich Ausdruck maximaler Mitarbeiterorientierung, für die anderen notwendiges Übel. Für die einen sind Investoren Heuschrecken, für die anderen Maßstab. Für die einen ist der Klimawandel die alles überragende Fragestellung, für andere ein Thema von mehreren. Die absolute Wahrheit gibt es auch hier wieder nicht; erneut bewegen wir uns in verschiedenen „shades of grey".

Für jedes Unternehmen ergibt sich daher eine in Schattierungen unterschiedliche Definition des Stakeholder-Ansatzes und des konkreten Unternehmens- und damit des Führungsauftrages. Klar geworden ist aber hoffentlich die überragende Bedeutung des Stakeholder-Managements als Teil der Führungsaufgabe des Vorstandes.

Fazit:

- Führung muss immer wertegeleitet sein. Wertfreies Unternehmertum entspricht nicht meiner Haltung und ist auch nicht nachhaltig.

- Die Werteidee darf aber nicht moralisch überhöht werden. Unternehmen existieren nicht in einer Traumwelt. Auch wertegeleitete Führung muss immer realitätsnah erfolgen.

- Mein Führungsmodell orientiert sich am Stakeholder-Modell. Allerdings muss immer klar sein: Ohne Gewinnorientierung kann kein Stakeholder-Modell gelebt werden. Führungsaufgabe ist es zunächst einmal, Gewinn zu erzielen, um Stakeholder-Management zu ermöglichen.

- Stakeholder-Management ist nie widerspruchsfrei und bedarf daher klarer Zielsetzungen und starker Prioritätensetzung.

- Die wichtigsten Stakeholder eines Unternehmens sind die Kunden. Die Ausrichtung des Unternehmens auf die Kundeninteressen ist daher die wichtigste Führungsaufgabe im Rahmen des Stakeholder-Managements.

- Stakeholder-Management ist eine enorm komplexe und zeitaufwendige Führungsaufgabe. Die Ansprüche an Stakeholder-Management ändern sich kontinuierlich. Zurzeit finden die größten Veränderungen im Bereich der ESG statt. Sie erfordern eine höhere Sensibilität für gesellschaftliche Veränderungen und bessere Kommunikationsfähigkeiten aufseiten der Vorstände.

Strategieprozesse – Ziele planen und umsetzen

Die eben beschriebenen Aufträge bilden den Rahmen für die Ziele des Vorstandes. Diese Ziele werden im Leitbild konkretisiert; ihre beabsichtigte Umsetzung wird in der Unternehmensstrategie beschrieben.

Der Strategieprozess ist meiner Auffassung nach *der* Schlüsselprozess der Unternehmenssteuerung. In der Praxis wird alle drei bis fünf Jahre ein neuer Prozess aufgesetzt; in den Zwischenjahren wird die bestehende Strategie lediglich fortgeschrieben. Natürlich überlebt kein Plan die erste Feindberührung (Helmuth Graf von Moltke). Aber der Zufall begünstigt eben den vorbereiteten Geist (Louis Pasteur).

Das Leitbild zeigt den Platz und die Identität des Unternehmens in der Zukunft auf. Und zwar so, dass es für die Mitarbeiter und alle anderen Stakeholder sinngebend und vielversprechend ist. Dabei steht das „Warum" im Vordergrund und weniger das „Was" oder „Wie". Ein typisches „warumloses" Leitbild ist etwa: „Wir wollen ein führender, profitabler Wettbewerber in unseren Kernmärkten sein." Dieser Anspruch mag betriebswirtschaftlich gut begründet sein. Er berührt aber keinen Mitarbeiter, erzeugt bei Investoren keinerlei Fantasie und spricht auch keine der großen Herausforderungen an, denen wir heute gegenüberstehen. „Fortschritt lebt von neugierigen Köpfen", heißt es bei Merck. Und bei Bayer: „Science for a better life". E.ON definiert seine Mission wie folgt: „Together, we're shaping the energy world of the future." Das sind mehr als Slogans. Mit solchen Leitbildern wird das strategische Spielfeld eines Unternehmens abgesteckt – mit direkter Wirkung auf Geschäfte und Organisation. Vor dem Hintergrund von Digitalisierung, Nachhaltigkeit und Generationenwandel ist die regelmäßige Neubewertung der Rolle des Unternehmens im Kontext des gesamten Ökosystems von enormer Bedeutung. Denn für ein Schiff, das seinen Hafen nicht kennt, weht kein Wind günstig (Seneca).

Strategien enthalten daher Szenarien und Annahmen über die allgemeine wirtschaftliche und technologische Entwicklung. Sie beschreiben die gewünschte Aufstellung des Unternehmens, die unternehmerische Ambition, das Geschäftsportfolio, Ziele bei Technologie und Innovation, Ziele im Markt und im Wettbewerb. Immer bedeutsamer sind in den letzten Jahren Nachhaltigkeitsziele geworden, insbesondere Umwelt- und Klimaziele, nicht nur im eigenen Unternehmen, sondern auch in der Liefer- und Leistungskette.

Der Strategieprozess wird vom Vorstand geführt und verantwortet. Das Ergebnis wird dem Aufsichtsrat zur Genehmigung vorgelegt. In der Praxis ist der Aufsichtsrat in die Erarbeitung der Strategie kontinuierlich eingeschaltet. Die verabschiedete Strategie ist dann Maßstab des unternehmerischen Handelns.

In der Regel wird die Strategie mit einem langfristigen Plan verknüpft. Dieser mehrjährige Plan beinhaltet den Finanzplan (Umsatz- und Ergebnisziele, Investitions- und Kostenplanungen), die Forschungs- und Entwicklungsplanung, Infrastrukturplanungen sowie die Personalplanung. Der Plan wird auf Funktionen und oft auch auf Regionen heruntergebrochen. Diese langfristigen Planungen werden im jährlichen Budget präzisiert und damit für das jeweilige Folgejahr für die ganze Organisation verbindlich gemacht. Langfristiger Finanzplan und Budget sind auch die Basis für die Diskussion mit Investoren, Finanzanalysten, Kreditgebern und Ratingagenturen. Beide Dokumente haben einen hohen Verbindlichkeitsgrad im und für das Unternehmen.

Die Erstellung dieser Dokumente ist ein komplexer Prozess, an dem viele Führungskräfte und Mitarbeiter beteiligt sind und der sich über mehrere Monate hinzieht. Es handelt sich um eine sehr anspruchsvolle Führungsaufgabe für den Vorstand. Er muss selbst Chancen und Risiken abwägen, ambitionierte und zugleich realistische Vorgaben setzen, datenbasierte Informationen analysieren und mit unternehmerischer Erfahrung (manche sagen Intuition) bewerten. Dabei gilt es auch, die unterschiedlichen Interessen und Auffassungen innerhalb des Unternehmens zu moderieren bzw. einer Entscheidung zuzuführen. Denn ein Unternehmen ist kein monolithischer Block. Jeder Bereich hat eigene Schwerpunkte und eigene Interessen. In der Regel entzündet sich die interne Diskussion an der Zuteilung der Ressourcen. Wird mehr Geld in die Entwicklung oder in die Produktion gesteckt? Erhält der Rechtsbereich angesichts gestiegener Rechtsrisiken mehr Mitarbeiter oder die Qualitätskontrolle? Der Streitpunkte sind unendlich viele. Es bedarf der klaren Entscheidung und Führung durch den Vorstand.

Und schließlich ist der Plan im Unternehmen zu kommunizieren. Der Vorstand kann die Umsetzung zwar anordnen und kontrollieren. Die Umsetzung selbst muss aber im Unternehmen erfolgen. Sie wird auf Dauer nur gelingen, wenn Führungskräfte und Belegschaft dahinterstehen.

In Strategie, Finanzplanung und Budget hat der Vorstand den wesentlichen Teil seiner Ziele definiert. Es handelt sich um kollektiv verfasste Dokumente. Jedes Vorstandsmitglied hat im Prozess genügend Gelegenheit, auch seine Ressortziele einzubringen und zu Gesamtzielen zu machen. Er muss sich halt durch die Kraft seiner Argumente durchsetzen. Natürlich gibt es neben Sachargumenten auch Diskussionen, die von persönlichen Interessen überlagert werden. Da sind Unternehmen nicht anders als jede andere menschliche Gemeinschaft. Da Unternehmen aber keine demokratischen Veranstaltungen, sondern hierarchisch aufgebaute Zweckorganisationen sind, lassen sich Diskussionen zügiger beenden und Entscheidungen schneller treffen als in anderen Organisationen. Wichtig ist aber, dass die Entscheidungen dann auch zügig und entschlossen umgesetzt werden. Viele Unternehmenskulturen kranken daran, dass Entscheidungen nachträglich weiter diskutiert oder gar konterkariert werden – durchaus auch von Vorständen selbst, die die Gesamtverantwortung nicht immer leben. Eine Hauptaufgabe guter Führung ist, das nicht zuzulassen.

Jedes Vorstandsmitglied hat in dem durch die Strategie gesetzten Rahmen auch eigene Ressortziele. Dazu gehören für mich immer Nachfolgeplanung und Talententwicklung auf Ressortebene. Im Regelfall reden bei den Ressortzielen die Kollegen dem anderen nicht viel rein; bei Zielverfehlungen, die das Gesamte betreffen, kann sich das allerdings schnell ändern.

Die Vorstandsziele (kollektiv und individuell) werden in jedem Jahr vom Aufsichtsrat mit den Vorstandsmitgliedern vereinbart. Dabei besteht die Zielvereinbarung aus zwei Komponenten: einmal aus den Zielen für das kommende Jahr, zum anderen aus langfristigen Zielen, in der Regel für drei oder vier Jahre. Alle Ziele werden messbar ausgestaltet. Bei finanziellen Zielen ist das von der Natur der Sache her sowieso nicht anders möglich. Aber auch bei nichtfinanziellen Zielen wird auf die Messbarkeit der Ziele geachtet. Bei Umweltzielen zum Beispiel auf die CO_2-Reduzierung, bei Governance-Zielen auf die Anzahl und den Erfolg der Compliance-Schulungen usw. Auch hier führt der Aufsichtsratsvorsitzende den Prozess und schaltet zu gegebener Zeit das Präsidium ein und schließlich den Aufsichtsrat zur Beschlussfassung.

Während früher die Vorstandsziele „Verschlusssache" blieben, werden sie heute auf Druck der Investoren zunehmend publiziert, zumeist ex post, vereinzelt auch schon ex ante. Dies ist nicht unproblematisch. Denn mit der Veröffentlichung von Zielen besteht das Risiko, dass wettbewerbsrelevante Informationen veröffentlicht werden. Um das zu vermeiden, hat sich in den letzten Jahren viel Kreativität bei der Zielformulierung breitgemacht. Viel Mehrwert bringt diese Transparenz daher letztlich für die Anleger nicht.

Wichtiger als diese externe Darstellung ist es, die strategischen Ziele im Unternehmen ausführlich zu kommunizieren und für sie zu werben. Denn wie gesagt: Die Umsetzung jeder Strategie wird auf Dauer nur gelingen, wenn Führungskräfte und Belegschaft voll dahinterstehen. Man kann gar nicht zu viel kommunizieren, auch wenn einem die eigene Redundanz manchmal auf die Nerven geht.

Nur die fortwährende Wiederholung der Botschaften wird den Erfolg bringen. Und natürlich, dass die Umsetzung den propagierten Zielen entspricht.

Ich habe immer auf der Ausformulierung der Strategie bestanden. Gegenüber der üblichen Powerpoint-Verchartung zwingt diese zu mehr Stringenz und Gedankenschärfe. Folien hingegen lassen oft sehr verschiedene Interpretationen zu, so dass die Gefahr besteht, dass daraus auch unterschiedliche Strategien abgeleitet werden.

Eine so ausformulierte und kommunizierte Strategie diszipliniert. Sie bewahrt einen davor, zu schnell auf Opportunitäten zu springen und kurzfristige Entscheidungen zu treffen, die das langfristige Ziel gefährden könnten.

Nehmen wir als Beispiel Merck: Im Jahr 2009 haben wir beschlossen, einen dritten eigenständigen Geschäftsbereich „Life Sciences" einzurichten. Dies konnte nur über die Akquisition zweier Wettbewerber erfolgen, die wir 2010 und 2014 angingen. Über Akquisitionspläne sollte man tunlichst niemand außerhalb des Unternehmens informieren. Als wir daher die erste Akquisition der Firma Millipore im Jahr 2010 realisierten, konnten wir die weiteren Pläne nicht bekannt geben. Also wurde vor allem extern gerätselt, warum wir diese Akquisition (Millipore) getätigt hatten und wie es weitergehen sollte. Erst 2014 mit der Akquisition von Sigma Aldrich löste sich das Rätsel auf, die vorherige Akquisition von Millipore gewann ihre Sinnhaftigkeit. Diese Übergangzeit war nicht einfach zu führen. Denn in dieser Zwischenzeit wären auch andere Entscheidungen möglich gewesen. Der Führung war aber bewusst, dass wir noch finanzielle Ressourcen für den Ausbau des „Life-Sciences"-Geschäfts brauchten. Viele Ressourcenanforderungen für andere Aktivitäten wurden deshalb abgelehnt.

Immens wichtig sind schließlich die Kontrolle der Umsetzung der Strategie sowie die Erfolgskontrolle, ob die angestrebten Ziele auch wirklich erreicht wurden. Dies gilt insbesondere bei Unternehmenskäufen und Investitionen. Einmal, um gegebenenfalls nachzujustieren, zum anderen, um bei eventueller Zielverfehlung für künftige Entscheidungen zu lernen.

Fazit:

- Im Leitbild- und Strategieprozess werden die Aufträge eines Unternehmens/Vorstandes in Ziele umgesetzt. Der Strategieprozess ist eine der bedeutsamsten Führungsaufgaben eines Vorstandes. Er ist für die nächsten Jahre verbindlich und diszipliniert das Unternehmen.

- Führung heißt in diesem Zusammenhang einerseits, das große Ganze zu sehen, die richtigen Prioritäten für die Unternehmensentwicklung zu setzen und die notwendigen Ressourcen bereitzustellen. Andererseits heißt Führung, den Entscheidungsprozess im Unternehmen zu moderieren und die Belegschaft auf dem Weg mitzunehmen. Führung wird nur mit einer motivierten Belegschaft zum Erfolg kommen.

- Führung heißt, die verabschiedete Strategie umzusetzen. Mit langem Atem und notfalls gegen Widerstände von Stakeholdern.

Feedback – Die Bewertung im Unternehmen

Intern wird die Zielerreichung des Vorstandes in erster Linie durch den Aufsichtsrat bewertet. Außerdem befasst sich die Hauptversammlung mit der Bewertung der Vorstandsarbeit. Neben diesen „offiziellen" Bewertungen findet natürlich eine kontinuierliche Bewertung der Vorstandsarbeit durch die Belegschaft statt.

Die Leistungsbewertung des Aufsichtsrats richtet sich in erster Linie nach der Erfüllung der im vorigen Kapitel erläuterten Ziele des Vorstandes. Diese Bewertung ist maßgebend für die Höhe der variablen Bestandteile der Vergütung des Vorstandes. Bewertet werden dabei sowohl die Jahresziele (für den Bonus) als auch die langfristigen Ziele (für die mehrjährige Vergütung). Die variablen Vergütungsbestandteile sind deutlich höher als das Grundgehalt, um sicherzustellen, dass Vorstände nach Zielerreichung bezahlt werden. Der Teil, der für die langfristige (und damit nachhaltige) Zielerreichung gezahlt wird, liegt wiederum deutlich höher als der Anteil des Bonus, um nicht den Anreiz für kurzfristige Optimierungen zulasten der Zukunft zu erhöhen.

Früher hatte der Aufsichtsrat bei der Leistungsbewertung des Vorstandes einen beträchtlichen Ermessensspielraum. Dieser ist unter dem Einfluss angelsächsischer Investoren immer mehr geschrumpft. Inzwischen ist die für die variable Vergütung relevante Bewertung gutteils zu einer quasimathematischen Rechenübung verkümmert. Einen Rest von Ermessen gibt es allenfalls bei dem Multiplikator, der für die Bemessung des individuellen Beitrags jedes Vorstandsmitglieds zur Gesamtzielerreichung verwendet werden kann.

Ich bedaure diese Schrumpfung des Ermessensspielraums bei der Bewertung. Während eines Geschäftsjahres ergeben sich immer wieder neue Erkenntnisse oder Ereignisse, die bei der Bewertung Berücksichtigung finden müssten. Dafür jedes Mal das System anzupassen, ergibt keinen Sinn. Außerdem können Beobachtungen der Vorstandsarbeit während des Jahres dazu führen, dass einzelne Faktoren stärker als geplant berücksichtigt werden sollten. Für all das ist heute nicht mehr ausreichend Platz. Ich plädiere eindeutig für eine Rückkehr des Ermessens.

Unstreitig ist aber, dass völlig neue Sachverhalte auch neue Ziele benötigen. Corona ist ein Beispiel dafür. Die bei der Lufthansa zu Jahresbeginn vereinbarten strategischen und finanziellen Ziele ergaben spätestens ab März überhaupt keinen Sinn mehr. Das Unternehmen kämpfte um sein Überleben. Noch bevor die Krise in ihrem gesamten Ausmaß absehbar war, wurden deshalb die Vorstandsziele auf Liquiditätssicherung und Kostenreduzierung angepasst. Aber auch das war wenig später Makulatur; die Frage eines Bonus stellte sich angesichts der dramatischen Entwicklung infolge der Coronakrise gar nicht mehr.

Die Intensität eines Zielerreichungsgesprächs zwischen Aufsichtsratsvorsitzendem und Vorstandsmitglied hängt von der Dichte vorausgehender Gespräche ab. Im Allgemeinen gibt es regelmäßige Gespräche und einen ausgeprägten inhaltlichen Diskurs, die keine große Formalität beim Bewertungsgespräch fordern. Bei E.ON habe ich die Tradition des sogenannten Lebkuchen-Termins als gute Tradition geerbt. Schon seit Jahrzehnten treffen sich der Vorstand und der Aufsichtsratsvorsitzende am Jahresende zu einem Abendessen in privatem Rahmen, bei dem das Jahr resümiert und die Ziele für die kommende Periode in der Gruppe diskutiert werden. Nur Lebkuchen gibt es nicht mehr, das war zu Zeiten meines Vorvorgängers Ulrich Hartmann Tradition. Da die finanziellen Ergebnisse wegen der beschriebenen Zielerreichungsmathematik den handelnden Personen vorher bereits bekannt sind, ist dieser inhaltliche Diskurs von großem Gewinn für alle Beteiligten. Ungeachtet all dessen wird natürlich jeder vernünftige Aufsichtsratsvorsitzende jenseits der formellen Zielerreichungsdiskussionen intensive Gespräche mit den Vorstandsmitgliedern über ihre Leistungen führen.

Zielerfüllung und Bewertung werden im Kapitalmarkt und auch in der öffentlichen Meinung zumeist ausschließlich auf die Vergütungsfrage bezogen. In meiner industriellen Praxis bin ich allerdings ganz selten Vorständen begegnet, die aufgrund persönlicher Bonusmaximierung bereit waren, unternehmerische Entscheidungen zu treffen (konkret kann ich mich nur an zwei Personen erinnern). Im Finanzsektor mag das nach Hinweisen von Kollegen anders sein; da fehlt mir die entsprechende Erfahrung. Die Tatsache, dass die meisten Regelungen für diese Materie aus dem Finanzsektor in die Industrie „hinüberschwappen", deutet allerdings darauf hin, dass da etwas dran sein könnte.

Für die bereits mehrfach erwähnten individuellen Gespräche mit den Vorständen holt der Aufsichtsratsvorsitzende nach Möglichkeit Feedbacks aus vielen Quellen ein, auf jeden Fall von den Aufsichtsratskollegen. Feedback von Betriebsräten kann sehr hilfreich sein, es kann allerdings auch völlig in die Irre führen. Da kommt es entscheidend auf die handelnden Personen an. Feedback aus dem Unternehmen kann dann intensiv eingeholt werden, wenn der Aufsichtsratsvorsitzende vorher im Unternehmen tätig war; dann kann er die Meinungen aus der Organisation werten und einordnen. Kommt er dagegen von außerhalb des Unternehmens, ist der Zugang zu Mitarbeitern unterhalb der Vorstandsebene viel schwieriger. Jeder wird gegenüber dem Aufsichtsratsvorsitzenden abwägen, wie er sich äußert. Denn im Regelfall ist ein Vorstand für den Mitarbeiter wichtiger als ein Aufsichtsrat. Ich spüre diesen Unterschied sehr deutlich bei Lufthansa und E.ON: Bei Lufthansa kenne ich noch viele Mitarbeiter von früher und erhalte sehr offen Feedback; bei E.ON fehlt mir diese Basis.

Die Bewertung der Arbeit eines Vorstandes ist schließlich entscheidend für seine Wiederbestellung als Vorstandsmitglied. In der Entscheidung stützt sich der Aufsichtsrat einmal auf die Zielerreichung in den vergangenen Jahren. Zum anderen stehen ihm die gesammelten Erfahrungen der letzten Jahre als Entscheidungsgrundlagen zur Verfügung. Hier besteht bislang keine öffentliche Begründungspflicht. Aus Gründen des Persönlichkeitsschutzes der Betroffenen sollte dies auch so bleiben.

Die Hauptversammlung als Organ der Gesellschaft hat einmal im Jahr die Möglichkeit, sich zur Bewertung des Vorstandes zu äußern. Die dort auftretenden Aktionäre verfügen natürlich nicht über interne Informationen. Im Rahmen der Entlastung fällen sie allerdings ein summarisches Urteil über die Arbeit des Vorstandes im vergangenen Geschäftsjahr.

Wichtige Bewertungen des Vorstandes durch die Belegschaft erfolgen im Rahmen der sogenannten 360-Grad-Bewertungen, die in vielen Unternehmen etabliert sind. Hier können sich Mitarbeiter, zumeist der nächsten Führungsebene, anonymisiert zur Tätigkeit des Vorstandes äußern. Ich habe diese Feedbacks immer als sehr hilfreich empfunden. Ein deutlich größerer Personenkreis wird im Rahmen des Employee-Feedback-Systems zu Rückmeldungen über die Arbeit des Vorstandes und der Führungskräfte eingeladen, teilweise wird die ganze Belegschaft erfasst. In den mir bekannten Unternehmen wird dieses System sehr ernst genommen, und seine Ergebnisse werden ausführlich in Vorstandssitzungen diskutiert.

Fazit:

- Die interne Leistungsbewertung des Vorstandes erfolgt im Wesentlichen durch den Aufsichtsrat. Dieser Dialog kann gleichzeitig ein wertvoller Impuls für den Vorstand sein, um seine Führungsarbeit weiter zu verbessern.

- Zur klugen Führung gehört auch, sich „360 Grad" beurteilen zu lassen und nicht nur von Vorgesetzten. Für manche Führungskräfte bedeutet das Überwindung. Als Feedback-Instrument ist es sehr hilfreich; es hilft dem Vorstand, sein Führungsverhalten aus Sicht der Mitarbeiter regelmäßig zu überprüfen.

Rankings und Analysen – Die externe Bewertung der Vorstandsarbeit

Es gibt eine ganze Reihe von externen Stakeholdern, die die Vorstandsarbeit bewerten.

Von großer Relevanz für jedes börsennotierte Unternehmen ist zunächst einmal die Bewertung an der Börse. Sie ist der einzige Ort, an dem für alle jederzeit öffentlich verfügbar eine in Zahlen ausgedrückte vergleichbare Aussage über ein Unternehmen vorliegt. Natürlich sind mir die Unzulänglichkeiten der Börse wie beispielsweise der zunehmende Anteil von Indexinvestoren, spekulative Ausschläge aufgrund von Gerüchten, Hochfrequenzhandel und Marktverzerrungen wegen Aktivitäten von Hedgefonds oder aktivistischen Investoren bekannt. Natürlich ist die Börse auch nicht fair gegenüber der Leistung eines Vorstandes. Wenn das Börsenpotenzial für ein Unternehmen durch sein Geschäftsportfolio begrenzt ist, wird die Börse auch die beste Vorstandsleistung nie belohnen. Ein Beispiel dafür sind Fluggesellschaften: Hohe Kapitalbindung, volatiles Geschäft, niedrige Eintritts- und hohe Austrittsbarrieren, Wettbewerbsverzerrung durch staatliche Zuschüsse und Interventionen machen das Geschäftsmodell für langfristige Investoren weitgehend uninteressant – obwohl die Führung einer Airline wegen der Komplexität des Geschäfts höchste Anforderungen an die Führungsarbeit eines Vorstandes stellt. Aus Investorensicht ist dann doch ein webbasierter Pizzaservice attraktiver. Dennoch: Bis zur Erfindung von etwas Besserem ist die Börsenbewertung das entscheidende externe finanzielle Kriterium für die Bewertung der Unternehmensleistung. Der Aufsichtsrat muss das Vergütungssystem dann eben so kalibrieren, dass es das Börsenpotenzial des Unternehmens in angemessener Form berücksichtigt.

Zur Unterstützung von Investitionsentscheidungen der Investoren geben Banken (die mit Handelsaktivitäten oft auch eigene Interessen verfolgen) und auch unabhängige Berater (sogenannte Sell-side-Analysten) Analystenreports über Unternehmen heraus. Sie sind von sehr unterschiedlicher Qualität. Es gibt hervorragend informierte Analysten mit großer Fachkenntnis und klugem Einschätzungsvermögen, aber auch solche mit weniger Tiefgang. Etwas zugespitzt lässt sich sagen: Je seltener ein Analyst in den Medien zitiert wird, desto besser sind seine Berichte.

Größere Investoren unterhalten in der Regel eigene Analyseabteilungen (sogenannte Buy-side-Analysten). Ihre Empfehlungen werden nicht öffentlich bekannt.

Investoren und Analysten wollen Informationen über das Unternehmen vom Topmanagement hören. Die Gespräche sind daher Vorstandsaufgabe. Sie sind nicht einfach zu führen. Zum einen muss der Vorstand darauf achten, dass er bei jedem dieser Treffen dieselbe Geschichte erzählt, auch wenn es ihm zum Hals raushängt. Varianten können sich sehr schnell in der „financial community" herumsprechen und Irritationen im Markt auslösen. Ich habe das selbst erfahren. Zum anderen ist es bei manchen Gesprächspartnern schwer einzuschätzen, worauf sie eigentlich abzielen. Wollen sie ihr Modell überprüfen oder nur die Thesen der Konkurrenz, die vorher gerade zu Besuch war? Es bedarf großer Kenntnis des Kapitalmarkts und viel Erfahrung, um solche Gespräche dauerhaft erfolgreich führen zu können.

Von großer Bedeutung für das Unternehmen sind die Einschätzungen der Ratingagenturen. Sie geben relativ zuverlässige Auskünfte über die Bonität oder anders ausgedrückt über die finanzielle Solidität von Unternehmen. Ratingagenturen verfügen über ein tiefes Insiderwissen, wenn auch ihre Beurteilungskriterien manches Mal recht mechanistisch sind. Ein Beispiel: Die gegenwärtige Niedrigzinspolitik führt bei der Bewertung von Pensionsrückstellungen in Unternehmen zu enormen Barwerteffekten. (Der Wert der Pensionsrückstellungen ergibt sich aus der heutigen Bewertung der zukünftigen Rentenauszahlungen nach Abzug zweckgebundener Vermögenswerte. Vereinfacht lässt sich sagen: Je niedriger der Zins, desto geringer die Abzinsung und desto höher die Pensionsrückstellung in der Bilanz.) Das führt zu einer Aufblähung der Pensionsrückstellungen, obwohl die eigentlichen Zahlungsverpflichtungen sich gar nicht verändert haben. Im Extremfall könnte die Bewertung der Pensionsverpflichtungen sogar höher als der maximale Auszahlungsbetrag liegen. Dass das eigentlich Unsinn ist, ist klar, auch wenn die Bilanzierungsregeln der IFRS (International Financial Reporting Standards) genau dies verlangen. Problematisch für die Unternehmen ist aber, wenn Ratingagenturen diese überhöhten Rückstellungswerte voll in die Berechnung der Verschuldung einbeziehen. Denn damit verengt sich der Verschuldungsspielraum der Unternehmen, was wiederum erhebliche Auswirkungen auf das Geschäft haben kann.

Dennoch: Die Bewertungen der Unternehmen durch die Ratingagenturen sind wesentlich und hilfreich für viele Anleger. Auch die Kommunikation mit den Ratingagenturen ist eine wichtige Führungsaufgabe des Vorstandes, vor allem des Finanzvorstandes. Anders als bei den Diskussionen mit Eigenkapitalgebern ist es hier auch notwendig, die Analysten der Ratingagenturen durch die Zahlen der langfristigen Planung zu führen. Diese Diskussionen haben große Eindringtiefe und bedürfen erheblicher Fachkenntnis.

Die öffentliche Wahrnehmung und Bewertung des Unternehmens in Medien und im Netz ist ein relevanter Faktor. Die Bewertung der Vorstandsleistung durch Medien hat für mich allerdings eine eher geringe Rolle gespielt. Natürlich freut man sich über positives Echo, genauso wie negative Schlagzeilen einen ärgern. Die Spreizung bei der Qualität der Berichterstattung ist aber enorm. Das liegt auch daran, dass nur noch wenige Zeitungen und Magazine in Deutschland sich eigene, sehr qualifizierte Wirtschaftsjournalisten „leisten". An deren Urteil war mir allerdings dann doch gelegen.

Natürlich ist eine Mindestpräsenz von Vorständen, in der Regel des Vorstandsvorsitzenden, in den Medien unerlässlich. Bis zu welchem Grad, hängt vom Unternehmen ab. Bei Merck war es möglich, größtenteils unter der Aufmerksamkeitsschwelle zu bleiben. Die Firma ist zwar in Darmstadt und Hessen weltberühmt, für die breite Öffentlichkeit aber weitgehend uninteressant. Bei der Lufthansa, zu der, ähnlich Fußballvereinen, jeder eine Meinung hat, sieht das ganz anders aus. Die tägliche Presseschau ist enorm umfangreich.

Es gibt allerdings auch Vorstände mit sehr großer Medienpräsenz, ohne dass dies wegen des Geschäftsmodells unbedingt nötig wäre. Sie folgen eher persönlichen Vorlieben als unternehmerischer Notwendigkeit. Das kann man tun. Man muss dabei allerdings die Gesetze der Medienwelt beachten, die sehr oft die kurzfristige

Schlagzeile liebt. Wer mit der Presse im Aufzug nach oben fährt, der fährt mit ihr auch wieder nach unten. So sagte es mit Bezug auf die *Bild*-Zeitung einmal Springer-Chef Mathias Döpfner. Ein sehr medienaktiver Vorstand muss viel Glück haben, wenn er diesem Schicksal entkommt.

Zunehmend werden sogenannte Rankings veröffentlicht. Unternehmen oder einzelne Vorstände werden nach den verschiedensten Kriterien sortiert aufgelistet (der erfolgreichste, der beliebteste, der am besten redende, der am schönsten gekleidete CEO usw.). Teilweise muss man sogar dafür zahlen, um in diesen Rankings erwähnt zu werden. Ich rate dazu, diese Ranglisten zu ignorieren. Sie geben keine vernünftige Auskunft über die jeweilige Leistung.

Die „Bewertungsqualität", die aus dem Internet kommt, schwankt bekanntermaßen enorm. Im Zeitalter der massenweisen Likes und Weiterleitungen, der Shit- und sonstigen Storms können diese Bewertungen von Unternehmen und Vorständen aber nicht mehr ignoriert werden. Ja im Gegenteil: Sie gewinnen zunehmend an Relevanz und müssen, auch prognostisch, in die Kommunikationspolitik des Vorstandes einbezogen werden. Zumal sich sogenannte Shitstorms in unglaublicher Geschwindigkeit verbreiten können und danach nur noch schwer unter Kontrolle zu bekommen sind. Man denke nur an den Shitstorm, den Adidas im März 2020 mit einer verunglückten Äußerung über noch zu verhandelnde Mietreduzierungen während der Coronakrise verursacht hat. Er hat eine geraume Zeit das Unternehmensimage in Deutschland belastet.

Eine große Bedeutung der Bewertung des Vorstandes durch Medien und im Internet liegt übrigens in der Wirkung in das Unternehmen hinein. Mitarbeiter sind eifrige Leser der Berichte über das eigene Unternehmen. Ich habe selbst deshalb manches Mal die Presse benutzt, um Botschaften an die Mitarbeiter heranzutragen.

Auch die Kunden bewerten die Leistung des Unternehmens und damit des Vorstandes. Jeder Kauf ist eine Bewertung. Es werden Agenturen sowie eigene Kanäle genutzt, um Rückmeldungen über das eigene Produktangebot und die Gründe für oder gegen eine Kaufentscheidung zu erhalten. Diese Bewertungen sind hochgradig relevant. Sie sind regelmäßig Thema auf Vorstandssitzungen. Und genauso wie die Ergebnisse der Mitarbeiterbefragungen sind die Ergebnisse der Kundenbefragungen, oft in der verdichteten Form des NPS (Net Promoter Score, die Methode beruht auf der Auswertung von Antworten auf die Frage: „Wie wahrscheinlich ist es, dass Sie Unternehmen/Marke/Produkt einem Freund weiterempfehlen werden?"), bonusrelevanter Teil der Vorstandsvergütung.

Auf Kunden-Feedback zu reagieren ist eine essenzielle Führungsaufgabe eines Vorstandes. Es klingt abgedroschen, ist aber trotzdem wahr: Jedes Vorstandsmitglied, egal in welcher Funktion tätig, ist zugleich Vertriebsangestellter des Unternehmens. Als ich das Pharmageschäft von Bayer in Italien führte, bin ich mehrfach im Monat mit den Mitarbeitern des Außendienstes bei Ärzten und in Kliniken unterwegs gewesen, um die Anliegen der Kunden besser zu verstehen. Bei der Lufthansa flogen zu meiner Vorstandszeit Vorstandsmitglieder regelmäßig Einsätze als Kabinenpersonal, um ein Gefühl für die Arbeit und die Kunden zu bekommen. Bei Merck gehörten Kundenbesuche von Vorstandsmitgliedern auf allen Reisen zum Standardprogramm. Es ist wirklich so: Am meisten kann ein Vorstand durch die eigenen Mitarbeiter lernen, aber dann folgen schon die Kunden.

Investoren, Analysten, Ratingagenturen, Medien, Öffentlichkeit, Kunden: Alle diese Stakeholder haben ihre eigenen Bewertungsmethoden und wenden unterschiedliche Standards an. Sie verfolgen in der Regel eigene Interessen und haben manchmal ganz spezifische Sichtweisen. Was den einen überzeugt, schreckt den anderen ab. Die eine, dieselbe Geschichte zu erzählen, sie aber zielgruppengerecht zu formulieren, ist eine hochanspruchsvolle Führungsaufgabe des Vorstandes.

Fazit:

- Die Führungsarbeit des Vorstandes wird von vielen externen Seiten bewertet. Diese Bewertungen zwar zur Kenntnis zu nehmen, aber dann auch richtig einzuordnen, ist wichtiger Teil der Führung.

- Mit den Bewertenden, ob Finanzanalysten, Medien oder Kunden, zu sprechen und sie vom Kurs des Unternehmens zu überzeugen, ist wichtiger Teil der Führungsarbeit.

- Die Zielgruppen sind dabei sehr unterschiedlich. Es ist eine wichtige und sehr komplexe Führungsaufgabe, für jede Zielgruppe die richtige Ansprache zu wählen.

- Dabei braucht man auch ein „dickes Fell". So manche externe Bewertung muss man auch an sich abtropfen lassen.

- Vor allem darf man sich durch öffentliches Echo nicht kirre machen lassen. Was richtig ist, bleibt auch trotz eines Shitstorms im Internet richtig.

Eine Welt – Das System Unternehmen

Immer in Veränderung – Die organisatorische Verfassung des Unternehmens

Die Organisation eines Unternehmens muss dem gesetzlichen Rahmen entsprechen. Maßgebend ist hierfür zunächst einmal das Aktiengesetz. Bezüglich der Organisation einer Aktiengesellschaft regelt es im Wesentlichen die Aufgaben und das Zusammenspiel von Hauptversammlung, Aufsichtsrat und Vorstand.

Das Aktiengesetz ist das letzte Mal im Jahr 1965 grundlegend und systematisch reformiert worden. Seither hat sich das Umfeld zwar enorm verändert. Der Gesetzgeber hat es aber leider versäumt, das Aktienrecht an diese Veränderungen anzupassen. Er hat nur dann punktuell eingegriffen, wenn ein Thema unmittelbare politische Dividende versprach (zum Beispiel Geschlechterquote, Vorstandsvergütung). So klaffen Aktienrecht und Unternehmensrealität an immer mehr Stellen auseinander (siehe dazu Karl-Ludwig Kley, „Aktiengesetz & Aufsichtsrat"). Zudem finden sich viele neuere Vorschriften, die das Aktienrecht modifizieren, in anderen Gesetzen, zuletzt beispielsweise im Wirtschaftsstabilisierungsfondsgesetz. Das macht das Aktienrecht noch komplizierter. Der Vorstand braucht daher für die ordnungsgemäße Gestaltung der Unternehmensorganisation in erheblichem Maße juristischen Rat; ein Blick in das Aktiengesetz reicht leider nicht mehr.

Das Aktiengesetz lässt für die interne Verfassung der Unternehmung viel Gestaltungsraum. Alle Unternehmen haben sich daher eigene Spielregeln gegeben. Dazu gehören die genauen Zuständigkeiten der Gremien Aufsichtsrat und Vorstand, typischerweise in einer Geschäftsordnung niedergelegt (plus eventueller Geschäftsordnungen für die Ausschüsse des Aufsichtsrats). Die Geschäftsordnung regelt einmal die Modalitäten der gesetzlich vorgegebenen Themen, wie Bestellung von Vorstandsmitgliedern oder Vergütung der Vorstände. Zum anderen geht es um Zustimmungsvorbehalte für Rechtsgeschäfte, größere Investitionen oder Akquisitionen und Desinvestitionen. Und schließlich enthält sie Bestimmungen über die Geschäftsverteilung des Vorstandes.

Die Geschäftsverteilung des Vorstandes spiegelt letztlich die für das gesamte Unternehmen gewählte Organisation wider. Dabei gilt der Satz: „Structure follows strategy."

Organisationstheorie und -praxis kennen die verschiedensten Modelle, ein Unternehmen zu organisieren. Am häufigsten sind Entscheidungen zwischen Zentralität und Dezentralität, Führung nach rechtlichen oder geschäftlichen Einheiten, funktionaler und divisionaler Führung oder Struktur- und Prozessorientierung zu treffen. Organisatorische Prinzipien folgen gern Modetrends. Sie werden dann wie Monstranzen durch die Wirtschaftswelt getragen. Mal „muss" komplett zentral geführt werden, dann folgt das Heil zehn Jahre später aus der ebenso komplett dezentralen Aufstellung. In den letzten Jahren musste alles „agil" sein, ein Modell, das vor allem in Entwicklungsprozessen seinen Sinn haben kann, dessen Übertragung auf die gesamte Organisation aber meistens wenig Sinn macht. Vor allem „Management-Gurus" und Berater sind aus offensichtlichen Gründen sehr findig, alten Wein in neuen Schläuchen zu präsentieren. Und sie finden genügend Anhänger.

Meine These ist: *Die* richtige Organisation an sich gibt es nicht. Eine bestimmte Organisation ist nur zu einer bestimmten Zeit die richtige für ein Unternehmen; ein paar Jahre später kann das völlig anders aussehen. Zum Zweiten ist die richtige Organisation immer unternehmensspezifisch, selbst innerhalb desselben Industriesegments. Die eine Firma braucht Wachstumsimpulse, die andere muss vor allem Kosten sparen. Schon dieser Unterschied ist ausreichend, um unterschiedliche Organisationsformen zu begründen.

Meine zweite These hierzu ist: Das Wichtigste ist es, die Organisation regelmäßig zu ändern. Jede neue Organisation beginnt sich irgendwann zu zementieren. Routinen spielen sich ein, Machtstrukturen haben sich ausbalanciert. In der Regel ist der dann eingependelte Status quo kontraproduktiv. Wie seit Schumpeter hinreichend bekannt ist, braucht Unternehmertum immer wieder die schöpferische Zerstörung auch seiner selbst. Absatzmärkte verändern sich fortlaufend, Kundenverhalten entwickelt sich weiter, Erfindungen und neue Technologien verändern Horizonte. Alle diese Veränderungen erfordern spiegelbildlich Veränderungen auf der Unternehmensseite.

Warum sind es von den 30 heutigen DAX-Unternehmen nur noch zwölf, die bei der Gründung vor etwas mehr als 20 Jahren dabei waren? Oder andersherum gefragt: Warum stehen Start-ups so hoch im Kurs? Weil sie anders auftreten, anders funktionieren als die „Platzhirsche". Wenn die Letzteren da mithalten wollen, können sie sich nicht organisatorisch zur Ruhe legen. Veränderungsmanagement ist aus meiner Sicht eine der wichtigsten Führungskompetenzen eines Unternehmers. Und Veränderungsmanagement beginnt bei der Veränderung von Strategie und Organisation.

In den meisten meiner beruflichen Stationen musste ich mich mit der Notwendigkeit von Veränderungen auseinandersetzen. Und eigentlich jedes Mal ging es zunächst um die Schaffung der organisatorischen Voraussetzungen für diese Veränderungen. Im Finanzbereich von Bayer Japan war Modernisierung angesagt, neue Prozesse wurden eingeführt. Bei Bayer Pharma Italien mussten wir die Organisation dem 1994 infolge der italienischen Bestechungsskandale (Sanitopoli) dramatisch geschrumpften Markt anpassen. Bei der Lufthansa setzte die Vollprivatisierung von 1997 Wachstumskräfte frei, die organisatorische Anpassungen erforderlich machten. Und Merck galt es nach 2006 auf völlig neue Füße zu stellen.

Bei all diesen Projekten konnte ich lernen, welche ungeheuren Kräfte organisatorische Änderungen freisetzen können. Neue Zuständigkeiten und Berichtslinien wecken Organisationen geradezu auf. Die Umstellung von Prozessen erlaubt neue Denkweisen. Neue Machtverhältnisse pendeln sich ein. Kreativität gewinnt neuen Freiraum. Das, was man schon immer sagen wollte, findet plötzlich Gehör. Und da Neuorganisationen eigentlich immer mit neuen Führungskräften verbunden sind, kann der Vorstand die richtigen Akzente für die Zukunft setzen.

Und daraus folgt meine dritte These: Die wichtigste organisatorische Führungsaufgabe eines Vorstandes ist es, Veränderungen anzustoßen und umzusetzen. (Die Management-Literatur spricht von Change Management oder Transformation.)

Fazit:

- Führung heißt, für das eigene Unternehmen je nach strategischer Intention und wirtschaftlicher Lage die richtige Organisationsform sicherzustellen.

- Führung bedeutet, die Organisation regelmäßig zu verändern und an neue Situationen anzupassen.

- Führung heißt vor allem, Stillstand zu vermeiden.

Extrem beständig – Die Unternehmenskultur

Für eher rationale Menschen ist es eine erstaunliche Erkenntnis, dass keine Organisation in der Praxis so gelebt wird, wie sie aufgeschrieben ist. Ich kenne jedenfalls keine. Wie eine Organisation tatsächlich funktioniert, wie sich die Menschen im Unternehmen verhalten, wird durch die Unternehmenskultur bestimmt. Es gibt unzählige Definitionen für den Begriff Unternehmenskultur. Hier soll der Hinweis genügen, dass Unternehmenskultur die Resultante ist, die sich aus dem Zusammenspiel von Werten, Normen, Denkhaltungen und Paradigmen ergibt, welche die Mitarbeiter kollektiv teilen. Unternehmenskulturen kann man mit soziologischen und psychologischen Methoden sehr schön noch detaillierter beschreiben. Da dies aber kein Proseminar, sondern ein am Erlebten orientierter Bericht ist, soll auch hier die Wissenschaftlichkeit außen vor bleiben.

Erfahrene Führungskräfte wissen, dass die Unternehmenskultur nicht irgendein „soft factor" ist, mit dem man sich arrangieren muss. Sie haben vielmehr gelernt, dass gerade neu gewonnene Führungskräfte an der Kultur eines Unternehmens eher scheitern können als an fachlichen Herausforderungen. Sie haben erfahren, dass wegen unterschiedlicher Kulturen die Integration akquirierter Unternehmen fehlschlagen kann. Sie wissen aber auch, dass eine Unternehmenskultur keine Naturgegebenheit ist, sondern geändert werden kann, allerdings nur mit viel Zeit und großem Aufwand.

In „meinen" Unternehmen habe ich ganz unterschiedliche Kulturen angetroffen.

Lufthansa war zur Zeit meiner Vorstandstätigkeit (1998-2006) noch von der Vergangenheit als Staatsunternehmen, von deutscher Ingenieurskunst und von „Kerosin im Blut" geprägt. Der gerade erst der Vergangenheit angehörende Staatseinfluss zeigte sich in der bürokratischen Kompliziertheit von Prozessen, im Fehlen unternehmerischen Denkens bei vielen Führungskräften und in einer Form der Mitbestimmung auf Betriebs- und Unternehmensebene, die den Wechsel in die nichtstaatliche Wirtschaft noch nicht vollzogen hatte. Die Ingenieursorientierung wurde in der Dominanz technischer Diskussionen auf allen Entscheidungsebenen deutlich. Der Vertrieb oder die Prozesse vom Kunden her zu analysieren oder so etwas Exotisches wie Kapitalkosten interessierten die meisten nicht primär. Das „Kerosin im Blut" wurde insbesondere bei Investitionen in Flugzeuge deutlich. Andere Geschäftsgebiete waren chronisch unterfinanziert oder wurden nicht für erfolgskritisch gehalten. Wenn wir über Investitionen diskutierten, ging es immer um Flugzeuge. Zu alldem kam schließlich, dass das Unternehmen trotz seiner weltweiten Präsenz im Wesen urdeutsch war; bereichernder Input durch andere Kulturen fand kaum statt.

Mit dem Kulturwandel bei der Lufthansa hatte Jürgen Weber nach seiner Ernennung zum Vorstandsvorsitzenden 1991 begonnen. Fahrt nahm er nach der vollständigen Privatisierung des Unternehmens 1997 auf (in ein Unternehmen unter Staatseinfluss wäre ich als Vorstand auch nicht eingetreten). Schaffung von Profit-Centern statt Cost-Centern, rechtliche Verselbstständigung von Tochtergesellschaften zur Förderung unternehmerischen Denkens, Internationalisierung und die Gründung der Star Alliance: Das waren wesentliche Schritte, die Kultur des Unternehmens zu verändern und für die moderne Welt fit zu machen.

Mir ging es mit allem zu langsam, ich kam von Bayer, also aus einer anderen Welt. Auch in meinem eigenen Zuständigkeitsbereich gelang es mir nur sukzessive, die Dinge nachhaltig zu verändern. Ja, die Betriebswirtschaft gewann an Bedeutung, Kapitaleinsatz wurde plötzlich zu einer wichtigen Steuerungsgröße. Die Bewertung seitens des Kapitalmarktes wurde relevanter für die Unternehmensführung. Die Kapitalallokation konnte geändert werden, manchmal auch mit Tricks. So war die Einführung der Ausfinanzierung der Pensionsrückstellungen zumindest teilweise auch dadurch begründet, dass damit weniger Liquidität für Flugzeugkäufe zur Verfügung stand. Aber insgesamt blieb Lufthansa Lufthansa.

Warum war mein Beitrag nur begrenzt? Ein entscheidender Grund war, dass das Zielbild zwischen dem Gesamtvorstand und mir nicht „aligned" war. Aus Sicht der Kollegen sollte ich meinen Job machen, wie sie ihn definierten: Geld besorgen, Bilanzen erstellen, finanzielle Risiken managen und den Kapitalmarkt auf Distanz halten. Meine Überzeugung war aber, dass wir Lufthansa insgesamt stärker verändern mussten, um zukunftsfähig zu sein.

Erst mit der Zeit, ja eigentlich erst im Rückblick, wuchs mein Verständnis dafür, wie schwierig und langatmig ein durchgreifender Kulturwandel ist. Im Rückblick hätte ich versuchen müssen, weniger konfrontativ auf die Veränderungen hinzuwirken, stärker Teil der Lufthansa-Familie zu werden, mehr Respekt für die erreichten Veränderungen zu zeigen, anstatt ungeduldig ständig auf dem Gaspedal zu stehen.

Für den Veränderungsprozess bei Merck waren diese Einsichten wertvolle Erfahrungen.

Bei Merck (2006–2016) fühlte ich mich sehr an meine ersten Berufsjahre bei Bayer erinnert. Die Firma war zwar in vielen Ländern der Welt aktiv. Im Kern war sie aber sehr deutsch geblieben, berücksichtigte kulturelle Besonderheiten anderer Länder kaum in ihren Entscheidungsprozessen. Zum anderen beanspruchte die Zentrale zwar, überall mitzureden, ihr fehlte allerdings oft die Marktkenntnis. Das führte zu Fehlsteuerungen. Ein praktisches Beispiel dazu: Preise in den einzelnen Ländern im Pigmentgeschäft wurden nicht marktadäquat festgelegt, sondern waren die Resultante von Transferpreis zuzüglich Marge der lokalen Tochtergesellschaft. Die Transferpreise ex Darmstadt waren aber nicht einheitlich, sondern Verhandlungsergebnis. Und im Verhandeln mit dem Hauptquartier war der deutsche Geschäftsführer in Chile eben erfolgreicher als sein peruanischer Kollege aus dem Nachbarland. Er erzielte niedrigere Transferpreise und damit höheren Gewinn. Zu allem Überfluss exportierte er noch nach Peru, wo im Übrigen die Marktpreise höher waren als in Chile. Was hier als etwas exotischer Sonderfall erscheinen mag, kann meinem Eindruck nach auch heute noch in vielen Firmen erlebt werden. Öfter als man denkt führen vom zentralen Controlling aufgesetzte Steuerungsprozesse, insbesondere in Krisensituationen, zu Fehlsteuerungen.

Die Veränderungen bei Merck waren von der Eigentümerfamilie auch gewollt. Die Eigentümerfamilie verfügte über die Mehrheit am Unternehmen. Mit ihrem Rückhalt und Vertrauen konnten wir die notwendigen Veränderungen über einen längeren Zeitraum, als er Vorständen sonst zur Verfügung steht, aus einer Position der Stärke angehen. Wie schon mehrfach betont, ist gegenseitiges Vertrauen für mich eine der wichtigsten Beigaben für Erfolg. Vertrauen erlaubt, sich voll und ganz auf die Sache zu konzentrieren und sich nicht in Grabenkämpfe oder Ähnliches zu verstricken. Allerdings sollte man geschenktes Vertrauen tunlichst auch nicht enttäuschen.

Der Änderungsprozess bei Merck lief auf praktisch allen Gebieten ab: Strategie, Portfolio, Organisation und Prozesse. Die Änderung der Kultur aber war das Schwierigste. Es galt, was ich einmal den „Brigitte-Boden-Effekt" genannt habe. Frau Boden war seit den frühen 1980er Jahren meine Kundenberaterin bei der Deutschen Bank Leverkusen. Als die Deutsche Bank in den 1990er Jahren daranging, das Privatkundengeschäft im „Jahresrhythmus" neu zu organisieren, rief Frau Boden jedes Mal vorher bei mir an. „Morgen wird der Vorstand wieder eine Organisationsänderung (Strategieänderung, Konditionenänderung o. Ä.) bekannt geben. Bleiben Sie unbesorgt. Für Sie ändert sich nichts; es bleibt alles beim Alten." Und so war es auch.

Frau Boden hatte gelernt, was die Japaner in dem schönen Satz zusammenfassen: „Nach dem Sturm erhebt sich der gebeugte Bambus." Mit anderen Worten: Lassen wir die Vorstandsankündigung mal vorbeigehen und gucken, was in der Praxis wirklich passiert. So reagieren die meisten Organisationen; das kulturelle Beharrungselement ist enorm. Es ist daher essenziell, Change-Management-Programme zwar umfassend anzulegen, vor allem aber ständig die Umsetzung im Blick zu haben. Interessant war für mich in diesem Zusammenhang die Lektüre einer kürzlich erschienenen Biografie über Alfred Herrhausen (Friederike Sattler, „Herrhausen", hier S. 558–562). Die Darstellung macht aus Sicht der Historikerin deutlich, warum ein Kulturwandel nicht funktionieren kann, wenn ein Vorstand zu abgehoben handelt und zu geringe Aufmerksamkeit auf die nachhaltige Umsetzung legt.

Das Nebeneinander von Modernisierung und Tradition, von Veränderung und Beharren in solchen Prozessen, das jede Menge Spannungen und Konflikte auslöst, entspricht der von Ernst Bloch beschriebenen „Gleichzeitigkeit des Ungleichzeitigen". Sehr hilfreich war für mich, dass ich schon zu Bayer-Zeiten über eines der ganz wenigen Management-Bücher gestolpert war, die ich mit dauerhaftem Gewinn gelesen habe: John Kotters „Leading Change". Kotter hat einen Acht-Stufen-Prozess für erfolgreichen Wandel entwickelt:

1. Gefühl für die Dringlichkeit einer Veränderung erzeugen.

2. Führungsteam für den Wandel aufbauen.

3. Vision und Strategie entwickeln.

4. Die Vision des Wandels kommunizieren.

5. Mitarbeiter befähigen.

6. Schnell erste Erfolge erzielen.

7. Erfolge konsolidieren und nächste Veränderungen anstoßen.

8. Neue Kultur verankern.

Im Großen und Ganzen folgten die von mir initiierten Veränderungsprozesse zunächst unbewusst, später bewusst den Spuren Kotters.

Ergänzend zu Kotter möchte ich allerdings noch darauf hinweisen, dass massive Transformationen nur erfolgreich sein werden, wenn der Vorstand sie nicht nur initiiert und auf den Weg bringt, sondern auch selbst an der Spitze der Umsetzung steht. Das Projekt i von BMW (Submarke von BMW für die Herstellung elektrischer Modelle) wäre nie erfolgreich gewesen, hätte sich nicht der Vorstandsvorsitzende Norbert Reithofer persönlich an die Spitze gestellt und das Projekt außerhalb der normalen Entwicklungsprozesse aufgesetzt. Transformatorische Schritte bedürfen besonders entschlossener Führung.

Eher intuitiv aber kam ich beim Transformationsprozess von Merck auf zwei Elemente, die sich im Rückblick als enorm wirksame Treiber der angestrebten Kulturänderung herausstellten: die Nutzung von Symbolen und die Stärkung der Unternehmensmarke. Sie waren letztlich wirksamer als viele neue Prozesse, als so manche Schulungen und Coachings. Sie waren Treiber der Veränderung und ihre Symbole zugleich.

Symbole können sehr kraftvolle Mittel der Kommunikation sein. Das beginnt beim Vorstand selbst. Man wird aufmerksam beobachtet. Jede Nuance wird interpretiert. Man muss sich dessen bewusst sein. Oft ist es lästig; man kann es aber auch zu seinem Vorteil nutzen, auch eher banale Zeichen setzen. Zum Beispiel „In-der-Kantine-Essen" als Ausdruck besonderer Mitarbeiternähe. Ich würde die Wirkung solcher Zeichen nicht überschätzen. Sie mögen ganz nett sein. Aber am Ende kommt es immer darauf an, was dahintersteht. Vorgetäuschte Nähe hält nicht lange vor.

Wichtiger ist mir, was mit großflächiger und nachhaltiger Symbolik zu erreichen ist.

Ich habe früher nie eine sonderlich große Affinität zu Marken gehabt. Demzufolge stand das Thema der Weiterentwicklung der Marke des Unternehmens Merck nicht sehr weit oben auf meiner To-do-Liste, zumal Merck keine Konsumentenmarke ist. Irgendwann im Laufe des Veränderungsprozesses kam allerdings ein Punkt, an dem das veränderte Unternehmen Merck überhaupt nicht mehr durch die alte Marke symbolisiert wurde. Weder Kunden noch Mitarbeiter fanden sich in ihrer Mehrheit durch die doch eher hölzern daherkommende alte Marke repräsentiert. Wir wagten einen radikalen Neuanfang. Eine Zeitung titelte: „Merck fällt in den Farbtopf". Der Effekt war enorm und übertraf meine Erwartungen bei Weitem. Vor allem Menschen in Südeuropa, Asien und Amerika waren begeistert. Eher verhalten war die Reaktion zunächst in Deutschland; das gab sich aber mit der Zeit. Mit der neuen Marke ließ sich für die meisten Mitarbeiter und sogar für Kunden ein emotionaler Zugang zu unserem Transformationsprojekt herstellen. Es war eine steile Lernkurve für mich, was mit Symbolik alles erreichbar ist.

Eine andere Entscheidung von großer symbolischer Bedeutung waren der Umbau des zentralen Merck-Geländes und die Errichtung eines Innovation Centers. Auch diese Entscheidung ging ich eher instinktiv (oder auf eigener Erfahrung basierend) an. Sie rationalisierte sich aber im Verlaufe des Prozesses zunehmend. Es ging darum, durch Platzgestaltung und Architektur eine Umgebung zu schaffen, die das „neue Merck" symbolisierte, es beim täglichen Gang über das Firmengelände für die Mitarbeiter greifbar machte, außerdem gleichzeitig die Öffnung zur Außenwelt verdeutlichte, zu neuen Formen des Miteinanders ermutigte und schließlich Innovation in den architektonischen Mittelpunkt des Wandels stellte, nicht ein Vorstands- oder Verwaltungsgebäude. Auch hier waren die Rückmeldungen mehr als ermutigend. Das „neue Merck" war wirklich in den Köpfen angekommen. Ob das Innovation Center den notwendigen Erfolg haben wird, was die geschäftliche Seite angeht, wird man erst in einigen Jahren sehen. Sein Effekt auf die Unternehmenskultur war aber schon an Tag eins erkennbar.

Fazit:

- Die Unternehmenskultur ist oft das stärkste Element eines Unternehmens. Führung heißt, die Unternehmenskultur und ihre große Bedeutung zu verstehen und damit umzugehen.

- Die Veränderung einer Unternehmenskultur ist für Erfolg oder Misserfolg wesentlicher unternehmerischer Projekte, wie die Integration von Geschäften oder Umorganisationen, entscheidend. Die Fähigkeit, eine Unternehmenskultur zu verändern, ist eine der wichtigsten Führungskompetenzen.

- Führen heißt, Veränderungen der Kultur mit Rationalität und Empathie voranzutreiben. Symbole können dabei ein sehr kraftvolles Führungsinstrument sein.

- Führen heißt, Geduld aufzubringen; nachhaltige Veränderungen sind nicht „über Nacht" zu erreichen.

Vertrauen schenken – Die Mitarbeiter

Die Unternehmenskultur wird von den Mitarbeitern gelebt, sie sind der eigentliche Träger einer jeden Unternehmenskultur. In vielen Jahrzehnten habe ich eindrucksvolle Beispiele für gelebte Unternehmenskultur erlebt. Bei Merck: Der Meister, der mit seiner schnellen Reaktion einen Mitarbeiter nach einem Unfall vor schweren Verätzungen rettete, sich danach über meine Anerkennung fast wunderte und mir nur sagte: „Das hätte jeder von uns getan". Diejenigen, die zur Not auch jenseits aller Arbeitszeitvorschriften eine kaputte Produktionsanlage wieder in Gang kriegten, damit dringend benötigte Arzneimittel ausgeliefert werden konnten. Bei Lufthansa: Mitarbeiter, die in den regelmäßig auftretenden Krisen oder Notfällen bis über ihre physischen (und manchmal auch psychischen) Grenzen hinaus alles nur Mögliche tun, um Menschen zu verpflegen, unterzubringen, zu versorgen, zu schützen. Bei E.ON: Diejenigen, die im Kernkraftwerk Grohnde trotz weitgehend unsinniger Auflagen und mit schier unglaublichen Einschränkungen während der Coronakrise die außerordentlich komplexe Sicherheitsrevision erfolgreich zu Ende führten. Oder diejenigen, die auch bei stärksten Stürmen mit Versorgungsunterbrechungen im Stromnetz rausgehen und dafür sorgen, dass alle Menschen trotzdem ihren Strom wie gewohnt beziehen können.

All das sind großartige Aspekte von Unternehmenskultur. Diese dürfen bei Veränderungen auf keinen Fall untergehen. Es ist daher meine feste Überzeugung, dass die Veränderung einer Unternehmenskultur nicht klappen wird, wenn die Mitarbeiter nicht mitmachen. Und sie machen nur mit, wenn sie an das Unternehmen und seine Führung glauben, ihr vertrauen. Dazu braucht es nicht unbedingt Demokratie. Aber es braucht Partizipation. Und es braucht starke und überzeugende Führung.

Unternehmen sind traditionell hierarchisch aufgebaut. Unternehmensentscheidungen sind daher nur sehr begrenzt demokratischen Entscheidungsprozessen zugänglich. Zunehmend stellen aber viele die Frage, ob mit der Start-up-Kultur und den parallel verlaufenden gesellschaftlichen Veränderungen Hierarchien in Unternehmen nicht eine Sache der Vergangenheit sind. Hier hilft ein Blick in die Geschichte. Basisdemokratische Strukturen entstehen in der Wirtschaft immer wieder. Sie sind, gerade in ihren Anfangsphasen, auch extrem erfolgreich. Mit dem Erfolg entstehen aber über die Zeit Größe und/oder Komplexität, die nur durch ein zunehmend bürokratischeres System zu beherrschen sind. Bürokratie ohne Macht und Effizienz funktioniert aber nicht. Das ist übrigens auch einer der entscheidenden Gründe, warum es oft nicht funktioniert, Start-up-Kulturen in sogenannten Legacy-Unternehmen zu verankern. Das geht nur über Partnerschaften oder andere Strukturen, bei denen Start-ups ihre Unabhängigkeit weitgehend behalten. Der Lufthansa Innovation Hub ist ein Beispiel für eine erfolgreiche Einheit; das immer noch zu lösende Problem ist aber, wie es gelingt, dessen Arbeitsergebnisse noch besser im Konzern zu verankern. Die theoretische Lösung dafür bietet das Konzept der organisationalen Ambidextrie, das heißt gleichzeitig effizient und flexibel zu sein. Diese „Beidhändigkeit" in der Praxis umzusetzen ist eine große Herausforderung.

Unternehmen in Deutschland kennen die formale Partizipation der betrieblichen und aufsichtsratsbezogenen Mitbestimmung. Ob diese Form der Mitbestimmung positiv oder negativ wirkt, lässt sich nicht einhellig sagen. Nach meinen Erfahrungen hängt die Wirkung stark von den handelnden Personen ab. Ich kenne Unternehmen, in denen die betriebliche Mitbestimmung vor allem be- und verhindernd wirkt – was in einen ständigen Konflikt mit der Führung ausartet. Umgekehrt kenne ich aber auch Unternehmen, in denen Betriebsräte selbst Verantwortung übernehmen und damit de facto eine wirkliche Mitbestimmung für eine nachhaltige Zukunft des Unternehmens und gute soziale Bedingungen für die Mitarbeiter erreichen. Ob mit destruktiven oder konstruktiven Betriebsräten:

Die Führungsaufgabe des Vorstandes wird dadurch nicht obsolet, sie stellt sich nur anders dar.

Neben dieser institutionellen Partizipation durch die Betriebsräte ist die unmittelbare Partizipation durch die Mitarbeiter für mich von entscheidender Bedeutung. Mitarbeiter wissen unendlich viel. Vieles naturgemäß auch besser als ein Vorstand. Sie werden aber nur bereit sein, dieses Wissen zu teilen, sich aktiv in das Unternehmen einzubringen, wenn sie sich wohl fühlen, motiviert sind, respektiert und ernst genommen werden. Der Wille des Vorstandes zur Partizipation muss als solcher ernsthaft erkennbar sein. Partizipation als Feigenblatt wird auf Dauer nicht funktionieren.

In jeder Unternehmenspublikation findet sich der Hinweis, dass die Mitarbeiter die wichtigste Ressource in einem Unternehmen sind. Und das stimmt hundertprozentig, auch wenn ich das Wort „Ressource" für Mitarbeiter eigentlich nicht mag. Die Unternehmen nehmen das Thema in der Praxis auch sehr ernst. Tatsache ist aber auch, dass Mitarbeiterführung eine ewige Baustelle in Unternehmen bleibt. Warum ist das so?

Ich glaube nicht, dass es an Führungsinstrumenten oder an Schulungen fehlt. In den mir bekannten Unternehmen werden Ressourcen ohne Ende dafür eingesetzt, (künftige) Führungskräfte zu schulen und zu entwickeln. Auch die Bewertungssysteme in den meisten Unternehmen sind darauf angelegt, Defizite im Führungsverhalten zu identifizieren. Darüber hinaus gibt es Coachings und Trainings für jeden Bedarf.

Wenn Defizite in der Mitarbeiterführung also nicht am Fehlen von Systemen oder Instrumenten liegen, woran dann? Ich habe über die Jahre folgende Faktoren als die hauptsächlichen Problemfelder ausgemacht:

Auch Führungskräfte müssen geführt werden. Aber je höher man in der Hierarchie steigt, desto voller wird der Terminkalender, desto vielschichtiger und komplexer werden die zu lösenden Probleme. Mitarbeiterführung bedeutet viel Zeitaufwand. Wahrscheinlich tun sich alle Vorstände deshalb schwer damit, ihren direkten Mitarbeitern genügend Zeit und Aufmerksamkeit zu widmen. Hauptsache, es funktioniert alles. Ich war da auch nicht immer Vorbild. Das Führungsverhalten der nächsten Führungsebene spiegelt dann zu einem gewissen Grad das Führungsverhalten des Vorstandes. Es gilt, bei sich selbst anzufangen, „richtig" zu führen.

Eine der wichtigsten Aufgaben der Mitarbeiterführung ist es, Mitarbeiter weiterzuentwickeln, sie kontinuierlich neu zu befähigen. Wenn ich alles selbst entscheide, befähige ich niemand. Das heißt, eine gute Führungskraft delegiert Entscheidungsmacht, sie regiert nicht durch. Und wenn ich einen Mitarbeiter nicht weiterentwickle, weil er gerade so gut in mein Team passt, dann führe ich nicht, sondern verfolge Eigeninteressen.

Eigentlich gilt, wie schon gesagt: Man sollte nur Vorstand werden, wenn man sich für Menschen interessiert. Denn zur guten Führung gehört Empathie. Und wirkliche Empathie hat man eben nur, wenn man sich für andere Menschen interessiert. Ich habe Vorstände getroffen, die genau das gelebt haben, aber auch andere, die sich mehr für sich selbst interessierten. Dass da Führung nicht wirksam ist, leuchtet ein.

Viele gut gemeinte Regelungen oder Änderungen der Regeln der Zusammenarbeit im Unternehmen scheitern. Dafür gibt es eine Vielzahl von Gründen. Es gibt den aus allen Feldern der Gesellschaft hinreichend bekannten Abriss zwischen Sagen und Tun, zwischen Konzeption und Umsetzen. Es kann auch gut sein, dass sich die zu Führenden gut im Istzustand eingerichtet haben und ihrerseits nicht veränderungswillig sind. Dann redet eine Führungskraft oft ins Leere. Oder die Änderungen werden nicht gut kommuniziert, lassen insbesondere Fragen nach dem Warum und Wohin offen.

Ich habe auch öfters beobachtet, dass eine starke Verrechtlichung der Arbeitsbeziehungen Konflikte erhöht und Misstrauen sät. Wenn das menschliche Miteinander durch ein allzu rechtlich determiniertes Miteinander abgelöst wird, ist Mitarbeiterführung eigentlich gar nicht mehr möglich. Es kann vor allem kein Vertrauen, das die Basis jeder Führungsfähigkeit ist, mehr gebildet werden. Das Recht sollte das Auffangbecken für den Missbrauch von Führungsmacht bleiben, aber nicht das tägliche Arbeitsleben bestimmen.

All diese Hemmnisse sind im Übrigen überwindbar. Durch kluge Führung.

Fazit:

- Es stimmt, auch wenn es abgedroschen klingt: Mitarbeiter sind die wichtigste „Ressource" in einem Unternehmen.

- Unternehmen sind hierarchisch aufgebaut. Eine Demokratisierung unternehmensinterner Prozesse ist nur in seltenen Ausnahmen möglich. Echte Partizipation hingegen ist möglich und notwendig. Führung heißt Partizipation ermöglichen. Denn keine große Veränderung eines Unternehmens ist möglich, ohne dass die Mitarbeiter mitgestalten und mitgehen. (Nur in der Krise gilt anderes.)

- Führen heißt, Führungsdefizite in der Organisation zu erkennen und zu beheben.

- Kluge Führung ist nur möglich, wenn man sich für Menschen interessiert, ja Menschen im tiefsten Inneren mag.

Mut zur Entscheidung – Komplexität und Widerstände managen

Der Vorstand führt das „System Unternehmen". Aber was sind nun die Fähigkeiten und Eigenschaften, die eine gute Führung von einer weniger guten unterscheiden?

Ein Vorstand muss Autorität sein, haben und verbreiten. In einem komplexen System wie einer Unternehmung gibt es immer wieder Situationen, die nicht mehr nur mit dem Argument gewonnen oder moderiert werden können. Vor allem in Krisen ist das so; da herrschen Druck und Zeitnot, da ist viel Erfahrung nötig. Auch in solchen Situationen muss ein Vorstand führen können. Das geht nur, wenn er über Autorität verfügt, die dann nicht infrage gestellt werden kann. Die Autorität eines Unternehmensführers beruht im Wesentlichen auf dem Respekt, den er sich in der Vergangenheit erworben hat. Durch seine Leistung und seine Persönlichkeit.

Ein Vorstand muss kontinuierlich Ambition vorleben und einfordern. Es ist an ihm, die Leistung der Organisation hochzuhalten oder zu steigern. Natürlich gibt es Phasen der Zufriedenheit, des Glücks, wenn man Ziele erreicht hat. Sie müssen aber wieder abgelöst werden von einer „konstruktiven Unzufriedenheit", getrieben vom Wissen, dass der Markt, der Wettbewerb kontinuierlich Weiterentwicklung fordern.

Ein Vorstand muss verantwortungsbewusst handeln. Er muss das große Ganze des Unternehmens sehen, das es zu schützen und zu entwickeln gilt. Dabei muss er auch mit den Konflikten umgehen können, die sich aus dieser Verantwortung für das Ganze und für die einzelnen Mitarbeiter ergeben können. Zum Beispiel wenn er eine Führungskraft entlassen muss, die zwar loyal ist und ihr Bestes gibt, das aber nicht ausreicht. Mich haben derartige Konflikte immer sehr belastet. Verantwortung heißt, zu seinen Entscheidungen zu stehen und auch die Konsequenzen daraus zu ziehen.

Verantwortung schenken heißt, die Befugnis zur Entscheidung an nachgeordnete Führungskräfte zu delegieren. Verantwortung übernehmen heißt dann, für deren Entscheidungen wiederum einzustehen, auch wenn der Wind von vorne weht. In der Praxis ist dies aber oft nicht der Fall. So manche Delegation wird nicht gelebt, weil ein Vorstand ein Kontrollfreak ist. So manchem Mitarbeiter wird die Lust auf selbstständiges Entscheiden genommen, weil der

Vorstand sowieso immer alles besser weiß. Umgekehrt gibt es auch Mitarbeiter, die Entscheidungen gern nach oben delegieren. Verantwortung zu leben ist nicht immer einfach.

Ein Vorstand muss Mut zur Entscheidung haben.

Entscheidungen müssen vorbereitet werden. Die Vorbereitungen sind in der Regel rein faktengetrieben. Und eigentlich immer bilden Daten und Statistiken den Kern jeder Entscheidungsvorlage. Bei Investitionen in Sachanlagen geht es um Kosten für die Errichtung und Wartung, um die laufenden Kosten, um den Output, die Umsatzerwartungen, die Wettbewerber. Bei Forschungsausgaben geht es auch um Kosten, um Ressourceneinsatz, um messbare potenzielle Produktvorteile. Bei Akquisitionen geht es darum, zu belegen, dass 1 + 1 mehr als 2 ist, um Synergien. Immer jedenfalls geht es um Daten.

Man kann sich allerdings auch totanalysieren. Ich habe es jedenfalls manches Mal so empfunden, dass die Nachfrage nach weiteren Daten nichts anderes ist als der fehlende Mut zur Entscheidung. Es gibt ein schönes Beispiel aus der Welt des Pferdesports. Testpersonen wurden fünf Faktoren für die Beurteilung von Pferden und Reitern für ein anstehendes Galopprennen genannt. Auf der Basis sollten sie das Ergebnis vorhersagen. Die Zuversicht, richtig getippt zu haben, lag bei 17 Prozent, der spätere Erfolg ebenfalls. Der Test wurde dann mehrfach wiederholt, wobei die Anzahl der Faktoren jeweils erhöht wurde. Das Ergebnis der Versuchsreihe war, dass die Erfolgsquote weiterhin konstant bei oder unter 17 Prozent lag, die Zuversicht der Tipper aber konstant stieg und bald über 50 Prozent lag. Das Ergebnis dieses Versuchs spiegelt exakt meine Erfahrungen wider. Ab einem gewissen Zeitpunkt steigt mit immer mehr Informationen nicht mehr die Erfolgswahrscheinlichkeit, wohl aber die Zuversicht des Entscheidenden.

Weichere Themen spielen bei unternehmerischen Entscheidungen demgegenüber zunächst eine geringere Rolle. Zum Beispiel die Frage, wie dies oder jenes in der Öffentlichkeit ankommt. Es ist eher die Frage, wenn einmal in der Sache entschieden wurde, wie dann zu kommunizieren ist. Richtig bleibt zunächst einmal richtig. Sicher, man muss bei jeder Entscheidung mitdenken, wie sie zu kommunizieren ist. Dass aber wegen befürchteter negativer Konsequenzen in der Öffentlichkeit sachlich richtige Entscheidungen unterbleiben, habe ich nur selten erlebt.

Neben den Daten spielt Intuition eine große Rolle bei Entscheidungen. Wir wissen allerdings heute, dass Intuition nichts anderes ist als die Erkennung von Mustern, die aus Erfahrungen gewonnen wurden. Daher sind Erfahrungen so ungeheuer wichtig für eine erfolgreiche Vorstandstätigkeit. Weil eben nicht alles mit Daten geht.

Zunehmend wird im Übrigen Künstliche Intelligenz in die Entscheidungsfindung von Vorständen Einzug halten. Denn KI kann Wahrscheinlichkeiten rechnen. KI kann auch Muster erkennen, und das generationenübergreifend. Wie sich Entscheidungsvorbereitung und Entscheidungsverhalten eines Vorstandes im KI-Zeitalter darstellen werden, ist mir noch nicht klar. Die nächste Generation von Führungskräften wird es erleben. Sicher bin ich mir aber auch, dass auch in der KI-Welt menschliche Klugheit und Intuition, also Erfahrung, eine bedeutende Rolle bei der Führung von Unternehmen spielen werden.

Auch Emotionen spielen eine große Rolle bei der Entscheidung, gute oder schlechte Laune zum Beispiel. Wer etwas vorschlägt, kann entscheidend sein. Auch Vorstände haben Hobbys, bei denen sie nachgiebiger sind als bei anderen Themen. Es ist nicht so, dass eine Vorstandsentscheidung im völlig isolierten Raum der vollkommenen Rationalität stattfindet. Ich wage die Behauptung, dass aufgrund von Daten und Erfahrungen als Haupttreiber von Entscheidungen, aufgrund der Kontrollmechanismen durch Märkte und Kunden die Rationalität unternehmerischer Entscheidungen größer ist als in den meisten anderen Berufen (Natur- und Technikwissenschaftler natürlich ausgenommen). Aber reine Rationalität ist es natürlich auch nicht.

All das habe ich in meiner Vorstandstätigkeit erlebt. Ein Klassiker ist das Sponsoring von Profi-Fußballvereinen. Ich wage mich natürlich aufs Glatteis, wenn ich die Behauptung aufstelle, dass der emotionale Teil bei einer Unternehmensentscheidung für Sport-Sponsoring deutlich den betriebswirtschaftlichen Teil überwiegt. Auch wenn zur Beruhigung des Gewissens mit umfangreichen Marketinganalysen der Mehrwert einer solchen Entscheidung „nachgewiesen" wird. Bei einem reinen Konsumenten-Unternehmen wie Adidas ist das sicher möglich, bei Fluggesellschaften oder sogenannten B2B-Unternehmen (Business-to-Business) wie Chemie- und Pharmafirmen habe ich so meine Zweifel.

Ein Vorstand muss die Umsetzung der Entscheidungen sicherstellen. An anderer Stelle habe ich bereits den „Brigitte-Boden-Effekt" beschrieben, der den großen Abstand zwischen Entscheidung und Umsetzung beschreibt. Die deutsche Jugend sagt dazu: „Machen ist wie Wollen – nur krasser." Ein Vorstand muss kontinuierlich dafür sorgen, dass das Entschiedene so umgesetzt wird, wie es intendiert war. Dazu muss er ein Nachhaltesystem entwickeln, Wiedervorlagen sicherstellen, in die Tiefe der Organisation eintauchen, Feedback von Betroffenen, zum Beispiel Kunden, einholen. Ein Vorstand, der die Umsetzung nicht kontrolliert, lebt schnell im Elfenbeinturm.

Ein Vorstand muss Komplexität beherrschen. In einer entwickelten Welt wie in Deutschland ist allmählich bereits die Bewältigung des Alltags eine komplexe Aufgabe. Die Abgabe der Steuererklärung, die Beantragung von Coronahilfen, die Sicherstellung korrekter Sozialversicherungs- und Rentenauskünfte – vor lauter Bemühen um die Einzelfallgerechtigkeit haben wir schon im täglichen Leben den geraden Weg verloren. In Unternehmen potenzieren sich die Komplexitäten zunächst mal schon wegen der schieren Größe. Und dann kommen die großen Komplexitäten des Geschäfts hinzu. Ein neues Arzneimittel in den Markt zu bringen dauert von den ersten Schritten bis zur Marktreife ein Jahrzehnt. Damit ein einziges Flugzeug auch fliegen kann, müssen allein bei der Lufthansa 100 Mitarbeiter im Einsatz sein; dazu kommen noch Mitarbeiter von Dienstleistern in gleicher Zahl. Und der Strom kommt zwar aus der Steckdose; damit er aber auch wirklich kommt, muss er produziert – und das wegen der Energiewende zunehmend dezentral –, zusammengeführt, gesteuert und verteilt werden, eine hoch technische und anspruchsvolle Aufgabe. Und alles im globalen Maßstab. Komplexität zu beherrschen verlangt große Fachkenntnis und erhebliche intellektuelle Fähigkeiten. Aber es sei auch an Niklas Luhmanns Postulat erinnert: Vertrauen macht Komplexität beherrschbar.

Ein Vorstand muss kommunizieren. Nach innen wie nach außen.

Medien und Öffentlichkeit sind aus der Unternehmensführung heute nicht mehr wegzudenken. Politik, Kunden, Mitarbeiter, sie alle werden durch Medien und das Internet beeinflusst. Im Umgang mit diesen Stakeholdern gilt es für Vorstände viel zu lernen. Zum einen sind die Kontakte eines Managers mit dieser Außenwelt typischerweise gering, bevor er Vorstand wird. Ein Manager lebt in seinem eigenen Wirkungskreis und wird durch ihn beruflich sozialisiert. Medien spielen dabei keine aktive Rolle. Das ändert sich schlagartig mit der Berufung in den Vorstand. Plötzlich wird man für Medien relevant. Plötzlich ist man in gewisser Weise Teil der Unternehmensmarke. Zum anderen ist ein Vorstand im eigenen Gestaltungsbereich sehr wirkmächtig, er weiß genau, wie er mit intern vorgetragener Kritik umzugehen hat. Kritik von außen kommt aber oft aus anderen als den gewohnten Blickwinkeln. Und sie ist auch nicht so einfach zu kontern oder zu widerlegen. Da stellt sich leicht ein gewisses Ohnmachtsgefühl ein. Erst mit den Jahren hat man den richtigen Umgang mit der Öffentlichkeit wirklich erlernt.

Medienvertreter beobachten, was in den Unternehmen vor sich geht, insbesondere bei den DAX-Mitgliedern. Im Regelfall sind Wirtschaftsjournalisten auch gut in die Unternehmen hinein vernetzt, erhalten Insiderinformationen. Was sie daraus machen, hängt von der Qualität der Journalisten ab. Insgesamt ist aus meiner Sicht der deutsche Wirtschaftsjournalismus in seiner Berichterstattung fair und ausgewogen.

Die Kommunikation nach außen kennt einmal Pflichttermine. Das sind vor allem regelmäßige Pressekonferenzen und Investorenauftritte im Zuge der Präsentation der Geschäftsergebnisse. Alle anderen Auftritte nach außen sind eigentlich fakultativ und vom Rollenverständnis des jeweiligen Vorstandes abhängig, wobei es hier vor allem um den Vorstandsvorsitzenden geht. Als Finanzvorstand der Lufthansa habe ich mich anlassbezogen in Pressegesprächen zu Finanzthemen geäußert. Entweder um Verständnis für die Geschäftszahlen zu erwecken oder wenn es um finanzpolitische Themen ging, zum Beispiel die Besteuerung der Unternehmen. Ansonsten galt für mich die klare Führungsrolle des Vorstandsvorsitzenden bei der externen Kommunikation.

Als Vorstandsvorsitzender bin ich in den Medien aktiver gewesen. Zum einen repräsentiert der Vorstandsvorsitzende das Unternehmen auch in seinem gesamtgesellschaftlichen Zusammenhang. Dazu gehört, dass man am öffentlichen gesellschaftlichen Dialog teilnimmt. Bei Auslandsreisen habe ich häufiger Pressegespräche geführt. Das war eine Möglichkeit, unser Unternehmen bekannter zu machen. Alles allerdings in Maßen. Denn die Flughöhe definiert auch die mögliche Fallhöhe.

Im Inland habe ich neben den turnusmäßigen Pressekonferenzen regelmäßigen Kontakt mit Journalisten der Wirtschaftspresse gepflegt, in Interviews wie auch in Hintergrundgesprächen. Auch hier gilt: Erst wenn man sich gegenseitig wirklich vertraut, ist es für beide Seiten sinnvoll. Ich bin niemals von Journalisten enttäuscht worden, mit denen ein Vertrauensverhältnis bestand. Journalisten haben – zumindest die professionellen Vertreter ihrer Zunft – ein gutes Gespür für Wahrheit und Verstellung. Als Vorstand tut man gut daran, man selbst zu sein, sich nicht zu verbiegen.

Über den begrenzten Einfluss meiner öffentlichen Stellungnahmen auf politische oder gesellschaftliche Entscheidungsträger war ich mir klar. Größeres Feedback auf den politischen Seiten der Zeitungen bekam ich nur in Ausnahmesituationen, so als ich die AfD (Alternative für Deutschland) mit dem AvD (Automobilclub von Deutschland) „verwechselte". Meinem Eindruck nach trennen die Medien sehr stark zwischen politischem und wirtschaftlichem Ressort. Man „migriert" selten von einem in das andere.

Man kann öffentliche Stellungnahmen aber sehr gut dafür einsetzen, nach innen, in das Unternehmen hinein, Wirkung zu erzielen. Dieses Mittels habe ich mich öfters bedient. So habe ich einmal verkündet, Merck sei kein Ponyhof, um auf eine gewisse Wehleidigkeit so mancher Mitarbeiter bei notwendigen Veränderungen aufmerksam zu machen. Die *Süddeutsche Zeitung* machte das zur Schlagzeile, und in der Firma wurde heftig darüber diskutiert. Ziel erreicht.

Die Kommunikationsarbeit hat sich mit den sozialen Medien natürlich beträchtlich verändert. Größere Reichweite, schnellere Verbreitung und weniger balancierte Darstellung sind die für Unternehmen relevanten Merkmale. In der praktischen Kommunikationsarbeit bedeutet das eine Menge, weil die Presseabteilung eines Unternehmens permanent die Multimedialität der verschiedenen Kanäle im Auge behalten muss. Bei der Kommunikationsarbeit des Vorstandes selbst ist die Situation hingegen noch ambivalent. Etwa die Hälfte der DAX-CEOs ist auf mindestens einem Social-Media-Kanal aktiv. Die fehlende Präsenz der anderen Hälfte scheint mir noch keinen Wettbewerbsnachteil darzustellen.

Viel mehr Zeit als auf die externe habe ich auf die interne Kommunikation verwendet. Der Vorstand hat von Haus aus relativ wenig direkte Interaktion mit der Belegschaft. Es besteht daher die Gefahr, dass die Botschaften, die ein Vorstand senden will, irgendwo in der Hierarchie versickern. Als Vorstand muss man einmal dafür sorgen, dass die eigenen Impulse die Mitarbeiter auch direkt erreichen. Die Sichtbarkeit des Vorstandes zu vergrößern und die Mitarbeiter kontinuierlich zu informieren halte ich für eine essenzielle Voraussetzung des Unternehmenserfolges. Nach jedem Quartalsbericht hat sich zum Beispiel bei Merck ein Vorstandsmitglied in einer Videokonferenz direkt an die Führungskräfte (bis hin zum Meister) gewandt. Regelmäßig hatten wir dabei Tausende von Teilnehmern, die natürlich auch Fragen stellen konnten. Auf jeder Reise eines Vorstandsmitglieds haben wir überall in der Welt nach dem Vorbild von Bill Clinton sogenannte Town-Hall-Meetings veranstaltet mit möglichst breiter Teilnahme der Mitarbeiter vor Ort. Dazu gab es Videobotschaften, Briefe, Mails.

Ebenso wichtig war es aber für mich, die Führungskräfte selbst zur Kommunikation zu ermutigen und ihnen dafür Materialien zur Verfügung zu stellen. Denn oft bleibt die Kommunikation des Vorstandes schon an der nächsten oder übernächsten Führungsebene hängen, so manches Mal „die Lehmschicht" genannt. Natürlich lösten wir damit nicht alle Kommunikationsprobleme. Aber es gelang zumindest eine deutliche Verbesserung.

Die Klage, man sei nicht ausreichend informiert, blieb aber immer bestehen. Ich habe über die Zeit den Eindruck gewonnen, dass diese Klage häufig dann verwandt wird, wenn einem die Gegenargumente ausgehen. Aber vielleicht bin ich da ungerecht. Im Übrigen ist Informieren nicht nur eine Bring-, sondern auch eine Holschuld. Ich habe von Mitarbeitern stets erwartet, dass sie sich auch aktiv darum kümmern, Informationen einzuholen. Informationsangebote gab es jedenfalls auch von der Firmenleitung zuhauf.

Ein Vorstand muss für die Motivation seiner Mitarbeiter mit Sorge tragen. Er muss Dank für die Arbeit der Mitarbeiter ausdrücken, ihrer Leistung Anerkennung zollen, aber auch Feedback geben, positives wie kritisches. Insbesondere Letzteres ist wichtig. Mitarbeiter können sich nur weiterentwickeln, wenn sie offen Rückmeldung darüber erhalten, wie ihr Vorgesetzter sie sieht. Es gibt immer wieder Vorgesetzte, die sich vor kritischen Feedback-

Gesprächen drücken. Sie müssen gegebenenfalls dazu gezwungen werden. Es soll hier allerdings der Hinweis nicht fehlen, dass jeder auch mal Dinge zu erledigen hat, zu denen er gerade nicht motiviert ist. Wenn jeder nur das tut, wozu er gerade motiviert ist, kann ein Unternehmen nicht funktionieren (Fredmund Malik, „Führen – Leisten – Leben").

Ein Vorstand darf nicht nur vom Schreibtisch aus agieren, er muss die Dinge auch sehen. Das vielleicht absurdeste Beispiel für diese Notwendigkeit stammt aus meiner Zeit in Japan. Bayer hatte ein Lager in der Stadt Toyohashi. Es galt, für diesen Standort eine neue Sicherheitsfirma zu bestellen. In einem geordneten Prozess mit angemessener Due Diligence wurde also ein Anbieter ausgewählt, dessen Kosten deutlich unter denen der Konkurrenten lagen. Bei einer Besichtigung des Lagers etwas später stand das Tor aber weit offen, und von einer Sicherheitsmannschaft war weit und breit nichts zu sehen. Es stellte sich dann heraus, dass die Sicherheitsfirma ein „Tochterunternehmen" der größten japanischen Gangstervereinigung Yamaguchi Gumi war. Schon das Firmenschild hielt potenzielle Einbrecher ab; deshalb waren die Kosten so niedrig. Die Auswahl der neuen Sicherheitsfirma wurde dann mit allergrößter Vorsicht betrieben.

Ein Vorstand muss auch mit Widerständen umgehen. Natürlich ist ein Unternehmen wie jedes andere soziale System ein Ort von Verteilungs- und Machtkämpfen, von Sympathie und Antipathie, von Unterstützung und Gegenwehr. Während die junge Führungskraft jeden Kampf noch annimmt, nimmt man mit wachsender Erfahrung so manches nur noch zur Kenntnis und lässt es sich selbst regulieren. Spannungen zwischen Menschen per se sind einfach nicht zu beseitigen.

Aber natürlich kommt irgendwann der Moment, in dem ein Vorstand gezwungen ist, auf den Tisch zu hauen und einen Konflikt eher rustikal zu bewältigen. Immer nur im Konsens zu agieren, immer nur zu überzeugen, zu argumentieren geht nicht. Den richtigen Zeitpunkt abzupassen lehrt die Erfahrung.

An anderer Stelle habe ich auf zwei weitere Aspekte von Führungsverhalten aufmerksam gemacht, die hier nur noch einmal kurz erwähnt werden sollen: Vorstände müssen in der Lage sein, mit Komplexitäten umzugehen. Und: Vorstände müssen Vertrauen gewinnen und Vertrauen schenken.

Das wichtigste Vertrauensverhältnis eines Vorstandes, vor allem des Vorstandsvorsitzenden, ist das zu seinem Aufsichtsratsvorsitzenden. Schon von der Interessenlage her ist der Aufsichtsratsvorsitzende die einzige Person im Unternehmen, deren Interessen mit dem Vorstandsvorsitzenden völlig übereinstimmen. Des einen Erfolg ist auch der des anderen. Zusammen verfügen sie über beträchtliche Macht, sind sie doch Vorsitzende der beiden mächtigsten Gremien im Konzern, ohne Konkurrenten zu sein. Für den Vorstandsvorsitzenden ist der Aufsichtsratsvorsitzende eigentlich die einzige Person, mit der er völlig ungeschützt Brainstorming betreiben kann. Ich habe das vor allem als Aufsichtsratsvorsitzender erlebt, in welchem Maße dieses Verhältnis an Kraft gewinnen kann. Wie offener und kontinuierlicher Dialog dazu verhilft, Ideen aufzunehmen und weiterzuentwickeln, das Urteil zu schärfen und Dinge voranzutreiben. Und da diese Kraft auch aus der Vertraulichkeit herkommt, soll das auch hier so bleiben.

Fazit:

- Führen heißt, Autorität zu sein und zu haben.

- Führen heißt, Ambition vorzuleben und einzufordern.

- Führen heißt, einen hohen Grad von Selbstmotivation zu besitzen.

- Führen heißt, verantwortungsbewusst zu handeln.

- Führen heißt, Mut zur Entscheidung zu haben.

- Führen heißt, seine Erfahrungen zum Einsatz zu bringen und seine Emotionen bei der Entscheidungsfindung unter Kontrolle zu halten.

- Führen heißt, umzusetzen bzw. die Umsetzung sicherzustellen.

- Führen heißt kommunizieren, nach innen wie nach außen.

- Führen heißt, für Mitarbeiter motivierend zu agieren. Dazu gehört insbesondere das Geben von Feedback.

- Führen heißt, mit Komplexitäten umgehen zu können.

- Führen heißt aber auch, mit Widerständen umzugehen, klare Kante zu zeigen, wenn nötig. Immer nur moderieren klappt auf Dauer nicht.

- Führen heißt, Vertrauen zu gewinnen und zu schenken.

Grenzen überwinden, Begrenzungen akzeptieren

Mit Knappheiten umgehen – Grenzen im internen Umfeld

Der Unternehmer denkt zunächst ohne Grenzen. Er will etwas schaffen, etwas bewirken, wachsen, erfolgreich sein. Die Natur des Unternehmers ist es, Grenzen zu verschieben, das Unmögliche möglich zu machen. Unternehmer und Grenzen schließen sich aus, leider aber nur begrifflich. Denn in der Unternehmensrealität hat man ständig mit Grenzen zu tun. Sie zu verschieben, zu überwinden ist eine wichtige Führungsaufgabe.

Im Unternehmen ergeben sich Grenzen einmal aus der Knappheit von Ressourcen.

Die oft knappste Ressource ist Kapital. Oder zumindest Kapital zu vertretbaren Kosten. Mit der lange anhaltenden Null-Zins-Politik ist das Argument hoher Kapitalkosten für Kredite allerdings in den Hintergrund getreten. Es geht also mehr um die Frage, wie viel Verschuldung sich ein Unternehmen leisten kann, um Ideen zu realisieren. Eine Lehre für das Leben erhielt ich, als die Lufthansa im Sommer 2001 das US-Catering-Unternehmen Sky Chefs vollständig übernahm. Zwei Monate später kamen der Flugverkehr und damit auch das Catering infolge von 9/11 zum Erliegen. Der Cashflow fiel dramatisch, und Sonderabschreibungen reduzierten das Eigenkapital. Mit Verkäufen von Vermögensgegenständen und einer Kapitalerhöhung retteten wir das Unternehmen. Eine Konsequenz dieser Erfahrung war, dass Lufthansa ab da immer hohe Liquidität bereithielt und konservativ bilanzierte. Bei der Coronakrise reichte das allerdings auch nicht mehr. Die Größenordnung des Einbruches war dort zu gewaltig.

Der ständige Überschuss von Ideen über Kapital war für mich übrigens ein Grund, Aktienrückkäufe nie in Erwägung zu ziehen. Natürlich optimieren sie die Kapitalstruktur aus Investorensicht. Das Argument reicht für mich aber nicht aus. Denn Geld ist für einen wirklichen Unternehmer immer knapp. Jeder Vorstand sollte jedenfalls immer sinnvolle Projekte haben, für die er mehr Geld benötigt, als er tatsächlich zur Verfügung hat.

Die zweite knappe Ressource ist Zeit. Arbeiten in einem Unternehmen ist eigentlich immer arbeiten unter Zeitdruck. Der Wettbewerb arbeitet an einem vergleichbaren Produkt, es öffnen sich günstige Zeitfenster für Produktausbietungen, es entstehen plötzlich Sonderbedarfe wie Masken oder Beatmungsgeräte bei Corona.

Die Knappheit von Kapital und Zeit bewirkt den Druck, Unternehmen effizient zu führen. Denn Effizienz kompensiert einen Teil der Knappheit.

Im Übrigen ist Begrenzung durch Knappheit auch sonst eigentlich immer an irgendeiner Stelle im Unternehmen zu spüren. Ein Schlüssellieferant ist plötzlich lieferunfähig, protektionistische Maßnahmen machen Ex- oder Importe unmöglich, hochqualifizierte Mitarbeiter werden von der Konkurrenz abgeworben. In meinen Zeiten als Vorstand landete eigentlich einmal in der Woche ein Problem der Knappheit von Ressourcen auf meinem Schreibtisch.

Die zweite Begrenzung ergibt sich aus Widerständen.

Widerstände können von Mitarbeitern kommen, die von einem Vorhaben nicht überzeugt sind. Von den Kollegen im Vorstand, die andere Prioritäten haben. Vom Aufsichtsrat, dem der Projektvorschlag nicht schlüssig genug erscheint. Widerstände können aus der Unternehmenskultur erwachsen, die sich einem notwendigen Wandel verschließt. Ein recht typisches begrenzendes Phänomen in vielen Unternehmen ist das NIH-Syndrom. NIH steht für Not Invented Here. Es beschreibt die kulturelle Überzeugung einer Organisation, man könne sowieso alles besser. Die Vernetzung mit der Außenwelt sei im Ergebnis nicht nötig. Mit diesen Widerständen umzugehen ist Führungsaufgabe; sie wurde in den vorigen Kapiteln behandelt.

Die dritte Begrenzung schließlich ist eigentlich die schlimmste, weil enttäuschendste: Man findet keine Lösung für ein Problem. In der Pharmaforschung kommt das immer wieder vor. Wir hatten bei Merck ein Produkt in der Entwicklung, das das Wiederanwachsen von Knorpeln nach Knieoperationen förderte. Dafür bestand (und besteht) ein großer Bedarf. Allerdings war diese positive Wirkung mit unendlichen Schmerzen verbunden. Auch in Kooperationen mit auf Schmerzbehandlung spezialisierten Partnern gelang es bis jetzt noch nicht, eine Lösung des Schmerzproblems zu finden. Dies sind immer die Grenzen, die man besonders schmerzhaft erfährt. Man steht nahe vor einer Lösung eines wirklich großen Problems und scheitert dann doch.

Fazit:

- Führen heißt, interne Grenzen infrage zu stellen und, wo möglich, zu überwinden.

- Führen heißt aber auch, objektiv gegebene Grenzen akzeptieren zu lernen und mit der eigenen Begrenztheit umzugehen.

Risiken und politische Vorgaben – Begrenzungen von außen

Organisationen tendieren, je größer sie sind, umso mehr, zu dem Gefühl, sie seien weitgehend für sich selbst da. Wenn man in einer Organisation arbeitet, beansprucht alles, was dort passiert, ununterbrochen unser Interesse. Es kann sich eine Art Blindheit für das, was außerhalb des Mikrokosmos des eigenen Unternehmens passiert, entwickeln. Das gilt es zu verhindern. Denn das externe Umfeld ist nicht nur ordnungspolitischer Bezugsrahmen oder Absatzmarkt, es ist gleichzeitig auch Grenze für unternehmerisches Handeln.

Grenze und Chance zugleich ist die Weiterentwicklung von Kundenwünschen. Nehmen wir das Auto als Beispiel. In der Vergangenheit kauften die Menschen Autos um der Autos willen. Folglich wurde die ganze Kreativität in die Entwicklung immer besserer Autos investiert. Was kauft aber der Kunde von morgen (oder vielleicht schon heute), wenn er überhaupt noch ein Auto kauft? Sucht er vielleicht nur noch die Erweiterung seines Smartphones? Geht es ihm vor allem um Konnektivität, Benutzeroberfläche oder Multifunktionalität? Wenn das so kommt, ist dies ein völlig neues Geschäftsmodell. Wie schaffe ich es aber, ein seit Jahrzehnten auf den Bau von Autos ausgerichtetes Unternehmen auf den Bau smartphonekompatibler Plattformen auszurichten? Und das angesichts völlig unklarer Zeitschienen. Chance und Grenze liegen hier dicht beieinander.

Zumal man nicht allein unterwegs ist, sondern in einem intensiven Wettbewerbsumfeld. Wettbewerb ist für das einzelne Unternehmen ambivalent. Er ist zwar einer der größten, wenn nicht sogar der größte Treiber für technischen und wirtschaftlichen Fortschritt. Aber er ist gleichzeitig die größte Gefahr und Grenze für den Erfolg jedes einzelnen Unternehmens. Die genaue Beobachtung des Wettbewerbsumfelds und die Reaktionen darauf gehören zu den wesentlichen Führungsaufgaben des Vorstandes.

Merck war lange Zeit bei den in Fernsehern und mobilen Geräten zum Einsatz kommenden Flüssigkristallen Markt- und Technologieführer. Bei der technologischen Weiterentwicklung ging es zum Beispiel um bessere Bildqualität, schnellere Umschaltzeiten oder Farbbrillanz. Die Konkurrenz zog jeweils ein bis zwei Jahre später mit vergleichbaren Produkten zu niedrigeren Preisen nach, worauf Merck ein neues Produkt in den Markt brachte. Irgendwann war aber der Grenznutzen der Entwicklung erreicht; brillanter als brillant machte halt keinen Sinn mehr. Die Grenzen des Geschäftsmodells waren erreicht, ein neues war zu definieren. Diese durch Wettbewerbsverhalten regelmäßig entstehenden Grenzen immer wieder neu zu überwinden, also laufend Innovationen hervorzubringen, ist eine wesentliche Führungsaufgabe.

Wenige Unternehmen können ihr Geschäft ohne intensive Partnerschaften weiterentwickeln, sei es in der Liefer- und Leistungskette, sei es beim Thema Innovation. Interne Partnerfähigkeit ist eine elementare Voraussetzung für eine erfolgreiche externe Partnerschaft. Allerdings muss Partnerfähigkeit auch auf der anderen Seite bestehen. Von großer Bedeutung für die Unternehmen sind dabei die Technik- und Naturwissenschaften, die grundsätzlich am Austausch mit der Wirtschaft sehr interessiert sind. Entscheidend ist aber, wie es gelingt, die Zusammenarbeit so zu organisieren, dass auf der einen Seite die Freiheit und Unabhängigkeit der Wissenschaftler gewahrt bleibt, auf der anderen Seite die Partnerschaft aber auch wirtschaftlich sinnvoll für das Unternehmen ist. Die beiden Welten zusammenzuführen ist nicht immer einfach und benötigt viel Zeit.

Ein Beispiel dafür: Die Wissenschaftswelt in Israel hat mich tief beeindruckt. So beschloss ich, eine zwar lange bestehende, aber in die Jahre gekommene Zusammenarbeit von Merck mit dem renommierten Weizmann-Institut, einem weltweit führenden multidisziplinären Institut für naturwissenschaftliche Forschung und Ausbildung in Rechovot, Israel, zu beleben. Dessen Präsident Daniel Zajfman verfolgte gleiche Interessen. Die Vorurteile und Interessen auf beiden Seiten zu überwinden erwies sich aber als Langstreckenrennen. Über fünf Jahre benötigten wir, um eine neue Basis zu schaffen. Wichtig war für uns beide, die Sorgen und Interessen der jeweils anderen Seite zu verstehen. Zum Beispiel das oben erwähnte NIH-Syndrom bei Merck, die unterschiedlichen Mentalitäten in der Herangehensweise (deutsch/systematisch versus israelisch/freigeistig), der einzelne Wissenschaftler gegenüber einer hierarchisch-bürokratischen Forschungseinheit. Und dass jede Seite alles besser wusste als die andere, war sowieso klar. Diese Vorbehalte zu überwinden und ein gemeinsames Team zu schaffen, war eine hochkomplexe Führungsaufgabe, die schließlich zu beachtlichen Ergebnissen führte und heute noch funktioniert.

Eine offensichtliche Begrenzung unternehmerischer Tätigkeit ergibt sich aus politischem Handeln und öffentlicher Verwaltung. Einmal sind Unternehmen wie jedes andere Subjekt Teil der Gesellschaft. Sie sind wie jeder Bürger in den staatlichen Ordnungsrahmen integriert. Die Funktionsfähigkeit des Bildungssystems, der Justiz, der Verwaltung allgemein oder der Infrastruktur ist für Unternehmen hochgradig relevant. Insgesamt stehen wir mit unserer Infrastruktur, unserem Bildungssystem und unserem Ordnungsrahmen im internationalen Vergleich recht gut da. Dennoch erfahren wir zunehmend Grenzen, die unsere wirtschaftliche Leistungsfähigkeit beeinträchtigen: in Infrastruktur, Bildung oder Bürokratie. Daher ist es natürlich und legitim, ja erforderlich, dass sich Unternehmen oder ihre Verbände intensiv am politischen Diskurs beteiligen. Diese Beteiligung gehört heute zur Aufgabe jeder Unternehmensführung. In der öffentlichen Wahrnehmung wird eine solche Beteiligung regelmäßig mit negativer Konnotation als Lobbyismus bezeichnet. Warum es zum Beispiel bei Gewerkschaften sich nicht um Lobbyisten handeln soll, leuchtet mir nicht ein. Beide Institutionen artikulieren die Interessen der von ihnen vertretenen Menschen.

Bei international tätigen Unternehmen gilt es nicht nur, die Regeln des Heimatstaates zu berücksichtigen, sondern auch die anderer Länder. Das kompliziert die Aufgabe nochmals. Essenziell ist neben der Fachkenntnis ein Verständnis der jeweiligen Kultur der anderen Länder. Nach meinen Erfahrungen ist dieses Verständnis des kulturellen Kontextes von mindestens ebenso großer Bedeutung wie die Sachkenntnis. Dies gilt auch im Verhältnis zu staatlichen Stellen, zum Beispiel bei Produktzulassungen in Japan oder Italien, bei der Normierung von Importgütern, bei der Verknüpfung von Geschäftslizenzen mit sachfremden anderen staatlichen Interessen. Denn man muss die Chiffren einer Kultur verstehen, um zu Ergebnissen zu kommen. Am deutlichsten drücken es die Japaner aus: „Honne" ist das, was ich wirklich denke und fühle, „Tatemae" das, was die Gesellschaft erwartet und ich zeige. Um zu Lösungen zu kommen, muss ich beides von meinem Gegenüber wissen und darauf adäquat reagieren. Dies gilt übrigens nicht nur in Japan, sondern universell.

Die Verhandlungen der Lufthansa mit der Bundesregierung über die Bewältigung der Coronakrise sind ein gutes Beispiel für Honne und Tatemae. Offiziell ging es allen Beteiligten um die Rettung der unverschuldet in große Not geratenen Lufthansa (Tatemae). Bei jedem Teilnehmer der Verhandlungen kam aber Honne hinzu. Die Lufthansa wollte zu niedrigstmöglichen Kosten ohne Staatseinfluss gerettet werden (wer kann es ihr verdenken?). Einige Beteiligte auf Regierungsseite hingegen wollten vor allem vermeiden, die Fehler der Bankenrettung von 2008 zu wiederholen, und ein Upside für den Staatshaushalt realisieren (wer kann es ihnen verdenken?). Anderen ging es darum, mittels einer Sperrminorität eine denkbare feindliche Übernahme abzuwenden. Wieder andere wollten verhindern, dass Aktionäre der Lufthansa sich sozusagen mit Hilfe der Bundesregierung bereicherten. Verschiedene Politiker sahen es als besonders wichtig an, dass das Management der Lufthansa keine Boni mehr erhalten solle. Die EU-Kommission sah den Wettbewerb in Gefahr und verhängte Slot-Abgaben. All das zu verstehen und in die Verhandlungen einzubeziehen war schon ein Drahtseilakt, der aus Sicht der Lufthansa auch nicht wirklich gut gelungen ist. Der Prozess ist aber ein gutes Beispiel dafür, wie Grenzen letztlich nur dann überwunden werden können, wenn man in der Lage ist, sich auf andere wirklich einzulassen und ihre tatsächlichen Beweggründe zu verstehen.

Fazit:

- Externe Begrenzungen sind wichtige Parameter der Tätigkeit eines Unternehmens. Führen bedeutet, die Aufmerksamkeit der Organisation auf die Risiken zu richten, die sich aus den externen Grenzen ergeben, und Wege zu finden, damit umzugehen.

- Externe Grenzen sind nicht immer unüberwindbar. Sie, wenn machbar, zu überwinden, ist Kernbereich unternehmerischer Führung.

- Wenn immer es um Verhandlungen oder Partnerschaften geht, ist ein tiefes Verständnis der Kultur und der Persönlichkeit der Partner erforderlich. Zu guter Führung gehört es, sich darauf intensiv vorzubereiten.

Nach vorne gehen – Veränderungen

Der Dauerzustand – Umwälzungen und Umbrüche

Umwälzungen und Umbrüche gibt es für Unternehmen eigentlich dauernd. Beispiele aus den letzten Jahrzehnten für Anstöße von außen sind die bio- und gentechnologische Revolution, Klimapolitik und Energiewende oder Digitalisierung und Künstliche Intelligenz. Umwälzungen können aber auch von innen kommen. Ein Unternehmen hat seine Fähigkeit zur Innovation verloren. Ein anderes hat nach vielen Jahren eine Kostenposition aufgebaut, mit der es nicht mehr wettbewerbsfähig ist. Extern oder intern veranlasst: Die Zeichen solcher Umwälzungen sind oft eigentlich lange schon erkennbar. Und doch reagieren viele Unternehmen erst relativ spät auf solche Zeichen. Mit teilweise dramatischen Folgen für das eigene Unternehmen.

Warum ist das so? Am Beginn einer aufkommenden Umwälzung steht zunächst Skepsis. Das ist auch verständlich. Denn einmal sind viele große Unternehmen wie Tankschiffe; auch nach der Vollbremsung fahren sie noch lange weiter. Auch ist so manche Umwälzung nicht aus den Kinderschuhen herausgekommen. Tut sie es aber, entsteht in Unternehmen als Nächstes oftmals die Gefahr der kollektiven kognitiven Dissonanz: Nein, Billigflieger werden sich nicht durchsetzen. Nein, die Windenergie wird immer ein Nischendasein führen. Nein, die Menschen werden ihr Sozialverhalten nicht zugunsten digitaler Kommunikation ändern. Diese kognitive Dissonanz ist ein altes Phänomen. „Denn wir sehen von den unzähligen Möglichkeiten der Welt nur ein paar wenige, jene nämlich, die uns unsere Erfahrung, unser Charakter, unser Wissen zeigen [...], wir finden hauptsächlich das, was wir suchen" (Dževad Karahasan, „Der Trost des Nachthimmels", S. 55).

Und wenn dann dieses Stadium überwunden ist, wird zunächst einmal sehr defensiv gedacht. Man beginnt mit der Verteidigung der eigenen, etablierten Position. Die Frage, ob man sich angesichts der Umwälzung völlig (oder teilweise) neu erfinden muss, wird zu diesem Zeitpunkt oftmals noch nicht oder nicht intensiv genug gestellt.

Kein Geschäftsmodell funktioniert ewig, allerdings viele auf lange Zeit. Daher haben Unternehmen in der Regel genügend Zeit, um auch verpasste Veränderungen nachzuholen. Das ist auch gut so. Denn zu früh auf einen Zug aufzuspringen birgt ebenfalls große Risiken für den Bestand eines Unternehmens. So richtig zu spät ist es meist erst nach einem längeren Zeitraum verpasster Anpassung.

Eine der schwierigsten Anforderungen an einen Vorstand ist es, sein Unternehmen nachhaltig und langfristig aufzustellen, wenn Umwälzungen oder Umbrüche noch eher Möglichkeit als Wahrscheinlichkeit sind. Das trifft auf viel interne Widerstände. Das unternehmerische Risiko ist hoch und viel sichtbarer als das Risiko, das bei einem „Weiter-so" besteht. Um dieses Risiko zu umgehen, ist es wichtig, dass sich ein Vorstand immer als Mitglied einer Staffel sieht und sich darum bemüht, den Staffelstab so weiterzugeben, dass auch der Nachfolger, der nächste Staffelträger, den Stab seinerseits mit der gleichen Intention weitergeben kann. Das bedeutet zum Beispiel, kein ausgequetschtes Unternehmen zu hinterlassen, sondern zunächst genügend finanzielle Reserven zu bilden, dann Veränderungen voranzutreiben, ausreichend in neue Produkte zu investieren, unternehmerisches Risiko aktiv zu übernehmen. Das erfordert Mut, denn es kann auch gewaltig schiefgehen.

Deshalb ist es so wichtig, in der strategischen Planung mit Zukunftsszenarien zu arbeiten. Deshalb sind Neugier und ständige Lernbereitschaft so wichtige Eigenschaften für Vorstände.

Der Umbau von Merck in den Jahren zwischen 2006 und 2016 war genau diesen Überlegungen geschuldet. Das Unternehmen hatte an der biotechnologischen Revolution der vorhergehenden Jahrzehnte nur sehr peripher teilgenommen, obwohl absehbar war, dass diese auf die bestehenden Geschäfte bei Pharma und Laborchemikalien erheblichen Einfluss haben würde. Die Wachstumspotenziale in den bestehenden Geschäften waren ausgeschöpft. Und intern waren verkrustete Strukturen entstanden, die wenig Potenzial für Aufbruch und Wachstum hatten.

Es galt also, an vielen Ecken und Enden anzupacken und ein groß angelegtes Transformationsprogramm auf den Weg zu bringen, Leitbild und Ambition zu formulieren, die Strategie neu zu entwickeln. Es galt, neue Geschäfte zu eröffnen, die Unternehmenskultur zu verändern, die Organisation anzupassen, neue Führungskräfte an Bord zu bringen. Und das Ganze bei begrenzten finanziellen und personellen Ressourcen. Da kann man nicht alles auf einmal in Bewegung bringen. Letztlich war es ein Weg, der zehn Jahre dauerte. 2007 wurde mit der Akquisition der Schweizer Firma Serono die Tür zur Biotechnologie in der Pharma aufgeschlossen. Und mit dem Vollzug der Akquisition der amerikanischen Firma Sigma Aldrich im Jahr 2015 wurde der Aufbau des neuen Geschäftsbereichs Life Science Tools vorläufig abgerundet. In diesen zehn Jahren gab es Rückschläge (zum Beispiel fehlende Produktzulassungen), Anpassungen des Kurses (zum Beispiel, als der erste Übernahmeversuch von Sigma Aldrich 2009 scheiterte), interne Widerstände. Trotz aller Widrigkeiten: Der Kurs insgesamt erwies sich als richtig. Und er konnte trotz so mancher kritischer Fragen auch im Kapitalmarkt durchgehalten werden, weil die Eigentümerfamilie Vertrauen hatte und Rückhalt bot. Merck ist ein Beispiel dafür, dass Transformationen auch nach langer Zeit noch gelingen können.

Im Rahmen dieser Transformation hatten wir innerhalb eines Jahrzehnts vier größere Akquisitionen zu bewältigen. Natürlich müssen die Finanzen dabei stimmen. Ich denke aber, dass der wichtigste Aspekt für den schließlichen Erfolg das Vertrauensverhältnis war, das sich in allen Fällen zwischen den Führungsteams von Merck und den akquirierten Gesellschaften entwickelt hatte. Man darf Transaktionen wie den Kauf oder Verkauf von Unternehmen nicht Investmentbankern oder Rechtsanwälten überlassen. Man benötigt sie als Dienstleister mit all ihrer Fachkenntnis. Aber auch sie müssen geführt werden.

Ein anderes eindrucksvolles Beispiel ist der Umbau von E.ON in den Jahren 2014 bis 2020, an dem ich als Aufsichtsratsvorsitzender ab 2016 teilnehmen konnte. Mit der Energiewende hatte sich die Landschaft für Energieunternehmen in Deutschland drastisch verändert. Der Ausstieg aus Kernkraft und perspektivisch Kohle war zu bewältigen. Gleichzeitig hatten aber gesunkene Energiepreise und die Folgen nicht erfolgreicher Investitionen und Akquisitionen die finanzielle Kraft des Unternehmens deutlich geschwächt. Der Vorstand entschloss sich zu einer radikalen Transformation und formulierte entsprechende Ambitionen. Das Geschäft mit Energieerzeugung und das Gas- und Handelsgeschäft wurden 2014 abgetrennt und in eine eigene, in die Selbstständigkeit entlassene Gesellschaft Uniper überführt (wenn auch aufgrund eines Last-Minute-Gesetzes die Kernkraftwerke bei E.ON verbleiben mussten). 2019 erfolgte dann eine weitere Fokussierung durch die Abgabe der Windenergie an RWE und die Konzentration auf Netzgeschäft und Kundenlösungen durch den Erwerb der RWE-Tochtergesellschaft Innogy. Das war eine in jeder Hinsicht radikale Neuerfindung von E.ON, ein weiteres Beispiel dafür, wie etablierte Unternehmen sich mit Transformation an Umwälzungen anpassen können. Dazu bedurfte es kluger Analyse, mutiger Entscheidungen und starker Führung.

Fazit:

- Führung heißt, das Unternehmen auf Umwälzungen und Umbrüche vorzubereiten.

- Führung heißt, Neugier, Lernbereitschaft und Mut zu leben.

- Führung heißt, Visionen und Ambitionen für Veränderungen zu entwickeln.

- Führung heißt, Transformationen auch gegen Widerstände durchzusetzen.

- Führung heißt, Risiken auf sich zu nehmen und mutig zu handeln.

- Führung heißt, auch Berater und Dienstleister zu führen.

Durchgriff, Priorisierung, Fokussierung – Umgang mit Krisen

Ich bin 1982 in einer substanziellen Krise bei Bayer eingetreten; die Ölkrise führte fast zum ersten (bilanziell noch zugedeckten) Konzernverlust in der Nachkriegsgeschichte. Kleinere und größere Krisen haben dann meinen Berufsweg begleitet: die Explosion des Immobilien-Bubble 1990 in Japan, Tangentopoli 1994 in Italien (Bestechungsskandale, die das Land erschütterten und zu einem dramatischen Regierungswechsel führten; die Variante für die Pharmaindustrie trug den Namen Sanitopoli), 9/11 (2001) und die SARS-Krise (2002/2003) bei der Lufthansa, die Finanzkrise 2008/2009 bei Merck und zuletzt 2020 Corona.

Die Aufzählung der Krisen zeigt, dass ein Unternehmen ungefähr alle zehn Jahre von einer substanziellen Krise getroffen werden kann. Die Tatsache, dass wir auf so lange Phasen des Aufschwungs und Wohlstands zurückblicken können, mag in uns den Eindruck erwecken, dass es immer nur bergauf ging. Nach meiner Berufserfahrung war es nicht so.

Natürlich fallen Krisen für die einzelnen Sektoren der Wirtschaft unterschiedlich schwer aus. Der japanische Immobilien-Bubble stürzte Japan in eine tiefe und lang anhaltende Krise; der Rest der Welt wurde nur peripher davon berührt. Die Sanitopoli-Krise von 1994 in Italien stellte für das dortige Pharmageschäft von Bayer eine bestandsgefährdende Bedrohung dar, die abzuwenden am Ende gelang. Der Rest der Welt merkte davon nicht viel. 9/11 war für die Lufthansa 2001 zu Beginn durchaus existenzbedrohend. Dass es am Ende dazu nicht kam, lag daran, dass der Einbruch nur kurze Zeit anhielt und der Wiederaufschwung schnell einsetzte. Außerdem war die Lufthansa damals deutlich kleiner als 2020 und daher der ökonomische Verlust auch kleiner. Gleiches gilt für die SARS-Krise von 2002/2003. Sie war in Dauer und Intensität bei Weitem nicht so gravierend wie die Coronakrise 2020/2021. Merck überstand die Finanzkrise von 2008 aufgrund seines Geschäftsmodells im Wesentlichen unbeschadet. Corona schließlich, die politischen Reaktionen darauf und die politischen Maßnahmen resultierten in einer drohenden Pleite der Lufthansa, aus der sich das Unternehmen nicht mehr aus eigener Hilfe befreien konnte. E.ON hingegen kam zwar geschwächt, aber solide über die Runden, Merck war mit Teilen seines Portfolios sogar einer der Gewinner der Krise.

In der Krise geht es letztlich immer darum, den Konkurs zu vermeiden, mit anderen Worten: die Liquidität zu sichern und Verluste zu vermeiden bzw. zu minimieren. Die Krise ist zunächst nicht die Zeit, an Wachstum oder Zukunftsinvestitionen zu denken. Das ist erst dann möglich, wenn die Krise unter Kontrolle bzw. klar ist, wie man sie überlebt.

In der Krise ist straffe Führung gefragt. Es sind klare Ansagen nötig, absolute Fokussierung auf das Überlebenswichtige, gnadenlose Priorisierung, Disziplin. Es ist die Zeit der Zentralisierung von Entscheidungen, des operativen Managements durch den Vorstand. Die Strategen müssen die Brücke vorübergehend verlassen. Und es ist die Zeit der Finanzleute, der Controller; alle Aktivitäten eines Unternehmens sind ihrem Diktat unterworfen. Es ist aber auch die Zeit der Kommunikation. Gerade in der Krise ist die Sichtbarkeit des Vorstandes im Unternehmen extrem wichtig.

Die Reaktion der Lufthansa in der Coronakrise ist ein gutes Beispiel dieser ersten Phase im Krisenmanagement. Im Zuge der verschiedenen Shutdown-Maßnahmen der Regierungen weltweit wurde der Flugplan sukzessive, aber zügig angepasst. Am Ende wurde nur noch ein Prozent der normalen Flüge geflogen, statt 350 000 Passagieren am Tag waren es nur noch 3000. Dies Herunterfahren ist eine ausgesprochen komplexe Führungsaufgabe, die dem Laien nicht offensichtlich ist. Die Flugzeuge und ihre Besatzungen waren auf der ganzen Welt einzusammeln. Dann waren Parkplätze für fast 700 Flugzeuge zu finden. Überall war technische Unterstützung sicherzustellen; auch müssen Flugzeuge einmal pro Woche wegen der Reifenbelastung kurz bewegt werden. Das vorgekaufte Kerosin ist abzubestellen, Absicherungsgeschäfte sind vorzeitig aufzulösen, Investitionen und Projekte zu stoppen. Liquiditätsmanagement hat allererste Priorität. Das Geld muss zusammengehalten, gleichzeitig aber mit Lieferanten über Zahlungsaufschub verhandelt werden. Kurzarbeit ist zu organisieren. Und gleichzeitig begannen außerordentlich komplizierte Gespräche mit der Bundesregierung über eine Auffanglösung. In dieser Situation muss der Vorstand Entscheidungen bei sich zentralisieren. Da ist kein Platz mehr für Vielstimmigkeit.

Noch während versucht wurde, das Überleben zu sichern, musste man bei der Lufthansa wieder beginnen, an die Zukunft zu denken. Und an den Neustart. Auch für diese zweite Phase des Krisenmanagements soll die Lufthansa als Beispiel dienen. Es beginnt wieder, wie bei der strategischen Planung, mit der Bildung von Szenarien. In fundamentalen Krisen hat es sich eingebürgert, die Modelle der Erholung der Volkswirtschaft als V, U oder L darzustellen. Im Falle von Corona war das schwer zu simulieren, es waren zu viele Imponderabilien dabei. Wann würde welches Land die Grenzen wieder öffnen? Wann würden Quarantänevorschriften gelockert? Welche Sicherheitsvorschriften würden in welchem Land für Flüge erlassen? Wie schnell würden Touristen einerseits, Geschäftsreisende andererseits das Fliegen wieder beginnen? Lufthansa musste Versuch und Irrtum wagen, die Bereitschaft der Passagiere testen, sehr kurzfristig auf Angebot und Nachfrage reagieren. In dem kapital- und personalintensiven Geschäft stellte das eine besondere Herausforderung dar, vor allem, weil keine sinnvolle Datenbasis aus der Vergangenheit existierte. Dazu kam noch die Unsicherheit des Verhaltens der Wettbewerber. Diese waren zwar weit schwächer als Lufthansa in die Krise hineingegangen, kamen aber in den Genuss günstigerer staatlicher Unterstützung. Lufthansa muss also durch eigene Leistung versuchen, diese Wettbewerbsnachteile zu kompensieren.

Die dritte Phase der Krisenbewältigung ist die Rückkehr zur Normalität. Wenn es denn eine Rückkehr gibt. Denn nur allzu oft schält sich nach großen Krisen eine neue Normalität heraus. Japan hat sich vom Absturz nach dem Immobilien-Bubble bis heute nicht erholt, 9/11 hat die Sicherheitsarchitektur der Welt neu definiert. Auch für kleinere Krisen gilt Gleiches: Sanitopoli hat zu einer völligen Neuordnung der Erstattung von Arzneimitteln in Italien geführt. Diese neue Normalität zu erfassen und auf sie zu reagieren ist eine enorm wichtige Führungsaufgabe. Wer nur von Rückkehr träumt, riskiert die Existenz des Unternehmens. Für den Beispielsfall der Lufthansa hatte die Zukunft zum Zeitpunkt des Abschlusses dieses Manuskripts noch nicht begonnen.

Entscheidend für die Zukunft ist, dass jedes Unternehmen aus der Krise für die nächste Krise lernt, denn diese wird kommen. Aus den Erfahrungen von 9/11 hatten wir für die Lufthansa zum Beispiel einige sehr konservative Finanzregeln entwickelt: hoher Anteil selbst finanzierter Flugzeuge oder hohe Liquiditätsvorsorge. In einer „normalen" Krise hätten diese Vorsorgemaßnahmen auch gereicht. Coronas Folgen waren zu gewaltig.

Fazit:

- Krisen sind eine regelmäßige Erscheinung, Führung heißt, sich auf Krisen vorzubereiten.

- Führung in der Krise bedeutet Zentralisierung, Durchgriff, Priorisierung und Fokussierung.

- In der Krise gewinnt Kommunikation durch die Führung an Bedeutung.

- In der Krise zahlt sich gewonnenes Vertrauen in die Führung aus.

- Führung heißt, aus überwundenen Krisen für die nächste zu lernen.

Der Unterschied zwischen Irrtum und Fehler – Verantwortung und Haftung

Grundsätzlich ist ein Vorstand für alles verantwortlich, was im Unternehmen passiert. Positiv wie negativ. Gerade bei großen, internationalen Unternehmen entspricht diese Verantwortung aber oft nicht der Realität des Tuns. Wie in allen Großorganisationen ist es für ein Vorstandsmitglied völlig unmöglich, über alles Bescheid zu wissen, was im Unternehmen geschieht. Ein Vorstand muss allerdings dafür Sorge tragen, dass die Organisation so aufgestellt und instruiert ist, dass die Prozesse im Unternehmen ordnungsgemäß ablaufen und er persönlich von wesentlichen Vorgängen erfährt oder sie unter Umständen auch von ihm zu genehmigen sind.

Wenn alles gut läuft, gibt es in der Regel kein Problem. Der Erfolg hat viele Väter; dazu gehört mit Sicherheit oft der Vorstand.

Schwieriger ist es, wenn etwas schiefläuft. Aber warum kann etwas schieflaufen? Johannes Teyssen hat in einem kürzlich erschienenen Beitrag („Das Recht auf Irrtum – und die Pflicht zur Selbstkorrektur") eine kluge Definition für den unternehmerischen Gebrauch vorgeschlagen: Fehler hätten rückwirkend vermieden werden können – Irrtümer stellen sich erst nachträglich als solche heraus. Irrtümer sind also Teil unternehmerischen Lebens, des unternehmerischen Risikos. In die Sprache des Rechts übertragen: Für Irrtümer gilt die Business Judgement Rule des § 93 AktG, wonach Vorstände dann nicht für negative Folgen unternehmerischer Entscheidungen haften, wenn sie die Entscheidung auf der Grundlage angemessener Informationen zum Wohle des Unternehmens und in gutem Glauben getroffen haben. Ein Vorstand haftet in aller Regel nicht für Irrtümer.

Vorstände begehen aber nicht nur Irrtümer. Kein Manager wird jemals fehlerlos arbeiten; alle Menschen machen beim Arbeiten Fehler. Auch ein Manager, der vermeintlich nichts riskiert, riskiert in Wirklichkeit alles. Er unterliegt mit Nichtstun keinem Irrtum, er macht einen Fehler. Denn seine Fehlervermeidung führt zum völligen Stillstand eines Unternehmens.

Fehler geschehen also. Es gehört daher zur Führungsaufgabe des Vorstandes, die Einhaltung der Regeln in der Organisation zu überwachen. Dafür gibt es in Großunternehmen mehrere Funktionen, die auch direkt an den Vorstand berichten: Controlling, Risikomanagement, Revision und Compliance. Die Berichte all dieser Ressorts werden in der Regel dem gesamten Vorstand vorgelegt und in Vorstandssitzungen behandelt. Auch der Aufsichtsrat befasst sich damit. Ich bleibe allerdings dabei, dass die Unternehmenskultur wichtiger ist als alle Kontrollinstrumente.

2020 fand ein Fall viel öffentliche Beachtung, in dem es um den Verkauf einer Signalanlage von Siemens an den indischen Konzern Adani für dessen Bahnstrecke im Zusammenhang mit der Ausbeutung substanzieller Kohlevorkommen in Australien ging. Vorstandschef Kaeser wurde von Umweltaktivisten vorgeworfen, er hätte diesen Vertrag verhindern müssen. Wirtschaftlich war der Fall angesichts eines Vertragsvolumens von 18 Millionen Euro und eines Siemens-Umsatzes von 87 Milliarden Euro mit Sicherheit unwesentlich. Da Siemens sich offensichtlich auch nicht grundsätzlich dagegen entschieden hatte, Geschäfte mit Kohlebergwerksbetreibern abzuschließen, gab es eigentlich keinen Grund, warum der Vorstand sich darum hätte kümmern sollen. Wenn hingegen Beschlusslage gewesen wäre, keine derartigen Betreiber mehr zu beliefern, hätte der Vorstand entsprechende Kontrollmechanismen installieren müssen. Es handelte sich maximal um einen Irrtum auf Arbeitsebene, aber keinesfalls um einen Fehler. Für die Öffentlichkeit sind solche Feinheiten irrelevant. Für die Verantwortung des Vorstandes sind sie aber entscheidend.

Ähnliche Fälle können jederzeit und überall passieren. Man sollte als Vorstand aber trotzdem nicht versuchen, sich durch eine überzogene Kontrollkultur dagegen abzusichern. Überzieht man nämlich, verliert man mehr an Unternehmergeist und Mitarbeitermotivation, als man an Sicherheit dabei gewinnen kann.

Aus Fehlern und Irrtümern kann man viel lernen. Beispiele hierfür habe ich in diesem Beitrag geschildert. Öffentlich wird das unter der Überschrift „Fehlerkultur" diskutiert. Ich selbst habe mich mit diesem Wort nie anfreunden können. Fehler dürfen nicht passieren. Jawohl, sie können passieren, aber sie dürfen nicht. Und daher wird mit dem Wort Fehlerkultur etwas gefeiert, was keine Feier verdient hat. Besser wäre der Terminus „Lernkultur", Lernen aus Fehlern also.

Der Aufsichtsrat hat verschiedene Möglichkeiten, auf Fehler des Vorstandes zu reagieren. Einmal besteht natürlich die Möglichkeit, sie durch eine Reduzierung der variablen Vergütung, des sogenannten Bonus, zu sanktionieren. Eine weitere Sanktionsmöglichkeit ist die Forderung nach Ersatz eines eingetretenen

Schadens. Dazu ist der Aufsichtsrat auch im Rahmen seiner gesetzlichen Aufgaben unter bestimmten Voraussetzungen verpflichtet. Für die Fälle des Vorsatzes und der groben Fahrlässigkeit ist für die meisten Vorstände eine sogenannte D & O-Versicherung abgeschlossen, die für sie zwar leistet, aber dann Rückgriff bei ebendiesem Vorstand nimmt. Eine solche Versicherung ergibt auch Sinn. Entgegen oft kolportierter Auffassung schützt sie nämlich nicht den Vorstand, sondern die Gesellschaft. Substanzielle Fehler eines Vorstandes können Zahlungen in beträchtlicher Höhe auslösen, die schnell das Privatvermögen eines Vorstandes übersteigen können. Durch die Versicherung wird das Unternehmen vor Schäden geschützt. Bei ganz gravierenden Fehlern kann schließlich ein Vorstand auch abberufen werden.

Neben der Haftung kommt aber hier auch wieder die Verantwortung ins Spiel. Bei Fehlern, Irrtümern oder auch schlicht bei ausbleibendem Erfolg kann ein Rücktritt eines Vorstandes die einzige Lösung sein, das Unternehmen aus der Schusslinie zu bringen (und sich selbst in Sicherheit). An wirklich freiwilligen Rücktritten bei solchen Fällen fallen mir nur wenige ein; dies gilt allerdings auch in allen anderen Gebieten, selbst in Politik und Geschichte. Verantwortung kann aber auch genau das Umgekehrte erfordern, nämlich in einer kritischen Situation an Bord zu bleiben. Werner Wenning hat das 2019/2020 als Aufsichtsratsvorsitzender von Bayer demonstriert, als er seinen eigentlich geplanten Rücktritt um ein Jahr hinausschob, bis er Bayer nach der Glyphosat-Krise wieder in ruhigerem Fahrwasser wusste. Wie man sich in solchen Situationen verhält, ist im Wesentlichen eine Frage des Stils und nicht des Rechts.

Fazit:

- Die Verantwortung des Vorstandes erstreckt sich auf das gesamte Unternehmen. Er muss die Abläufe daher so organisieren, dass möglichst keine Fehler auftreten bzw. sie zeitnah entdeckt werden und ihnen abgeholfen wird.

- Dabei sollte darauf geachtet werden, dass keine überzogene Kontrollkultur entsteht. Unternehmergeist und Mitarbeitermotivation müssen im Unternehmen blühen können und dürfen nicht erstickt werden.

Eine Frage des Stils

Mehr als ein Job – Verhalten als Vorstand

Jeder Vorstand hat ein eigenes Wertegerüst, seinen inneren Kompass und seinen persönlichen Stil, der sich aus seiner Sozialisierung, seinen Eigenschaften und Erfahrungen entwickelt hat.

Um glaubwürdig führen zu können, halte ich gelebte Verantwortung für erforderlich. Als Vorstand in Großunternehmen trägt man Verantwortung für Zigtausende von Mitarbeitern, für das Leben in der Organisation, für die Sicherung der Nachhaltigkeit und vieles andere. Es ist wichtig, dass die Menschen, die einen umgeben, und die, die im Unternehmen arbeiten, diese Verantwortung auch spüren. Verantwortung darf nicht abstrakt sein. Verantwortung drückt sich einmal bei den Entscheidungen des Vorstandes aus. Verantwortung hat aber auch eine personale Seite. Dazu gehört, sich um Mitarbeiter auch in ihrem privaten Umfeld zu kümmern, persönliche Probleme zu erspüren, großzügig zu sein, wenn Hilfe benötigt wird. Und kein großes Thema daraus zu machen.

Zum Stil gehört Verlässlichkeit. Das gegebene Wort muss gelten – aber auch das Nein. Auch sollte man Mitarbeiter nicht zu oft mit wechselnden Launen konfrontieren. Selbstbeherrschung und -kontrolle gehören zur Führungsfähigkeit, auch wenn es so manches Mal schwer durchzuhalten ist. Man muss aber dann wissen, vor wem man sich mal gehen lassen kann. Auch Ironie, zu der ich manchmal neige, ist als Führungsverhalten nicht empfehlenswert. Die Grenze zum Zynismus liegt im Empfinden so mancher niedriger, als sie beim Absender ist. Dann kann Ironie schnell verstörend wirken. Im Übrigen gibt es Kulturen, die völlig ohne Ironie auskommen, Japan zum Beispiel. Aber auch Kulturen, in denen es manchmal nur noch mit Ironie geht, Italien zum Beispiel. Ja, und genau das war jetzt eine ironische Bemerkung, die man eben tunlichst unterlassen sollte. Und um das noch gleich hinzuzufügen, bevor irgendwelche Missverständnisse entstehen: Italien ist mir zur zweiten Heimat geworden; ich habe eine ganz besondere Beziehung zu diesem Land. Und ich denke, dass Italien in so manchem durchaus auch Vorbild für Deutschland sein kann.

Zum Stil gehört Haltung – die sich darin ausdrückt, dass man für etwas steht, auch dafür kämpft, wenn notwendig. Dass man Rückgrat zeigt und auch bei Gegenwind zu seiner Meinung steht.

Zum Stil gehört Loyalität. Zu getroffenen Entscheidungen stehen. Mitarbeiter stützen und unterstützen. Transparenz hilft dabei, die Loyalität der Mitarbeiter zu gewinnen. Denn die Mitarbeiter müssen verstehen, worauf Entscheidungen basieren. Dass es bei Entscheidungen auch Zwänge geben kann. Wer Entscheidungen nicht erklärt, kann dauerhaft keine Loyalität erwarten.

Ein essenzielles Merkmal guten Führungsstils ist Vertraulichkeit. Ein Vorstand kann das Vertrauen seiner Mitarbeiter nur erwarten, wenn er Vertrauliches auch so behandelt. In der Praxis ist das aber sehr schwer durchzuhalten. Der Mensch ist ein soziales Wesen, er muss sich mitteilen. Alles in sich einzuschließen führt zu Einsamkeit und Verschlossenheit. Auch benötigt man für eine endgültige Entscheidung oft die Meinung anderer Personen. Ich denke daher, dass es einen Kernbereich der Vertraulichkeit gibt, welcher sich auf persönliche Fragen bezieht. Dieser ist absolut und stets zu respektieren. Bei anderen Themen mit Vertraulichkeitscharakter sollte man zurückhaltend damit umgehen; absolute Verschwiegenheit kann aber nicht gewährleistet werden.

Diese Einschränkung der Vertraulichkeit gilt für Mitarbeiterbeziehungen, nicht aber für die vereinbarte Vertraulichkeit von Gremiensitzungen oder zum Beispiel Vertragsverhandlungen. Dort ist sie bedingungslos einzuhalten. Zu kontrollieren ist sie allerdings selten, jedenfalls oft nicht mit rechtsstaatlichen Methoden. Jeder Vorstand erlebt in seiner Berufstätigkeit unzählige Brüche der vereinbarten Vertraulichkeit, die regelmäßig ihren Weg in die Medien finden („wie von mit der Angelegenheit vertrauten Personen verlautet"). Dahinter stehen Wichtigtuerei, Schwatzlust, manchmal soll auch den Medien ein Gefallen getan oder erwidert werden, manchmal sollen Entscheidungen boykottiert werden: Was auch immer der Grund ist, das Ganze ist höchst unerfreulich und schadet in der Regel dem Unternehmen. Aber man muss lernen, damit umzugehen. Selbst sollte man sich keinesfalls an solchen Vertraulichkeitsbrüchen beteiligen; in der Wirtschaft gehört das einfach nicht zum Arsenal einer Führungskraft.

Zum Stil gehört auch Geduld. Viele Lösungen reifen über einen langen Zeitraum; ich habe weiter vorn geschildert, wie wir bei Merck fünf Jahre auf die Gelegenheit warteten, Sigma Aldrich zu übernehmen. Rechtsstreitigkeiten ziehen sich oft über viele Jahre, ja Jahrzehnte hin. Forschungsvorhaben werden wieder und wieder verzögert, weil die Ergebnisse noch nicht in den Lösungskorridor passen. Bei der Entwicklung von OLED-Materialien haben wir bei Merck über zehn Jahre daran gearbeitet, ein marktfähiges Produkt zu entwickeln – mit letztendlich gutem Ergebnis und auch kommerziellem Erfolg, der aber zu keinem Zeitpunkt garantiert war. Natürlich muss ein Vorstand die Dinge vorantreiben, dafür sorgen, dass kein Schlendrian eintritt. Aber viele Themen lassen sich auch mit noch so großer Ungeduld nicht beschleunigen.

Eng verbunden mit der Geduld sind Gelassenheit und Belastbarkeit, oder anders gesagt die Fähigkeit zur Abgrenzung und auch zur Priorisierung. Als Vorstand erreichen einen nahezu täglich Hiobsbotschaften aus irgendeinem Teil der Welt oder des Geschäfts. Eine gescheiterte Produktzulassung hier, ein Unfall in einem Betrieb dort, eine Änderung gesetzlicher Erstattungsregeln, neue Zölle usw. Wenn man all das an sich heranlässt, wird man irgendwann nervös, verliert Souveränität und Überblick und damit Abstand und Führungskraft. Gerade in Krisen müssen die Mitarbeiter sich an der Führung orientieren können. Der Vorstand muss stets einen klaren Kopf behalten. Und das kann er nur, wenn er in seiner Laufbahn gelernt hat, sich, wenn erforderlich, abzugrenzen. Natürlich war der Vorstand der Lufthansa (und nicht nur er!) während der Coronakrise und der Verhandlungen zur Rettung des Unternehmens an den Grenzen seiner Leistungskraft angelangt. Es gab Momente der Niedergeschlagenheit, der Verzagtheit, der Enttäuschung und der Verzweiflung. Und doch waren es nur vorübergehende Phasen; die Abgrenzung und der Wille, zu Ergebnissen zu kommen, gewannen rasch wieder die Oberhand. Durch solche Phasen gehen alle Führungskräfte. Das ist auch nur zu menschlich. Warum darüber so selten gesprochen wird, erschließt sich mir nicht.

Denn zum Stil gehört auch, Mensch zu sein, mit Stärken und Schwächen, und daraus kein Geheimnis zu machen. Seiner Stärken muss sich ein Vorstand bewusst sein und diese auch leben. So sollte sich zum Beispiel jeder Vorstand die Frage stellen, warum die Mitarbeiter ihm folgen sollten – und natürlich eine Antwort darauf haben. Aber man kann ruhig auch zu seinen Schwächen stehen. Und davon hat jeder Vorstand mehr als die üblicherweise in einem solchen Zusammenhang immer angeführte Ungeduld. Niemand möchte mit einem in jeder Hinsicht perfekten Menschen zusammenarbeiten (abgesehen davon, dass es diesen gar nicht gibt).

Ja, Stärken und Schwächen auch zeigen. Gleichzeitig aber in sich ruhen. Wenn es kritisch wird, muss der Vorstand die Richtung weisen, muss Rückhalt für die Mitarbeiter sein. Um in dieser Zeit die notwendige Autorität zu demonstrieren, ist Verwurzelung nötig.

Man muss wissen, wo man zu Hause ist, wo Kraft und Zuversicht herkommen.

Schließlich muss ein Vorstand für seine Aufgabe erkennbar brennen. Unternehmensführung ist mehr als ein Job. Sie ist verantwortliche Zukunftsgestaltung. Und das ist kein Routinebetrieb. Und genau das müssen die Mitarbeiter spüren: Hier verwaltet nicht jemand sein Amt, sondern hier gestaltet er auch ihre Zukunft. Mit Ambition. Mit Herzblut. Und als Mensch. Und dann kann er mit alldem Vorbild sein für die, die ein Vorbild suchen.

Fazit:

- Führen heißt, Verantwortung täglich zu leben, verlässlich zu sein und loyal.

- Führen heißt, Vertrauen zu schenken und geschenkt zu bekommen.

- Führen heißt, geduldig, gelassen und belastbar zu sein, priorisieren und auch sich abgrenzen zu können.

- Führen heißt, für seine Aufgabe zu brennen.

- Führen heißt, Mensch zu sein und Stärken und Schwächen auch zu zeigen.

- Führen heißt, als Vorbild dienen zu können.

Verzicht auf Allmacht – Gutes Zeitmanagement

Zeitmanagement ist ein schwieriges Thema; ich selber habe es nie optimal hingekriegt. Oder anders gesagt, nie zu meiner eigenen

Zufriedenheit. Und dabei ist es so wichtig, die stets knappe Zeit effektiv zu nutzen.

Es gibt kein typisches Rollenprofil für einen Vorstand. Sicher, im Normalfall gibt es planbare Routinen. Aber alle paar Jahre gibt es Transformationen, Umbrüche oder Krisen. Und dann ist ganz anderes Arbeiten gefordert.

Ich möchte hier den Normalfall für den Vorstandsvorsitzenden in einem typischen Arbeitsmonat darstellen. Ich muss aber darauf hinweisen, dass die Aufteilung stark vom Geschäftsmodell eines Unternehmens abhängt. Ein Pharmaunternehmen zum Beispiel wird der Wissenschaft einen ganz anderen Stellenwert zuweisen als eine Logistikfirma. Insofern ist der beschriebene Normalfall mit etwas Zurückhaltung zu lesen.

Typischerweise gibt es mindestens zwei Vorstandssitzungen im Monat, für die jeweils ein Tag angesetzt ist. Diese Sitzungen sind Berichten, Anträgen und der freien Behandlung operativer oder strategischer Themen gewidmet. Die Themenpalette reicht dabei von komplexen Forschungsberichten über Investitionsanträge bis zur Behandlung ganz banaler organisatorischer Fragen. Oft werden Experten aus dem Unternehmen hinzugezogen, seltener externe Vertreter. Mehrfach im Jahr befasst sich der Vorstand ausführlich mit der Strategie und Planung, zumeist in Sondersitzungen. Daneben gibt es einmal monatlich ein Review-Meeting, in dem der Vorstand mit den Controllern und den Vertretern der einzelnen Geschäftsbereiche zusammensitzt und die wirtschaftlichen Ergebnisse des jeweiligen Monats analysiert. Dazu kommen Themen der Kontrolle: Diskussion der Revisionsberichte, der Status der Compliance, Reports aus dem Bereich Gesundheit und Sicherheit. Quartalsweise werden die Quartalsabschlüsse bzw. der Jahresabschluss erörtert, die Wirtschaftsprüfer dazu angehört. Im zeitlichen Zusammenhang damit stehen Investorenberichte und die Vorbereitung der Roadshows. Dann gilt es, die Aufsichtsratssitzungen vorzubereiten. Den eigentlichen Sitzungen gehen das

Studium der Vorlagen, gezielte Nachfragen sowie ein Treffen mit dem eigenen Stab zur Vorbereitung voraus. Netto bedeutet das einen Zeitaufwand von acht bis zehn Tagen pro Monat. Acht-Stunden-Tage reichen allerdings nicht aus.

Typischerweise widmet sich ein Vorstandsvorsitzender einem spezifischen Thema im Monat. Das kann ein sogenannter Deep Dive in Themen der Produktion sein. An anderer Stelle geht es um Vertriebsfragen, wieder in einer anderen Woche steht der Status der Umsetzung der Digitalisierung im Vordergrund. Hierzu zählt für mich auch die intensive Auseinandersetzung mit dem Fortschritt in wissenschaftlichen Kernbereichen. Das sind weitere zwei bis vier Tage.

Es wird (zu Recht) erwartet, dass ein Vorstandsvorsitzender Kunden und eigene Niederlassungen im In- und Ausland besucht. Sieben Tage.

Dazu kommen Gespräche mit Vertretern der Aktionäre, der Politik, der Presse, der Mitarbeiter. Die im eigenen Ressort arbeitenden Führungskräfte benötigen Zeit. Vier bis fünf Tage.

Einen Vorstandsvorsitzenden erreichen täglich unzählige Mails, andere elektronische Nachrichten und Post. Kunden beschweren sich (loben tun sie seltener), Veranstalter bitten um Vorträge, Kulturinstitutionen um Spenden, Politiker um die Unterstützung bei Vorhaben. Für diese Arbeit sind auch bei sehr gut funktionierender Assistenz drei bis vier Tage anzusetzen.

Das sind in Summe 24 bis 30 Arbeitstage. Und da ist noch keine Zeit dabei, die man sich nehmen muss, um in Ruhe über schwierige Fragen nachzudenken oder Zeit mit der Familie oder Freunden zu verbringen. Und die Anomalität, die in vielen Geschäften fast Normalität ist und die Terminpläne regelmäßig durcheinanderwirft, ist dabei auch noch nicht berücksichtigt.

Diese Anomalität kommt öfter vor, als man denken mag. Dabei geht es gar nicht um die großen Umbrüche und Krisen. Ein nur eintägiger Streik bei der Lufthansa wirft für fünf Tage den ganzen Flugplan durcheinander: Tausende von Passagieren sind unterzubringen, umzubuchen, die Flugpläne komplett zu überarbeiten, die Callcenter laufen heiß. Oder eine klinische Studie von Merck für ein neues Medikament, auf der viele Hoffnungen lagen, liefert nicht das erwünschte positive Ergebnis. Das Studienprogramm ist komplett abzuwickeln, für Tausende von Patienten ist Sorge zu tragen, die Kommunikation wird zu einer Habilitationsschrift.

Es ist völlig klar, dass das eben beschriebene Arbeitspensum in dieser Form nicht zu leisten ist. Jeder Vorstandsvorsitzende muss seinen Weg finden, wie er mit dieser permanenten terminlichen Überlastung umgeht. Einmal geht es nicht ohne Delegation. Delegation ist nicht nur als Instrument der Mitarbeiterführung essenziell, sondern auch, um die Pflichtenerfüllung eines Vorstandes zu gewährleisten. Das klappt aber nur, wenn mit der Aufgabenwahrnehmung auch die Verantwortung dafür an die Führungskräfte übertragen wird. Mit ständiger Nachfrage und permanenter Kontrollwut wird das nicht funktionieren. Zum Zweiten bedarf es eines engen Teams um den Vorstand, das seine Arbeitsweise verinnerlicht hat und im täglichen Betrieb viele anfallende Themen autonom erledigen kann. Insbesondere zu diesen engsten Mitarbeitern baut man über die Zeit ein immenses Vertrauensverhältnis auf.

Daneben muss man aber als Vorstand auch lernen, zu fokussieren, sich abzugrenzen, Dringendes von wirklich Wichtigem zu unterscheiden. Die Arbeit als solche raubt schon jede Menge Energie. Wenn man dann jeden Fehlschlag, jede Kundenbeschwerde, ja leider auch manchmal Einzelschicksale zu sehr an sich heranlässt, geht einem irgendwann die Kraft verloren, die man braucht, um Menschen zu führen, um zu entscheiden und das Richtige für das Unternehmen zu tun.

Fazit:

- Führung heißt, um die Begrenztheit der eigenen Zeit und Kraft zu wissen.

- Führung heißt deshalb Verzicht auf Allmacht und Nutzung von Delegation.

- Führung heißt Fokussierung.

- Führung heißt auch Abgrenzung.

Balance – Die eigene Gesundheit und die der Mitarbeiter

Um diese Energie aufbringen zu können, muss man sich um seine Gesundheit kümmern. Es verschlägt einem heute noch den Atem, wenn man die Männerrunden der Vorstände auf den Fotos der 1950er und 1960er Jahre betrachtet, in Zigarrenqualm gehüllt und fröhlich mit einem Glas Schnaps anstoßend, während das Weinglas milde auf dem Tische schimmert. Und das Ganze mittags. Ich weiß nicht, ob die Grundgesundheit damals besser war, der Stress geringer oder der Umfang der Arbeit weniger. Ich kenne jedenfalls keinen aktuellen Vorstand, der so fotografiert werden könnte.

Aber um die Gesundheit und eine vernünftige Balance muss man sich auch schon früher kümmern. Ich habe es zweimal in meiner Karriere erlebt, dass ich in ein Hamsterrad geriet, nicht mehr die Zeit und Ruhe fand, meine Batterien wieder aufzuladen. Einmal, als in Japan alles neu war, alles über mich hereinbrach: neues Land, neue Kultur, neue Sprache – und dazu eine deutlich größere Verantwortung mit beträchtlicher Führungsspanne und herausfordernden inhaltlichen Problemen. Und dann die ganze Familie in einem völlig anderen Kontext: Es war die Zeit ohne Internet, Mobiltelefon (eine

Minute am Festnetz kostete zehn US-Dollar) oder Direktflug nach Deutschland. Das andere Mal war in Italien, als es meine Aufgabe war, nach dem als „Sanitopoli" bekannt gewordenen Bestechungsskandal im italienischen Gesundheitswesen das Pharmageschäft von Bayer wieder auf neue Füße zu stellen. Wieder ein neues Land und eine neue Sprache (wenn auch leichter als Japanisch). Und wieder eine neue berufliche Herausforderung, diesmal das erste Mal in operativer Verantwortung. Ein Markt, der in meinem ersten Jahr um 50 Prozent abstürzte. Ich musste in beiden Fällen persönlich radikal umsteuern, um nicht auf Grund zu laufen.

Die Vorstandstätigkeit (natürlich nicht nur diese) führt zur Freisetzung von Dopamin und der Ausschüttung von Adrenalin. Die Macht, die man als Vorstand verspürt, setzt Dopamin frei. Dieser Neurotransmitter ist mit dem Belohnungs- und Vergnügungszentrum des Gehirns verbunden. Macht vergnügt also, man will sie immer wieder ausüben. Adrenalin hingegen ist ein Stresshormon, es schafft die Voraussetzungen für die Bereitstellung von Energiereserven.

Mit zunehmendem Alter lassen sich die Batterien eines Menschen nicht mehr so leicht aufladen wie früher; man braucht mehr Zeit. Da Vorstände zumeist nicht mehr ganz jung sind, sich allerdings wegen der beschriebenen Folgen der Dopamin- und Adrenalinausschüttung meist noch so fühlen, wird diesem Aspekt meiner Beobachtung nach nicht genügend Aufmerksamkeit geschenkt. Sehr oft wird unter Leistungsbedingungen gejoggt oder Ähnliches. Das ist nicht die Art des Kümmerns, die ich meine. Jeder von uns muss einmal mit dem Altern des Körpers einschließlich der Veränderung des Immunsystems umgehen, zum anderen aber auch daran arbeiten, die geistige Frische zu erhalten. Dieses geht nur über Beschäftigungen, die altersgerecht sind und Geist und Körper ausbalancieren. Einen Triathlon mit 50 Jahren zu absolvieren gehört nur im Ausnahmefall dazu.

Ein anderer Aspekt ist, dass die Leistungsfähigkeit eines Menschen nicht einer Geraden folgt. Eher einer Sinuskurve. Zeiten großer Spannkraft und Kreativität werden von ruhigeren Phasen abgelöst. Das Leben als Vorstand erlaubt aber wenige solcher Phasen. Ergebnis: Man pumpt sich mit Adrenalin auf, um Anforderungen und Erwartungen gerecht zu werden. Zum ersten Mal wirklich bewusst wurde mir das, als ich erschöpft wirkend (was ich auch war) zu einem Vortrag an der Universität Mannheim kam. Man sah mir die Müdigkeit an. Ich zog mich fünf Minuten zurück und erschien wie ausgewechselt: frisch und dynamisch. So etwas raubt Reserven. Wenn irgend möglich sollte man Terminkalender und Tagesablauf der eigenen Sinuskurve anpassen.

Dazu gehören für mich auch Stunden fehlender Erreichbarkeit. Phasen, in denen Smartphones abgeschaltet werden sollten, in denen Mails liegen bleiben können, in denen das eigene Gehirn auf Wanderschaft gehen und neue Ideen entwickeln kann. Mit dem Finger ständig am mobilen Endgerät wird das nicht gelingen. Und falls im Übrigen etwas wirklich megadringend ist und nur in dieser Minute erledigt werden kann, wird es Wege geben, einen zu erreichen. Aber in der Regel gilt: Nicht alles, was dringend ist, ist auch wichtig.

Es ist wichtig, das auch im Führungsverhalten gegenüber Mitarbeitern zu praktizieren. Es besteht sowieso die Tendenz in Unternehmen, alles, was vom Vorstand kommt, als wichtig *und* dringend zu behandeln. Führen heißt auch, den Mitarbeitern das Gefühl dafür zu geben, wann etwas „nur" wichtig und wann etwas wichtig und dringend ist.

Es gilt auch, sich um den Geist zu kümmern. Nur die Geschäftsunterlagen zu studieren reicht nicht aus. Auch der Kopf braucht Entspannung, braucht Anregung. Sachbücher aus anderen Bereichen zu lesen, sich an Literatur zu erfreuen, intensiv Musik zu hören, sich mit bildender Kunst auseinanderzusetzen, zu ergründen, warum Theater heute großartig oder katastrophal sein kann: All das bereichert, regt an, setzt den Kopf frei. Es macht einem auch immer wieder deutlich, dass es auch ein Leben außerhalb des Berufes gibt.

Und was für eins. Die Einheit von Körper, Geist und Psyche ist mindestens genauso wichtig wie die körperliche Fitness.

Zur Balance gehört auch ein erfülltes Privatleben. In der Familie zu Hause zu sein. Mit Menschen, die man lieb hat, Zeit und Inhalt zu teilen. Für andere Menschen Verantwortung zu übernehmen. Sich mit Freunden außerhalb des Berufes weiterzuentwickeln. Ja, es ist schwierig, die Zeit dafür zu finden, zu oft frisst der Beruf einen auf. Aber es geht. Man muss sich die Zeit für anderes nehmen.

All das hilft dabei, sich selbst nicht ernster zu nehmen und für wichtiger zu halten, als man ist. Jeder von uns ist ersetzbar. Erstaunlicherweise laufen Unternehmen weiter, auch wenn der scheinbar Unersetzbare abgetreten ist. Die Relativierung der eigenen Bedeutung ist für einen selbst, aber auch für die anderen wichtig.

Als Vorgesetzter gilt es, Mitarbeiter auf all dies aufmerksam zu machen; sie im größten Stress nicht noch mit weiteren Aufgaben zuzumüllen; auch bei jungen Mitarbeitern darauf zu achten, dass die Balance zwischen Engagement und Einsatz einerseits, Durchatmen andererseits gewährleistet ist. Es wird immer Zeiten des übergroßen Stresses geben. Als Vorstand muss man darauf achten, dass dem eine Phase relativer Ruhe folgt. Die im Arbeitszeitgesetz festgelegten maximalen täglichen Arbeitszeiten (die von manchen Betriebsräten auf die Minute genau kontrolliert werden) sind sicher nicht mehr das, was auch junge Führungskräfte wollen. Aber das, was jungen Beratern oder Investmentbankern zugemutet wird bzw. sie sich selber zumuten, hat für mich mit verantwortungsvoller Menschenführung auch nicht mehr viel zu tun.

Fazit:

- Führung ist kraft- und energieraubend. Um der Verantwortung der Führung gerecht zu werden, ist es essenziell, mit dem eigenen Körper und Geist schonend umzugehen. Diese Verantwortung hat man auch für Mitarbeiter.

- Als Führungspersönlichkeit soll man sich selbst nicht zu wichtig nehmen. Das gibt einem selbst die bessere Perspektive und ist für andere im Umgang deutlich angenehmer.

- Zur Führung braucht man geistige Breite und Tiefe sowie ein Gefühl für Balance.

Wer ändert wen? Amt und Person

Neustarts, Durststrecken, Erntezeiten: Rhythmen der Arbeit

In der Tätigkeit als Vorstand kann man eigentlich nicht von Rhythmen sprechen. In der Regel geht ein frisch gebackener Vorstand von zwei Amtszeiten aus, also von acht bzw. zehn Jahren. Eigentlich ist er daher nicht gezwungen, gleich am Anfang Zeichen zu setzen, er kann in seine Tätigkeit hineinwachsen. Die Durchsetzungsfähigkeit eines Vorstandes bleibt während seiner Amtszeit in der Regel unverändert; man kann große Veränderungen jederzeit in Gang setzen. Die Rhythmen werden also nicht durch das Mandat bestimmt, sondern durch die Probleme oder Chancen des Unternehmens. Grundsätzlich gilt dabei: In einem gesunden Unternehmen ist anfangs weniger mehr; ein neuer Vorstand sollte den bewährten Weg fortsetzen. Soll hingegen ein Unternehmen aus einer Krise geführt werden, ist von Anfang an beherztes Handeln erforderlich.

Die Lernkurve eines Vorstandes ist im ersten Jahr der Vorstandstätigkeit am steilsten. Man lernt, seine Rolle anzunehmen, Prioritäten zu setzen, sich auf das Wichtige zu konzentrieren. Wie es so schön heißt: „Don't rearrange deck chairs on the Titanic." Man entwickelt die Durchschlagskraft des Neubeginns. Das zweite und dritte Jahr sind typischerweise aber schwieriger. Interner Widerstand formiert sich, nicht alles läuft wie geplant. Diese Jahre muss man überstehen. Danach aber tragen die Entscheidungen der Anfangsjahre Früchte, man kann zu ernten beginnen.

Sowohl bei der Lufthansa als auch bei Merck konnte ich die Unabhängigkeit genießen, zu bestimmten Zeitpunkten, die mir richtig erschienen oder die sich aus Opportunitäten ergaben, Zeichen zu setzen. Alles orientierte sich an den Notwendigkeiten des Unternehmens, der Reife der eigenen Pläne und der Möglichkeit ihrer Umsetzung. Ich habe aus verschiedensten Gründen heraus Druck gespürt, selten aber den Zeitdruck, zu einem bestimmten Punkt etwas bewegen zu müssen. Wohl habe ich aber die eben beschriebenen Phasen durchlebt: den langsamen Start, die schwierigeren Jahre zwei und drei und dann die Erntezeit.

Nach vier, fünf Jahren hat man selber wesentliche Entscheidungen getroffen, deren Auswirkungen erkennbar werden. Wie immer hat einiges toll geklappt und anderes gefloppt. Dann gilt es, sich zu korrigieren, umzusteuern. Damit hatte ich nie Probleme. Wenn etwas nicht gut gelaufen ist, korrigiert man sich halt. Und dann gilt es, einen neuen Anlauf zu nehmen. Allerdings steht dann auch die Vertragsverlängerung an, und das ist eine Zeit der Reflexion. Hat man noch die Pläne, den Biss für eine zweite Amtszeit? Wie sieht es mit der Life-Work-Balance aus?

Bei der Lufthansa war mir zum Zeitpunkt der Verlängerung meines Vertrages 2002 bereits klar, dass ich noch einmal einen Schritt in neues Terrain wagen wollte. Es dauerte allerdings dann noch vier Jahre, bis sich die Möglichkeit auftat. Bei Merck hingegen war mir ebenso klar, dass ich den eingeschlagenen Weg noch gern eine weitere Amtszeit weiterführen wollte.

In der (erfolgreichen) zweiten Amtszeit steigt das Risiko der Selbstgefälligkeit. Es klappt ja alles, denkt man, und schon lässt man die Zügel etwas locker. Auch fordern die Jahre an der Spitze ihren Tribut. Der ständig hohe Energielevel und der Druck des ständig sich verändernden Umfelds hinterlassen Spuren. Der Selbstzufriedenheitsfalle zu entgehen ist entscheidend für die zweite (und eventuelle dritte) Amtszeit. Denn das sind die Jahre, in denen der kurzfristige Erfolg unwichtiger geworden ist und in denen man das Unternehmen nachhaltig ausrichten kann. Und ich gestehe: Die zweiten fünf Jahre bei Merck waren die schönsten meines Berufslebens.

Irgendwann hat man alles gegeben, alles angestoßen, was man in Bewegung bringen wollte. Vielleicht erlischt auch manchmal die Neugier, die Lernbereitschaft. Spätestens dann ist es an der Zeit zu gehen; der langfristige „Rhythmus" ist am Ende angekommen.

Natürlich hat aber auch das Jahr seine Rhythmen. Da sind einmal die Pflichttermine, die tatsächlich durch den Kalender definiert sind. Da sind die Quartals- und Jahresabschlüsse mit den internen und externen Sitzungen, Konferenzen und Veranstaltungen, die sich darum gruppieren. Die Aufsichtsratssitzungen und auch die Hauptversammlung folgen im Regelfall dem durch die Abschlüsse vorgegebenen Zeitplan, meistens ergänzt durch bis zu drei weitere Sitzungstermine.

In dieses Gerüst werden die anderen Termine eingepflegt, so dass das Kalenderjahr bereits im Herbst des Vorjahres komplett durchgeplant ist. Zu diesen anderen Terminen gehören auch Veranstaltungen wie das bekannte World Economic Forum in Davos oder vergleichbare Events. Davos gilt zwar als Pflichtveranstaltung für Manager. Ich habe mich aber davon weitgehend ferngehalten. Zwei- oder dreimal war ich dort, es hat mich aber wenig inspiriert. In den Großveranstaltungen wurde eigentlich nur bereits Bekanntes referiert. Unter den kleineren Formaten fand sich Interessantes; in Summe lohnte das aber nicht die hohe Teilnehmergebühr. Und die Menschen, die es zu treffen galt, waren auch anderswo zu finden.

Rhythmen gibt es schließlich auch im Kleinen. Bei allen Unternehmen, bei denen ich arbeitete, dauerten Meetings eine Stunde, völlig gleichgültig, ob der Zeitbedarf zehn oder 180 Minuten war. Viele solcher Rituale bestimmen einen Unternehmensalltag. Sie kann man ändern.

Fazit:

- Das Vorstandsleben folgt in seinem langfristigen Zyklus keinen vorgegebenen Rhythmen. Man setzt sich seinen Rhythmus selbst. Führen heißt, den geeigneten Rhythmus für sich selbst zu finden.

- Zum Führen gehört es, zu wissen, wann der eigene Rhythmus bei den letzten Takten angekommen ist.

- Das jeweilige Geschäftsjahr aber ist voll durchgeplant. Seine Rhythmen lassen wenig Raum für Spontaneität.

Zehn Jahre: Dauer und Ausdauer im Vorstand

In der öffentlichen Diskussion taucht so etwas wie Mitgefühl für Vorstände nicht auf. Sie sind gut bezahlt, sie haben Macht. Ihre Tätigkeit wirkt weder sonderlich sympathisch noch empathisch, in den emotional aufgeladenen öffentlichen Diskussionen erscheinen sie oft als kalt und rational. Das mag alles wohl so rüberkommen. Und es mag tatsächlich auch Vorstände geben, die diesem Bild entsprechen.

Die Realität ist bei vielen aber anders. Nicht, was die gute Bezahlung angeht. Und auch nicht, was die Macht betrifft. Es geht mir hier um etwas anderes.

Als Vorstand werden Sie in gewisser Weise einsam. Nicht, dass es an gesellschaftlichen Kontakten fehlt, nicht, dass im Unternehmen keiner mehr mit Ihnen redet, im Gegenteil. Die Einsamkeit rührt eher daher, dass es schwerer wird, offenes Feedback zu erhalten. Menschen in Ihrem Umfeld agieren politischer. In dem Film „Die dunkelste Stunde" ist diese Einsamkeit sehr anrührend dargestellt, als Churchill und König Georg VI., zwei in diesem Sinne einsame

Menschen, sich im Schlafzimmer Churchills gegenseitig Feedback geben und Vertrauen aussprechen – etwas, was ihnen in einem anderen Umfeld nicht möglich ist. Denn in der Öffentlichkeit haben sie eine Rolle zu spielen.

Wenn Sie Vorstand werden, zerrt ständig jemand an Ihnen. Jeder will etwas. Sie sind ständig dazu aufgerufen, Energie abzugeben. Nur wenige Vertraute sagen Ihnen wirklich, was los ist. Entweder wird Ihnen ein heiles Bild vorgespiegelt. Oder es werden Ihnen Schauergeschichten erzählt, wie schrecklich alles in der Firma ist. Sie müssen viel Kraft und Empathie entwickeln, um hinter diesen Zerrbildern die Realität zu entdecken.

Umgekehrt erfährt man immer wieder, wie unendlich „wichtig" man ist. Natürlich ist einem bewusst, dass diese Schmeichelei nur der Rolle gilt, nicht der Person. Und trotzdem tut es einem gut. Es gilt, diesbezüglich sehr auf dem Boden zu bleiben – und sich selbst nicht zu ernst zu nehmen.

„Der große Julius Cäsar eroberte Gallien –
was der alles um die Ohren hatte!
Lukullus bezwang die Thraker –
und dann hat er ja auch hervorragend gekocht!
Bischof Beutel baute den Kölner Dom –
das muss ein unheimlich dynamischer Geistlicher gewesen sein.

Jedes Jahr ein Sieg –
wo ist eigentlich mein Terminkalender?
Alle zehn Jahre ein großer Mann –
wo mein Terminkalender ist?!
So viele Fragen –
Ach da ist er ja! Wenn man nicht alles selber macht!

(Robert Gernhardt, „Fragen eines lesenden Bankdirektors")

Man beginnt, seine eigenen Methoden zu entwickeln, sich von all dem abzugrenzen, um Kraft zu sparen. Man hört weniger zu, man hat ja alles schon mal gehört. Man wird unduldsamer. Die Erfahrung ist größer geworden, aber die Neugier gleichzeitig geringer.

Dazu kommt eine nur schwer reduzierbare Arbeitsbelastung. Zum Entspannen bleiben Samstag und Sonntagvormittag, wenn Sie nicht auf einer Dienstreise unterwegs sind.

Ich habe aus diesen Erfahrungen heraus meine Mitarbeiter stets aufgefordert, nicht nur dem Beruf zu dienen; ein Leben außerhalb der Firma zu haben, mit Familie und Freunden; sich Zeit zum Entspannen zu nehmen, immer mehr mit zunehmendem Alter; sich körperlich zu entspannen – und geistig: lesen oder Musik hören oder sich mit anderen Themen beschäftigen. Geistige Breite ist es, was Vorstände auch auszeichnen sollte.

Diese zehrende Art der Arbeit ist es, die mich zu der Schlussfolgerung führt, dass zehn Jahre in einer Tätigkeit für einen Vorstand eigentlich genug sind. Sicher, es gibt Ausnahmen. Aber im Regelfall zehrt die Arbeit doch zu sehr.

Es gibt noch andere Gründe für diese zehn Jahre. Im Regelfall hat man in diesem Zeitraum alles an Impulsen gegeben, was man für das Unternehmen geben konnte. Nach zehn Jahren beginnt die Routine überhandzunehmen. Man hat alles gesehen, alle Argumente gehört. Man wird unduldsamer, besserwisserischer. Man muss schon ein sehr starker Mensch sein, um diesen quasi naturgesetzlichen Verhaltensweisen zu entkommen.

Jeder ist auch ersetzbar. Wenn der Glaube an die eigene Unersetzbarkeit entsteht, ist es Zeit zu gehen. Ich habe diese Zehn-Jahres-Regel für mich daher ziemlich konsequent angewandt. Und bin gut damit gefahren. Das geht aber alles nur, wenn man auch einen Nachfolger oder mehrere Kandidaten dafür aufgebaut hat. Auch darum ist Nachfolgeplanung so wichtig.

Fazit:

- Führen heißt, die Endlichkeit der eigenen Kraftreserven zu erkennen und damit umzugehen.

- Führen heißt, dafür zu sorgen, dass die Mitarbeiter das auch tun und dass sie ihr Leben außerhalb des Berufes intensiv entwickeln.

- Führen heißt, seine Nachfolge vorbereitet zu haben.

Verantwortung nur auf Zeit – Abschiede

Die schönsten Abschiede sind die, bei denen es gelingt, im Erfolg zu gehen. Zu einem Zeitpunkt, an dem noch nicht die Rufe erschallen und hinter dem Rücken gesagt wird: Gut, dass der Alte geht.

Der Regelfall sollte sein, dass der Vorstandsvertrag ausläuft und eine Beendigung im beiderseitigen Einverständnis erfolgt. Ich habe oben schon angeführt, dass für mich ein solcher Zeitpunkt regelmäßig nach zehn Jahren in derselben Tätigkeit entsteht.

Das gelingt nicht immer. Ich habe mich sowohl als Aufsichtsrat mehrfach von Vorständen trennen müssen, die der Aufgabe nicht (mehr) gewachsen waren, als auch als Vorstandsvorsitzender mit dem Aufsichtsgremium über eine vorzeitige Trennung von Kollegen sprechen müssen. Auch hier gilt, was ich eingangs bei der Vorstandsbestellung sagte. Aufsichtsratsvorsitzender und Vorstandsvorsitzender werden sich in aller Regel über eine vorzeitige Vertragsbeendigung von Kollegen eng abstimmen. Beide Persönlichkeiten haben aus ihrer Perspektive unterschiedliche Beobachtungen. Erst wenn Kongruenz erzielt ist, wird es zu einer Entscheidung kommen. Ein solcher Prozess kann lange dauern, viele Monate, manchmal auch Jahre. Denn es ist nie ein einfaches Schwarz-Weiß-Bild. Neben

Schwächen stehen Stärken, neben fehlender Durchsetzungsfähigkeit gibt es Unterstützung durch die Belegschaft, neben fehlender strategischer Klarheit steht die souveräne Beherrschung des operativen Geschäfts. Dann ist das Gesamtbild zu berücksichtigen. Es gibt Zeitpunkte, bei denen eine vorzeitige Trennung Irritationen bei Stakeholdern wie dem Kapitalmarkt oder Kunden hervorrufen könnte, die um Kontinuität fürchten. Manchmal gestaltet sich auch die Suche nach einem Nachfolger ausgesprochen schwierig. Hier die richtige Balance für die Entscheidung selbst und ihre Kommunikation herzustellen, ist eine schwierige Aufgabe. Zumal dann in den Unternehmen immer die Gerüchteküche hochkocht und die Mutmaßungen immer ihren Weg nach außen finden. Bei der Trennung von einem Vorstandsmitglied aus Krankheitsgründen, und zwar ausschließlich deshalb, gab es im Unternehmen folgende Gerüchte für Beendigungsgründe: zu geringe Präsenz am Standort, nicht ausreichende deutsche Sprachkenntnisse, fehlende Performance. Alles war Unsinn.

Trennungsgespräche sind immer schwierige Gespräche, weil die Selbsteinschätzung des Betroffenen oft nicht mit der Einschätzung des Gegenübers übereinstimmt. In den frühen Jahren habe ich den Fehler gemacht, nicht von Anfang an kritische Beobachtungen früh und deutlich genug in Feedback-Gesprächen unterzubringen. Ich habe Themen zwar angesprochen, aber aus Sicht der Betroffenen nicht deutlich genug. So kam die Trennung aus der subjektiven Wahrnehmung des Betroffenen als Überraschung (obwohl es manchmal die Spatzen vom Dach pfiffen). Später verliefen Trennungsgespräche fair und aufrichtig, mit Enttäuschung ja, aber ohne Verletzung.

Ich rate dazu, die notwendige Distanz zu sich selbst zu entwickeln, um einen halbwegs objektiven Blick auf sich zu ermöglichen – und selbst den richtigen Moment zu erspüren, wann es Zeit ist zu gehen.

Und dann wirklich zu gehen. Es fällt vielen Vorständen schwer, loszulassen. Ich habe selbst erlebt, wie kolportiert wurde, ich würde mit allen Veränderungen die Firma (Merck) zerstören. Dem Eintritt des Gegenteils wurde mit kognitiver Dissonanz begegnet. Ich habe Vorstandsvorsitzende erlebt, die direkt in das Amt des Aufsichtsratsvorsitzenden wechselten und ihre Nachfolger drangsalierten. Ich bin daher auch ein passionierter Vertreter der Cooling-off-Periode, jedenfalls für den Aufsichtsratsvorsitzenden. Ich habe allerdings auch das Gegenteil erlebt: tolle Vorstandsvorsitzende, denen es mit dem Wechsel in das Amt des Aufsichtsrats unmittelbar gelang, die neue Rolle vorbildhaft anzunehmen.

Auf das Leben danach muss man sich vorbereiten. Es wird alles anders. Und das andere gewinnt ein neues Gewicht. Wenn man aber sein Leben vorher zwischen Beruf und anderem ausbalanciert hat, wenn Interessen da sind, Familie und Freunde, Fantasie und Freude, dann fällt der Wechsel leicht. Und es bleiben Erinnerungen an eine Zeit, in der man geführt hat, in der man vor allem aber seinen Beitrag dazu geleistet hat, dass das eigene Unternehmen zukunftsfähig aufgestellt ist. Als Vorstand übergibt man eines Tages den Stab an einen Nachfolger. Diesen Augenblick sollte man schon zu Beginn seiner Amtszeit vor Augen haben. Denn wir tragen Verantwortung, aber eben nur auf Zeit.

Zwei unterschiedliche Planeten? Was Führung in Wirtschaft und Politik trennt und was sie eint

Moderne Gesellschaften werden immer vielfältiger. Gleichzeitig prägen einzelne Bereiche dieser Gesellschaften, wie Politik oder Wirtschaft, ihre eigenen Logiken und Mentalitäten immer stärker aus. Solche Eigenlogiken sind für einen Politiker oder Manager für die Arbeit und das Weiterkommen in „seinem" System mindestens genau so wichtig, wenn nicht relevanter als die gesamtgesellschaftlichen Regeln. Will man erfolgreich sein und vorankommen, muss man die spezifischen Fähigkeiten, Sprachgebräuche und Erfolgskriterien des Subsystems kennen und nach Möglichkeit mitgestalten. Und daher versteht ein Politiker in der Regel nicht sehr viel davon, wie die Wirtschaft „tickt", und der Manager hält die Politik für etwas, was auf einem anderen Planeten stattfindet.

Anhand von Beispielen aus den vorstehenden Kapiteln wollen wir in diesem Kapitel Unterschiede und Gemeinsamkeiten der Führung in Politik und Wirtschaft beleuchten.

Experte oder Politikprofi? Die Bedeutung von Fachwissen

Führungspersönlichkeiten in Politik und Wirtschaft haben in aller Regel bereits vorher Führungsaufgaben wahrgenommen, aber nur in den jeweiligen Bereichen. Ganz von außen wird selten jemand ernannt. Das gilt jedenfalls für Deutschland. Im Ausland ist das anders, etwa in Frankreich und den USA. Da ist der Wechsel von Führungspositionen zwischen Wirtschaft und Politik an der Tagesordnung. Diese für Deutschland typische Trennung mutet zunächst befremdlich an. Geht es doch jedes Mal um Menschenführung, um die Leitung einer Organisation sowie um das Erdenken und Umsetzen von Strategien. Da ist vieles ähnlich, und doch unterscheiden sich vor allem die Auswahlkriterien, die Nachfolgeplanung oder die Vorbereitung auf eine führende Rolle ganz erheblich.

In der Politik ist die Karriereplanung für Führungsaspiranten eher zufällig und Ergebnis einer Konstellation. Sicher, die Kandidaten selber haben Vorstellungen und Pläne für ihre eigene Karriere. Aber dass jemand, der in der Verantwortung steht, eine oder mehrere Personen ausguckt und sie systematisch auf ein Amt vorbereitet, kommt selten vor. Was es gibt, sind „Notizbücher", in denen Potenziale von Personen notiert sind. Allerdings verschwinden mit dem Weggang des Verantwortungsträgers auch die „Notizbücher"; sie sind streng persönlich. Öfters kommt es vor, dass ein Parteivorsitzender oder ein Minister jemanden in eine besondere Verantwortung stellt, ihm schwierige Verhandlungsaufgaben oder Aufträge zuweist, sozusagen als Test. So war es zum Beispiel bei Stephan Harbarth, dem neuen Präsidenten des Bundesverfassungsgerichtes, der durch solche Spezialaufträge der Fraktionsführung oder der Bundeskanzlerin, wenn auch relativ spät, eine politische Karriere in der Bundestagsfraktion der CDU/CSU und darüber hinaus gemacht hat. Ein anderes Beispiel ist Jens Spahn. Ihm wurde das Gesundheitsministerium als „kleineres" Ressort mit der Perspektive übertragen, bei Bewährung ein größeres Ressort zu bekommen. Dass er dadurch in der Coronapandemie zu einem der wichtigsten Minister im Land werden sollte, war zum Zeitpunkt seiner Berufung nicht absehbar.

Aber ein systematisches Aussuchen und Vorbereiten mit Blick auf hohe Führungsämter gibt es in der Politik nur in Ansätzen. Ein Grund dafür ist, dass der Zeitpunkt für die Übernahme einer Führungsaufgabe oft unerwartet kommt, weil zum Beispiel ein Vorgänger zurücktreten musste. Ist ein solcher Zeitpunkt dagegen wie zum Beispiel bei einer Regierungsbildung nach Wahlen erwartet, dann bleibt jedenfalls bis zum Schluss offen, welche Partei welches Regierungsamt bekommt. Schließlich kommt ein Minister meistens von außen in die jeweiligen Ministerien. Eine Nachfolgeplanung, wie man sie in Unternehmen kennt, ist daher in der Politik extrem schwierig. Helmut Schmidt hatte so etwas im Sinn, als er das Amt eines Parlamentarischen Staatssekretärs schuf. Sein Ziel: Politiker als Staatssekretäre „auszuprobieren" mit dem Ziel, sie bei Bewährung zum Minister zu befördern. Heutzutage ist dieser Wechsel aber eine Ausnahme. Man findet auf diesen Posten eher Persönlichkeiten, die aus verschiedenen Gründen zwar nicht Minister werden können oder sollen, aber doch ein anderes wichtiges Amt erhalten „müssen". Es gibt wenige Gegenbeispiele: Horst Seehofer ist ein solches, auch Daniel Bahr oder Andreas Scheuer, die als Parlamentarische Staatsekretäre im selben Ministerium später Minister wurden.

Systematische Nachfolge- und Entwicklungsplanung in Unternehmen ist hingegen ein fest etabliertes Führungsinstrument und integraler Bestandteil der Unternehmensführung. Sicher, man kann das Unternehmen wechseln und auch anderswo unternehmerische Erfahrung sammeln. Aber Führungspersonen, die ganz von außerhalb der Wirtschaft in ein Unternehmen kommen und dann auch noch Erfolg haben – diese Fälle kann man an einer Hand abzählen. Lothar Späth ist ein solches (seltenes) Beispiel. Wenn ein neuer Vorstand gesucht wird, sollte jedes Unternehmen ausreichend viele interne Bewerber haben. Entscheidet man sich für eine externe Suche, wird man Kandidaten finden, die in anderen Unternehmen ähnlich ausgebildet wurden. Egal woher sie kommen: Vorstände sind in ihrer Berufslaufbahn auf die Vorstandstätigkeit vorbereitet und dafür ausgebildet worden.

Führungserfahrung und fachliche Qualifikation sind zwingende Erfahrungen, um in einen Vorstand zu gelangen. Vorstände benötigen Sachkenntnis. Mitarbeiter erwarten das, Kunden erwarten das, ja auch Politiker erwarten das (zu Recht) von Unternehmensführern. Ein Vorstand muss auch über Abläufe und Arbeit in den Fachabteilungen Bescheid wissen. Er muss auch selber mal in den Sielen gestanden sein.

In der Politik gilt das nicht immer, auch wenn Politiker natürlich mit der Basis in der eigenen Partei und den Bürgern Kontakt halten (sollten). Unvergesslich der Ausspruch der „Gesundheitsexpertin" aus dem Schattenkabinett des Jahres 1994 von SPD-Kanzlerkandidat Rudolf Scharping, der Ärztin Heidi Schüller: „Wer eine Herz-Lungen-Maschine bedienen kann, kann auch ein Ministerium leiten."

Heidi Schüller ist zugegebenermaßen ein krasser Fall. Aber Tatsache ist, dass es, fachlich gesehen, zumeist Außenseiter sind, die ein Ministerium übernehmen, nicht die gelernten Fachpolitiker. Weder Hans Eichel noch Wolfgang Schäuble noch Olaf Scholz waren Finanzpolitiker, bevor sie Finanzminister wurden. Keiner der außenpolitischen Fachpolitiker ist Außenminister geworden: Hans-Dietrich Genscher war vorher Innenminister, auch Klaus Kinkel, Joschka Fischer, Frank-Walter Steinmeier, Guido Westerwelle, Sigmar Gabriel oder Heiko Maas waren keine gelernten Außenpolitiker. Aus Sicht der Politik sind andere Kriterien wichtiger als fachpolitische Kenntnisse: Machtfülle, Zugehörigkeit zu einem bestimmten Landesverband in der Partei, politische Verankerung, allgemeinpolitische Erfahrung oder persönliche Durchsetzungsfähigkeit.

Das Fachliche ist auch bei der Wiederberufung oder Entlassung eines Ministers nicht das Entscheidende. Anders als in anderen großen westlichen Demokratien sind in Deutschland Kabinettsumbildungen nicht an der Tagesordnung. Lieber werden selbst schwache Minister durch die Legislaturperiode geschleppt. Auch dafür gibt es politische Gründe. Häufige Ministerwechsel werden von den Wählern nicht gern gesehen, weil sie als Zeichen von Schwäche des Regierungschefs und damit von politischer Instabilität gesehen werden. Auch die dann folgenden Debatten über Pensionen und Übergangsgelder schrecken von häufigen Personalwechseln ab.

In der Wirtschaft ist das anders. Führt man ein Unternehmen schlecht, ist irgendwann Schluss. Dafür sorgt der Aufsichtsrat, gegebenenfalls auf Druck der Investoren. Eine Auswechslung innerhalb des Vorstandes wird oft als Ausdruck von Führungsstärke und Handlungsfähigkeit interpretiert. Im Regelfall zieht das auch keine weiteren Kreise außerhalb des Unternehmens. Und daher ist auch eine Neuanstellung im Vorstand eines anderen Unternehmens durchaus möglich.

Ein Grund dafür, dass Spitzenvertreter von Politik und Wirtschaft im Umgang miteinander Schwierigkeiten haben, liegt in dieser unterschiedlichen Art der Rekrutierung und der unterschiedlichen Bedeutung der fachlichen Eignung.

Ob sich das auf die Qualität der jeweiligen Amtsführung auswirkt?

Wir Autoren sind da unterschiedlicher Meinung. Dass in diesem Unterschied aber eine Quelle für gegenseitig fehlendes Verständnis zwischen politischen und wirtschaftlichen Führungspersönlichkeiten liegt, darin sind wir uns einig. Und auch darin, dass trotz aller politisch notwendigen Kriterien die Bedeutung fachlicher Eignung bei der Auswahl politischen Führungspersonals stärkere Berücksichtigung finden sollte.

Wer bestimmt, wo es langgeht? Entstehung und Verbindlichkeit von Zielen

Zentrale Aufgabe von politischer und unternehmerischer Führung ist es, Ziele zu formulieren (Leitbild) sowie die Schritte festzulegen, mit deren Hilfe man sich einem Ziel nähern will (Strategie). Die

Wege aber, wie man zu Leitbild und Strategie kommt und dann auch noch die nachhaltige Umsetzung sicherstellt, sind in beiden Bereichen durchaus unterschiedlich.

Für die politische Führung in einer Regierung ergibt sich das Leitbild aus dem Wahlergebnis, den Wahlprogrammen der beteiligten Parteien und der Koalitionsvereinbarung. Damit sind im Grunde die strategischen Ziele für die gesamte Legislaturperiode beschrieben: Steuerreform, Digitalisierungsstrategie, nachhaltige Landwirtschaftspolitik u. v. a. Und oft ist der, der in ein Ministeramt kommt, an den Koalitionsverhandlungen zu den Themen seines Ressorts gar nicht beteiligt gewesen. Ein Leitbild ist auch ohne seine Mitwirkung für ihn gesetzt. Er kann das nicht ändern, höchstens im Laufe einer Legislaturperiode anpassen. Für ihn kommt es darauf an, die Umsetzung zu planen. Kaum ein Politiker wird Minister und kann dann in Ruhe sein Leitbild und seine Strategie selbst entwerfen.

In Unternehmen gibt es für die Entwicklung von Leitbild und Strategie klar definierte Prozesse. Diese Strategieprozesse haben einen recht formalen Rahmen, sind inhaltlich aber von großer Offenheit und Freimütigkeit gekennzeichnet. Die Strategien sind mehrjährig angelegt; sie sind nicht wie in der Politik an bestimmte Amts- oder Wahlperioden gebunden. Sie werden regelmäßig überprüft und, soweit notwendig, angepasst. Der Wechsel im Vorstandsvorsitz führt normalerweise zu einer größeren Strategieüberprüfung. Das hinzugekommene ordentliche Vorstandsmitglied ist in der Regel der einzige Neuling. Er fügt sich erst einmal in das Gegebene ein, bevor er seine eigenen Akzente setzt. Große Bedeutung hat das strategische Controlling, das die Umsetzung der Strategie überprüft und Korrekturnotwendigkeiten aufzeigt.

Ein weiterer Unterschied zwischen Führung in Politik und Wirtschaft besteht im Grad der äußeren Einmischung. Die politische Führung ist laufend mit Vorschlägen von außen für ein neues Leitbild und neue Strategien befasst. Sie kommen von der Opposition, von Thinktanks, der Wissenschaft, Beiräten aller Art und Couleur, der Wirtschaft, den Gewerkschaften, internationalen Organisationen wie der OECD. Den meisten dieser Vorschläge ist ein Nachteil gemeinsam: Es wird zu wenig darüber nachgedacht, ob und wie sie politisch umsetzbar sind.

Politische Führung wirkt daher oft blass oder langweilig, weil sie im Umgang mit Leitbildern und Strategien darauf angewiesen ist, dass diese auch umgesetzt werden müssen. Daran wird sie letztlich gemessen. Zur Umsetzung gehört eine Parteitags- oder Gesetzgebungsmehrheit, gehört auf Bundesebene zumeist die Zustimmung der Bundesländer, gehört die Beachtung von Besitzständen, gehört der richtige Zeitpunkt u. v. m. Es wäre wünschenswert, wenn außerhalb der Politik mehr Verständnis dafür bestünde, dass das Aufschreiben oder Verkünden von Strategien gegenüber politischer Führung nicht reicht; sie müssen auch umgesetzt werden. Der oft zu hörende Hinweis, ein Thema sie so wichtig, dass es eben einfach politischer Führung zur Umsetzung bedürfe, reicht nicht aus. So viel politische Führungsressourcen gibt es gar nicht, um alle Vorschläge von außen einfach so mal eben durchzusetzen.

Dennoch: Ein Strategiecontrolling, das regelmäßig überprüft: Wie ist man vorangekommen, was muss man ändern, was muss man neu anpacken? – das könnte auch für die Politik ein gutes Instrument sein.

Politische Führung muss natürlich auch Strategien entwerfen und umsetzen, die unpopulär sind. Die „Rente mit 67", so wichtig sie ist, hatte in Deutschland immer eine Mehrheit gegen sich. Zu viele solcher unpopulären Maßnahmen auf einmal lassen sich aber in einer Demokratie nicht durchsetzen.

Bei Führung in Unternehmen ist da vieles anders. Dort können die Vorstände ihre Strategien in Übereinstimmung mit den Eigentümern entwickeln. Die anderen Ratschläge von außen können sie wahlweise ignorieren oder annehmen, wenn sie gut sind. Auch hinsichtlich des Zeitrahmens sind sie flexibler. Eine Strategie kann sich, zum Beispiel im Pharma- oder Autogeschäft, auch über zehn Jahre erstrecken. Und wenn unterwegs Meilensteine verfehlt werden, kann die Strategie angepasst oder auch verändert werden – eine Flexibilität, welche die Politik nicht kennt. Und schließlich ruft bei den meisten Firmen die Festlegung von Geschäftsfeldern, Forschungsschwerpunkten oder Investitionen keine große Begleitmusik hervor. Relevantes öffentliches Echo entsteht meist nur dort, wo es um Standorte und/oder Arbeitsplätze geht.

Derzeit werden wichtige politische Ziele außergewöhnlich langfristig formuliert, weit über die nächsten Wahlen hinaus. Zu nennen sind beispielsweise das Ziel der Dekarbonisierung der Gesellschaft oder Klimaziele für das Jahr 2050. Das mag zwar wegen der notwendigen Zeiträume der Transformation teilweise in der Natur der Sache liegen, ist allerdings auch eine Reaktion auf den oft erhobenen Vorwurf, politische Führung denke zu eng, zu kurzfristig und nur in Wahlperioden. Bei solchen Zeithorizonten besteht allerdings die Gefahr, dass das Ziel erst in so weiter Ferne aufscheint, dass es seine Steuerungsfunktion völlig verfehlt. Weil ein Ziel 2020 nicht mehr eingehalten werden kann, formuliert man erst eines für 2030, dann für 2040 und schließlich für 2050. Überprüfbar ist das für die heutigen Wähler nicht mehr. Natürlich muss sich die Führung in Politik und Wirtschaft damit abfinden, dass sie Projekte auf den Weg bringt, deren Erfolg in der eigenen Amtszeit nicht mehr eintritt. Dennoch: Heute Ziele für 2050 zu formulieren, würde einem Unternehmer nicht einfallen.

Für Führung in Politik und Wirtschaft muss es heißen, Leitbild, Strategie und Umsetzung sauber voneinander zu trennen und Ziele so zu formulieren, dass sie auch in vernünftigen Zeiträumen nachprüfbar erreicht werden können.

Das Neue anstoßen oder ihm hinterherlaufen? Vom Umgang mit Veränderungen

Die Wirtschaft ist von ständiger Veränderung geprägt. Veränderungsmanagement ist daher ein zentraler Bestandteil der Arbeit eines Vorstandes. Das betrifft sowohl die Organisation des Unternehmens als auch die Entwicklung neuer Produkte oder Technologien oder die Erschließung neuer Märkte. Veränderungsbereitschaft und die Kraft, Veränderungen herbeizuführen, gelten geradezu als Beweis von Führungsqualität. Politische Führung muss im Gegensatz dazu stärker mit Beharrungskräften umgehen und kann Veränderungen eigentlich nur im Zyklus der Wahlperioden anstoßen und bearbeiten, es sei denn, es gibt eine Krise.

In beiden Bereichen muss Führung also einerseits auf Veränderungsdruck reagieren, andererseits auch einen solchen erzeugen. Und für beide stellt sich die Frage, wie man hier das richtige Maß findet.

In der Politik, vor allem in einem Ministerium, gilt es für die politische Führung zwischen Veränderungen nach innen und solchen nach außen zu unterscheiden.

Was die Veränderung nach innen angeht, ist der politische Betrieb trotz aller gegenteiligen Rhetorik eher veränderungsresistent. Veränderungsprozesse großen Stils im nachgeordneten Bereich sind selten. Die Bundeswehr hat einige Strukturreformen durchlaufen und ist damit eine Ausnahme. Unter Wolfgang Schäuble gab es eine Reform der Bundespolizei. Das Arbeitsamt wurde mit einer großen Reform zu einer Bundesagentur. Jetzt wird eine Bundesbehörde für den Autobahnbau errichtet. Aber das sind wenige Initiativen aus vielen Jahrzehnten. Und sie betreffen nur jeweils einen nachgeordneten Geschäftsbereich innerhalb eines Ministeriums.

Einen großen, ressortübergreifenden Behördenumbau hat es auf Bundesebene nicht gegeben. Das wäre aber dringend nötig. Dass dies nicht geschieht, ist eine große Schwäche unserer Politik. Hier gibt es zu viel Beharrung und zu wenig Veränderung, gerade im

Vergleich mit der Wirtschaft. Veränderungsprozesse über die eigene Ressortzuständigkeit hinaus kommen meistens nur durch äußeren Druck, etwa in Form einer Krise, zustande.

Was die Veränderung nach außen angeht, gibt es durch die jeweiligen Koalitionsvereinbarungen einen natürlichen Zwang, die dort aufgeführten Veränderungen umzusetzen. Daneben können schwierige Haushaltslagen zu Kürzungen und Personaleinsparungen führen. Auch die Prioritäten bei der Umsetzung einer Koalitionsvereinbarung ändern sich mit der Zeit. Und es gibt externe, unvorhergesehene Entwicklungen, die Veränderungen erzwingen. Insgesamt aber gelingen solche Veränderungsprozesse nur dann, wenn die Beteiligten und die Wähler daran glauben, dass der neue, veränderte Zustand besser ist als der bisherige. Das gilt für Veränderungsprozesse allerorten, besonders aber in der Politik.

In der Wirtschaft treiben drei Einflüsse permanent Veränderungen. Erstens die Kundenpräferenzen. Wenn die Kunden sich dafür entscheiden, ab morgen nur noch grüne Sneakers zu tragen, ist der Hersteller von roten Sneakers am Ende. Es sei denn, er stellt die Produktion auf Grün um. Zweitens der Wettbewerb. Es tritt ein neuer Wettbewerber in den Markt ein, dessen Grün grüner als grün ist. Und drittens neue Technologien: Ein Hersteller baut selbstlaufende, durch Künstliche Intelligenz gesteuerte Sneakers. All dies treibt Veränderungen in Unternehmen voran. Und wenn es irgend geht, muss ein Unternehmer diese Veränderungen auch noch antizipieren.

Das bedeutet, dass Führungspersönlichkeiten in der Wirtschaft sich ständig damit befassen, was sich wo verändert und was das für die eigene Firma bedeutet. Und das ist grundsätzlich anders in der Politik. Denn dort tritt der (äußere) Veränderungsdruck – von Krisen abgesehen – im Zyklus von Wahlen auf, nicht kontinuierlich wie in der Wirtschaft. Zwar ist in öffentlichen Debatten ständig von Veränderungen die Rede. Stillstand soll durch Aktivitäten vermieden werden. Aber meistens sind das dann doch in der Substanz eher kleinteilige Änderungen.

In einem Bereich ist aber die Wirtschaft, und hier vor allem die größeren Unternehmen, auf Beharrung ausgerichtet: bei den politischen Rahmenbedingungen, die sich im Interesse der Planungssicherheit möglichst wenig ändern sollten, wenn sie günstig sind. Gerade das lässt sich aber bei wechselnden Mehrheiten in einer Demokratie vonseiten der Politik nicht gewährleisten. Und hier scheiden sich die Geister. Die Führung in der Wirtschaft müsste nach Auffassung der politischen Führung ihre Sensoren stärker ausfahren, um politische Veränderungsprozesse früher wahrzunehmen und in die eigenen Planungen einzubeziehen. Die führenden Repräsentanten der Wirtschaft fordern hingegen mehr politische Verlässlichkeit für Investitionen, die sich erst in Jahrzehnten rentieren werden. Wir Autoren haben uns darauf verständigt, dass das gegenseitige Verständnis für diese unterschiedliche Betrachtung von Planungssicherheit verbessert werden muss.

In der Politik gibt es an anderer Stelle noch ein ausgeprägtes Beharrungsvermögen. Dies rührt daher, dass eine Regierung stets die Tendenz hat, ihre eigenen Entscheidungen als richtig zu verteidigen, auch die früheren. Alles andere könnte als Eingeständnis aufgefasst werden, etwas falsch gemacht zu haben. Und das will sich eine Regierung nicht nachsagen lassen. Kommt die Opposition an die Macht, führt dies umgekehrt dazu, dass Veränderungen gegenüber der bisherigen Regierungspolitik das einzig Richtige und Notwendige sind. Regierungshandeln ist also nach den Gesetzmäßigkeiten der Politik eher auf die Verteidigung des Bestehenden als auf Veränderungen angelegt.

Ein Letztes hierzu: Im Gegensatz zur Wirtschaft wird die politische Führung immer wieder von außen mit Forderungen nach Veränderungen konfrontiert, die sie gar nicht erfüllen kann. Unternehmen haben ein klar umrissenes Kompetenzfeld, in dem sie wirksam sind. Niemand verlangt von ihnen, dass sie Dinge verändern, die außerhalb ihrer Reichweite lägen. Das ist in der Politik anders. Zu einer überzogenen Erwartungshaltung an ihre Lösungsfähigkeiten hat die Politik allerdings zum Teil auch selbst beigetragen. Vielleicht kann politische Führung da etwas von der Wirtschaft lernen. Denn diese neigt sehr viel weniger zu Aussagen, die über das hinausgehen, was sie auch erfüllen kann.

Der Normalfall? Krisenvorsorge und Krisenbewältigung

Aus unseren getrennten Erfahrungen ziehen wir eine gemeinsame Erkenntnis: Politische und ökonomische Krisen sind heute eher der Normalfall als die Ausnahme. Wir sollten Krisen nicht länger als etwas Besonderes ansehen.

Die Wirtschaft betrachtet Krisen schon seit Längerem als einen wiederkehrenden Begleiter; zum Teil hat die Politik mit ihrer Gesetzgebung zur Vorgabe der Erstellung von Risikoberichten der Unternehmen selber dazu beigetragen. Krisen werden in der Unternehmensplanung mitgedacht und im Risikobericht berücksichtigt. Auch die Möglichkeit, dass aus Krisen neue Chancen erwachsen, gehört dazu.

Krisenvorsorge und Krisenbewältigung sind heute vielfach selbstverständlicher Teil der Unternehmensführung. Ein Beispiel aus dem finanziellen Bereich: Die meisten Unternehmen sorgen dafür, dass sie über ausreichend Eigenkapitalpuffer verfügen, um Verluste abfedern zu können. Sie halten mehr Liquidität für eventuelle Krisen vor, als betriebswirtschaftlich optimal wäre. Sie sorgen zumeist durch eine konservative Bilanzpolitik dafür, dass auch in anderen Bilanzpositionen Reserven mobilisiert werden können. Unternehmen kalkulieren genau, wie viel Risiko sie bei gegebener Finanzausstattung tragen können und was nicht. Natürlich gibt es hier wie in allen Fällen Ausreißer, Unternehmen, die das nicht tun. Aber die überwiegende Zahl der deutschen Unternehmen hält sich an solche Grundsätze.

Unternehmen integrieren die Erfahrung, dass man sich auf die nächste Krise so vorbereiten muss, dass sich das nicht wiederholt, was in der letzten Krise schieflief, in ihre unternehmerischen Gene. Auswirkungen vergleichbar der SARS-Krise 2002/2003 zum Beispiel hätte Lufthansa auch 2020 verkraften können. Der Dimension der Coronakrise aber war das Unternehmen nicht mehr gewachsen.

So etwas wie Risikoberichte gibt es in der Politik auch. Ja, Krisenvorhersage hat sozusagen Konjunktur. Immerfort warnt irgendjemand vor irgendeiner schlimmen Entwicklung oder Gefahr. Nur werden diese Risikowarnungen meist von außen an die Regierung herangetragen. Sie sind nicht Teil eines vorbeugenden Entscheidungsfindungs- oder eines auswertenden Kontrollprozesses politischer Führung.

Es gibt zwar auch Risikoberichte innerhalb der Politik. Im Jahre 2012 beschrieb das Robert-Koch-Institut in einem „Bericht zur Risikoanalyse im Bevölkerungsschutz" ziemlich genau das Szenario einer Pandemie. Das hatte aber keine Auswirkung auf die öffentliche Risikovorsorge. Die Bundesregierung erstellt einen Nachhaltigkeitsbericht, in dem aufgezeigt wird, in welchen Bereichen wir auf Kosten der nächsten Generation leben. Einzelne Ressorts wie die Innenministerien oder das Verteidigungsministerium legen so etwas wie Risikoberichte mit dem Ziel vor, dass die Lage so beurteilt wird, dass sie neue Finanzmittel benötigen. Es gibt immer gute Gründe, warum solche Risikoberichte nicht so ernst genommen werden, wie es notwendig wäre: Mal ist jemand anders für die Umsetzung zuständig, mal ist der Bericht nur interessengeleitet, mal wären die Vorsorgemaßnahmen zu teuer oder zu unpopulär.

Die mangelhafte Vorbeugung gegen Risiken in der Politik und durch politische Führung hat auch damit zu tun, dass Risikovorsorge nichts ist, womit man Wählerstimmen gewinnt. Denn Vorsorge kostet Geld und bringt so manches Mal Unbequemlichkeiten mit sich. Und wenn sie funktioniert, dann tritt ja das, wovor man gewarnt hat, entweder nicht ein oder hat keine schlimmen Folgen. In der politischen Arena haben solche Vorbeugemaßnahmen immer den Nachteil, dass im Nachhinein der Beweis, dass die Vorsorge nötig war, nur schwer erbracht werden kann. Deshalb lassen viele die Finger davon.

Wir sagen: Die politische Führung muss Risikovorsorge viel ernsthafter, systematischer und transparenter betreiben als bisher, um der Sache willen.

Geht es um die Sache oder um die Person?
Das Reden über Fehler

Fehler werden immer und überall gemacht, Irrtümer von vielen begangen. Für die Politik hat man bei der Lektüre von Medienberichten oder Internet-Tweets so manches Mal den Eindruck, dass sich nur Fehler an Fehler reiht. Dieser massive Beobachtungsdruck prägt den Umgang mit Fehlern und Irrtümern durch politische Führung besonders. Wobei der Unterschied zwischen Fehler und Irrtum zulasten des Irrtums verwischt wird.

Einen Fehler zuzugeben wird von der Öffentlichkeit bei aktiven Politikern nicht als Zeichen von Stärke oder Souveränität gewertet. Die Wahl des FDP-Politikers Thomas Kemmerich zum thüringischen Ministerpräsidenten mit den Stimmen der AfD wurde vom FDP-Parteivorsitzenden Christian Lindner zunächst begrüßt – oder jedenfalls nicht besonders verurteilt –, später hat er sich im Parlament öffentlich dafür entschuldigt. Das hat ihm in der Politik großen Respekt eingetragen. Trotzdem wird er wegen dieses Fehlers medial weiterhin als geschwächt dargestellt.

Wenn ein aktiver Minister einen Fehler zugibt, wird umgehend nachgebohrt, ob es noch weitere Fehler gibt. Fehler im nachgeordneten Bereich, beim Innenminister etwa bei der Polizei, erzeugen intern die Erwartung, dass sich der Chef vor seine Leute stellt, ja vielleicht auch mal einen Fehler kaschiert. Extern wird natürlich das Gegenteil erwartet. Das führt zu einem fatalen Teufelskreis. Fehler werden überhaupt nicht oder nur unter Druck zugegeben. Interne Fehlerbesprechungen sind schwierig, weil man die Sorge haben muss, dass davon etwas an die Öffentlichkeit durchgestochen wird. Und in der aufgeregten öffentlichen Debatte findet keine saubere Unterscheidung zwischen Irrtum und Fehler statt. Jede Entscheidung, bei der sich im Nachhinein, oft mit besserer Informationslage, herausstellt, dass man sie besser anders getroffen hätte, wird so zum Fehler der politischen Führung stilisiert.

Ein weiteres Problem der öffentlichen Behandlung politischer Fehler ist der schnelle Wechsel der Kritikebene in der medialen Debatte. In der ersten Phase einer Fehleraufarbeitung geht es stets um die Sache. Aber sehr schnell wird eine zweite Phase erreicht, in der nur noch gefragt wird: Was hat der verantwortliche Politiker gewusst? Und wenn er was gewusst hat, hätte er früher eingreifen müssen? Diese Fragen gewinnen im Laufe der Zeit mehr Gewicht als der Fehler selbst. Das wird dann von der Opposition aufgegriffen. All das führt oft zu einer Wagenburgmentalität im Umfeld des kritisierten Politikers. Und das wiederum geht zulasten der Aufarbeitung von Fehlern, zulasten einer notwendigen Lernkultur, und bedroht die Qualität politischer Führung.

Unternehmen können hier in der Regel viel sachlicher an die Aufklärung gehen, weil der mediale Beobachtungsdruck deutlich geringer ist. Natürlich können große Fehler den Aufsichtsrat auf den Plan rufen. Aber auch dann verstecken sich die Nachrichten darüber eher im Wirtschaftsteil der Zeitung. (Ausnahmen wie die Siemens-Schmiergeld-Affäre oder der Volkswagen-Diesel-Skandal bestätigen die Regel.) Die Frage, welcher Vorstand wann was gewusst hat, spielt vor allem eine Rolle, wenn es zu einem gerichtlichen Verfahren kommt. In der Regel aber gehört der systematische Blick zurück auf Fehler und Irrtümer, die es in Zukunft zu vermeiden gilt, zu einer guten Unternehmenskultur.

Diesen offenen und selbstkritischen Blick zurück sollte sich die Politik ruhig öfter leisten. Voraussetzung dafür ist aber, dass eine offene

Lernkultur auch von der Bevölkerung begrüßt und nicht an der Wahlurne bestraft wird. Bis dahin ist es wohl noch ein sehr langer Weg.

Unter dem Radar oder ständig auf dem Schirm? Beobachtungsdruck und Medienpräsenz

Der Beobachtungsdruck und der Zwang zur Transparenz sind für politische Führungspersönlichkeiten ungleich höher als in der Wirtschaft, sie sind sogar unabdingbarer Teil einer funktionierenden Demokratie. Umgekehrt gelingt es der wirtschaftlichen Führung nicht immer, mit ihren Themen in der gewünschten Weise durchzudringen, weil Unternehmensführung eher auf Vertraulichkeit als auf Öffentlichkeit basiert. Wie sehr muss sich gute Führung in Wirtschaft und Politik mit Medien und Öffentlichkeit einlassen?

Im politischen Teil der Zeitungen tauchen Wirtschaftsführer relativ selten auf. Anders ist es, wenn es eine Sensation, wie etwa die Entdeckung eines Impfstoffes, oder wenn es einen Skandal gibt. Ansonsten wird die Wirtschaft im politischen Teil von Zeitungen ignoriert. Das ist höchst bedauerlich, weil die Wirtschaft kein abseitiges Spezialsegment der Gesellschaft ist. Ihr Erfolg ist auch ein Garant für die Stabilität des Rechtsstaats und der Demokratie. Sicherlich gibt es – im Gegensatz zu vielen Politikern – in der Wirtschaft auch viel weniger systematisches Buhlen um die Aufmerksamkeit der Medien. Viele führende Vertreter großer Unternehmen üben bei großen Talkshowformaten, die Millionen von Menschen mögen, Zurückhaltung oder scheuen die Debatte. Das liegt sicher auch daran, dass Wirtschaftsführer üblicherweise in ganz anderen Argumentationsarten geschult sind, während für Politiker das Talkshowformat nahe an den täglich gelebten und früh eingeübten Formen der Auseinandersetzung ist. Für die Akzeptanz dessen, was in Unternehmen geschieht und wie die Führung in der Wirtschaft tatsächlich stattfindet, sollten aber mehr Führungspersönlichkeiten aus der Wirtschaft in solche medialen Formate gehen, und zwar mehr echte Unternehmensvertreter und nicht nur Verbandsvertreter.

Für die politische Führung ist der Umgang mit den Medien integraler Bestandteil ihrer Arbeit. Politik muss gemacht und erklärt werden. Eine Regierung kann und darf sich nicht beklagen, dass sie in den Medien überwiegend kritisch betrachtet wird. Das gehört in einer Demokratie dazu. Dazu gehört auch die Kommentierung der Person und des persönlichen Lebens von Spitzenpolitikern. Oft scheint es sogar leichter, Psychogramme der Beteiligten an einem politischen Prozess zu schreiben, als einen komplizierten Sachverhalt darzustellen, etwa das Ergebnis von hartnäckigen und lange dauernden EU-Verhandlungen. Dieser Beobachtungsdruck auf die politisch agierende Person in der politischen Führung führt zu einer Disziplinierung der eigenen Person, er ist sogar ein wirksamer Schutzmechanismus gegen Skandale. Und das hat in einer Demokratie einen hohen Eigenwert. Allerdings werden dabei auch Grenzen überschritten, wenn beispielsweise einem Minister in den Urlaub nachgefahren wird oder wenn Scheidungsgeschichten „liebevoll" dargestellt werden. Das Privatleben eines Topmanagers ist dagegen in der Regel medial uninteressant.

Einerseits ist ein intensiver Beobachtungsdruck für die politische Führung also ein Problem, weil er es schwierig macht, mit Fehlern offen umzugehen, und weil es mediale Übergriffe ins Private gibt. Andererseits ermöglicht er natürlich auch, leichter Themen zu setzen und öffentlich für die eigenen Anliegen zu werben.

Aufmerksamkeit zu erregen ist für die politische Führung leichter als für Wirtschaftsführer. Demokratie ist auf Öffentlichkeit angewiesen. Eine politische Führung braucht Öffentlichkeit. Man muss eine Reichweite für seine Argumente haben. Man muss Wahlen gewinnen wollen. Die Opposition muss über die Öffentlichkeit die Regierung kritisieren. Öffentlichkeit ist ein zentrales Instrument politischer Führung. Der Preis dafür kann für die beteiligten Personen allerdings hoch sein.

Hier, in diesem Verhältnis zur Öffentlichkeit, liegt ein struktureller Unterschied zur Wirtschaft. Unternehmen brauchen einen gewissen Grad von Öffentlichkeit, um ihre Produkte zu verkaufen bzw. zu bewerben. Aber Wirtschaft ist nicht in derselben Weise wie Politik auf Öffentlichkeit angelegt, weshalb es auch die Vorstände als Personen nicht sind. Das unternehmerische Gesprächsformat ist nicht ein breiter demokratischer Diskurs zur Meinungsbildung, sondern die sachliche Diskussion in kleineren Gruppen mit klaren Hierarchien. Die Kommunikation nach außen ist geprägt vom Dialog mit den Fachleuten und Entscheidern: Genehmigungen bespricht man mit dem Regierungspräsidenten oder mit dem Bürgermeister der Stadt. Man diskutiert mit der Landesregierung, wie die Infrastruktur ausgebaut werden könnte. Man fragt den Innenminister, ob die Bundespolizei im Flughafen anders agieren könnte, um die Abfertigung der Passagiere zu beschleunigen. Es geht immer um Sachthemen, nicht um Themen, mit denen man die Öffentlichkeit gewinnen will. Unternehmen sind nicht auf Öffentlichkeit angelegt, sie können aber in modernen Demokratien auch nicht ganz ohne die Zustimmung der sie umgebenden Gesellschaft leben und handeln. Man spricht hier von der „license to operate", also der Akzeptanz von wirtschaftlichem Handeln in einem bestimmten Umfeld, etwa in der Gemeinde, in der ein Unternehmen angesiedelt ist. Dabei geht es häufig nicht mehr um die Frage, ob ein bestimmtes wirtschaftliches Handeln legal ist oder ob es sich innerhalb des rechtlichen Rahmens bewegt. Inzwischen ist die fast wichtigere Frage, ob es legitim ist, also bestimmten ethischen oder moralischen Standards entspricht. Hier ist unternehmerische Führung besonders und zunehmend herausgefordert, denn die einfache Übertragung solcher Maßstäbe auf wirtschaftliches Handeln ist im internationalen Wettbewerb nicht ohne Weiteres möglich, es sei denn, man schädigt die eigene Konkurrenzfähigkeit.

In der politischen Führung lässt sich Ähnliches beobachten, sehen sich Spitzenpolitiker inzwischen selbstverständlich mit besonders hohen ethischen Ansprüchen konfrontiert, denen sie nicht mehr ausweichen können, auch wenn ihr Verhalten in keiner Weise illegal ist. Ob das persönliche Verhalten von Willy Brandt oder Franz Josef Strauß heute noch so akzeptiert würde wie vor 40 Jahren, ist fraglich. Die Anforderungen sind strenger geworden und die Gefahr der Skandalisierung größer.

Wie macht man es sich unbequem? Die Selbstführung

Eine für Führungspersönlichkeiten in Wirtschaft und Politik wichtige Frage ist, wie man selber das eigene Handeln und Führungsverhalten reflektiert, wie man ehrliche Antworten erhält und Vertrauen schafft.

Vorstände und Minister leben in einer eigenen Welt. Jeder will etwas von ihnen, nur wenige sagen ihnen die volle Wahrheit, ihr Verhalten wird selten offen kritisiert, ihnen werden ständig Informationen angeboten. Sie sind von lauter anderen „wichtigen" Leuten umgeben. Dazu kommt noch das persönliche Wohlbefinden. Es ist relativ leicht, in einem Kokon zu verschwinden. Viele, selbst persönliche Dinge werden für sie frag- und klaglos erledigt. Das ist bequem. Führungspersonen in Politik und Wirtschaft genießen Privilegien, die zwar oft für die effektive Ausübung der Funktion unerlässlich sind, aber trotzdem im Vergleich zum Rest der Bevölkerung Privilegien bleiben. Das Organisieren des Alltages einer Führungspersönlichkeit in Politik und Wirtschaft ist funktional nötig, aber kann leicht dazu führen, dass man sich so daran gewöhnt, dass man es für selbstverständlich hält.

Hier hilft nur Distanz zu sich selbst. Diese ist dringend nötig. Denn je höher man steigt, desto mehr Bewunderer gibt es, die alles gut und richtig finden, was man tut. Eine solche Distanz kann man auch herstellen, indem man in seinem direkten beruflichen Umfeld etwas verändert und sich dann selbst in der Folge verändern muss.

273

In der Welt der Führung von Politik und Wirtschaft muss man mehrfach auf sich aufpassen: Erstens muss man verstehen, dass dieses Leben nicht das wirkliche Leben ist. Zweitens muss man sich immer wieder klarmachen, dass die allermeisten Angebote und Freundlichkeiten auf die Rolle und Position zielen, nicht auf die Person. Und zum Dritten muss man Menschen finden, die einen erden. Dazu gehören hoffentlich die eigene Familie und Freunde. Aber auch im Ministerium oder im Unternehmen brauchen Führungspersönlichkeiten Menschen, denen sie vertrauen, die ihnen vertrauen und die offen sprechen.

Zu erfolgreicher Führung in Wirtschaft und Politik gehört zwingend, dass man neben dem, was man hauptsächlich macht, nämlich das Amt oder Unternehmen zu führen, auch andere Interessen hat, auf andere Gedanken kommt, mit anderen Menschen redet, die eine andere Sprache sprechen, damit man nicht nur Minister oder Manager ist, sondern auch Musikinteressierter, Theaterbesucher, Buchleser oder Sportler. Manche sagen, das sei pure Ablenkung, man müsse 100 Prozent der eigenen Person für die Institution und die Führungsaufgabe hingeben. Wir sind im Gegenteil davon überzeugt, dass man besser führt, wenn man auch noch andere Interessen hat.

Mit Führungsfunktionen ist zwingend eine gute Portion Einsamkeit verbunden. Das muss man akzeptieren. Macht macht einsam. Das ist ihr Preis. Man kann nicht alles teilen, etwa an Informationen. Man muss Dinge für sich behalten. Man muss den Zeitpunkt finden, unangenehme Sachen zu sagen. Mit der Einsamkeit von Führung muss man umgehen lernen. Manche überwinden sie durch eine übertriebene Jovialität, andere, indem sie zynisch und bitter werden. Beides ist falsch.

In allen diesen Dingen unterscheiden sich Führungspositionen in Wirtschaft und Politik nicht voneinander.

Man kann auf Dauer nur erfolgreich sein und nur eine gute Führung ausüben, wenn man sich immer daran erinnert, wie das wirkliche Leben ist, und weiß, was wirklich passiert – im Unternehmen, im Ministerium, außerhalb der Blase des eigenen Führungszirkels.

Jeder muss dazu Mechanismen für sich selber finden, die kongruent mit der Persönlichkeit sind: Ein wesentlicher Punkt ist, persönlich in die einzelnen Teile eines Unternehmens oder Ministeriums zu gehen, mit Arbeitern oder Angestellten zu sprechen. Wenn man Glück hat, trifft man dabei Menschen, die gar nicht wissen, wer man ist.

Ein anderer Punkt ist: Wenn sich die Menschen an die Führung und ihre Art gewöhnt haben, dann entsteht Vertrauen, dann gibt es Menschen, die sich öffnen. Diese Menschen muss man suchen und finden, Menschen, die abseits von Hierarchien sprechen und kritisch sind. Es geht dabei nicht um Wahrheit oder Unwahrheit, sondern um Kritik. Ein solches Vertrauensverhältnis darf man als Führungspersönlichkeit allerdings nie und zu keinem Zeitpunkt missbrauchen. Man muss es honorieren. Und dann setzt sich über die Zeit ein Bild zusammen aus den Menschen, die vertrauensvoll etwas sagen, und den Einzelteilen, die man von anderer Seite außerhalb der Institution, die man führt, erfährt: von Analysten, von Konkurrenten etc. So erhalten Führungspersönlichkeiten eine Summe von Einzelinformationen, und die können sie zu einem größeren Gesamten verbauen.

An dieser Stelle hat die Politik einen Vorteil gegenüber der Wirtschaft. Das Sich-der-Öffentlichkeit-Aussetzen, der Umgang mit kritischen Menschen gehört zum Alltag des Politikers. Ein Unternehmer muss sich Kritik stärker organisieren. Politiker, insbesondere Mandatsträger mit einem Wahlkreis, sind permanent dem heilsamen Zwang ausgesetzt, ihre Institution oder die Geschehnisse „in Berlin" zu verlassen. Lobhudelei dem Chef gegenüber, das kann man in der Politik weniger auf der Sachebene als auf dieser personalen Ebene mit allen möglichen Menschen und Begegnungen durchbrechen.

Zur Führung in Wirtschaft und Politik gehört ein hohes Maß an Selbstdisziplin, Selbstvertrauen und Distanz zu sich selbst. Wir nennen das Selbstführung.

Mehr zusammen? Die Diskussion führen

Diese Beispiele, die wir aus unseren Kapiteln „Führung in der Politik" und „Führung in der Wirtschaft" entnommen haben, mögen genügen, um nachzuweisen, dass Politik und Wirtschaft einerseits nach ihren eigenen Regeln funktionieren, dass es – trotz einiger Gemeinsamkeiten – erhebliche Unterschiede gibt. Das mag für oberflächliche Betrachter so lange nicht als Problem erscheinen, wie beide Bereiche ganz gut funktionieren.

Politik und Wirtschaft wachsen aber zusammen und sind zusammen für das Deutschland von morgen von entscheidender Bedeutung. Die Politik regiert das Land. Und die Wirtschaft leistet den entscheidenden Beitrag dafür, dass wir Wohlstand erwirtschaften und den Sozialstaat so ausbauen konnten, wie das über Jahrzehnte geschehen ist.

Wir denken, dass es an der Zeit ist, eine gesamtgesellschaftliche Diskussion zu führen, die Politik und Wirtschaft, die die Führungspersönlichkeiten beider Bereiche wieder näher zueinander führt. Unser Buch soll dazu ein Anstoß sein.

Unsere zehn Goldenen Regeln guter Führung

Auch wenn wir die zunehmende Differenzierung der Gesellschaft verstehen, so bedauern wir doch den zunehmenden Verlust der gesamtgesellschaftlichen Verbindlichkeit von Regeln und Verhalten, auch im Bereich von Führung. Wir sind der festen Auffassung, dass es mehr Gemeinsamkeiten und Ähnlichkeiten beim erfolgreichen Führen in Politik und Wirtschaft geben könnte und müsste, als viele Beteiligte sich heute vorstellen können.

Vor allem aber bedarf es nach unserer Meinung mehr Miteinander und weniger Gegeneinander oder „Aneinander-vorbei" der Führungskräfte unserer Gesellschaft, weit über den Bereich der Politik und der Wirtschaft hinaus, um unserer Bevölkerung Zukunftsfähigkeit und -freude vorzuleben und Lust auf Führung zu wecken. Dafür müssen die Führungskräfte aus allen Lebensbereichen gemeinsam mehr Verantwortung übernehmen, statt sich nur in der Logik „ihres" Bereiches einzurichten. Und sie müssen über ihre Erfahrungen berichten, wechselseitig und gegenüber der Öffentlichkeit.

Wir unternehmen daher hier das Wagnis, zehn Führungsgrundsätze – zehn Goldene Regeln – zu entwickeln, die für die Politik wie für die Wirtschaft, ja eigentlich für alle Lebensbereiche gelten können, in denen Führung stattfindet.

1. GUT FÜHREN KANN NUR, WER MENSCHEN MAG

Wir sind davon überzeugt, dass eine Führungskraft ein echtes Interesse an anderen Menschen, an ihren Gedanken und Gefühlen haben muss; dass sie mit Empathie auf andere Menschen zugehen muss; dass sie an das Positive im Menschen glaubt, ohne deshalb naiv oder leichtgläubig zu sein; dass sie bereit sein muss, Menschen zu vertrauen, und anderen nicht argwöhnisch oder misstrauisch begegnet.

2. GUTE FÜHRUNG GEHT NUR MIT REDLICHKEIT UND HALTUNG

Zu Redlichkeit und Haltung gehören Verantwortungsgefühl und Loyalität. Wer beides besitzt, wird Vertrauen gewinnen. Er wird sich aber auch leichter tun, Vertrauen zu schenken. Eine gute Führungskraft weiß, dass Führung auch eine dienende Funktion gegenüber der eigenen Institution hat und dass eigene Interessen dem gegenüber zurückstehen müssen. Redlichkeit und Haltung dürfen allerdings auch nicht überhöht werden; nur mit Moral kann man nicht führen.

3. GUT FÜHRT, WER SEINE MACHT VERANTWORTUNGSVOLL AUSÜBT

Führung geht mit der Macht einher, Dinge zu ändern und Entwicklungen zu prägen. Autorität wächst aus dem erkennbaren Willen, diese Macht auch gern auszuüben. Schlechtes Gewissen darüber ist nicht angesagt. Bescheidenheit und Verantwortungsbewusstsein schützen vor Machtmissbrauch.

4. GUTE FÜHRUNG BEDEUTET SELBSTFÜHRUNG

Eine Führungspersönlichkeit muss in der Lage sein, über sich selbst zu reflektieren und sich aus den Augen anderer betrachten zu wollen. Dazu gehört die Fähigkeit zuzuhören. Führen erfordert, mit den Beinen auf dem Boden zu bleiben, nicht abzuheben und veränderungsoffen zu sein. Selbstführung bedeutet, immer besser werden zu wollen.

5. *GUT FÜHRT, WER AMBITIONEN AUCH UMSETZT*
Wer führt, muss wissen, wohin die Reise gehen soll. Dazu gehören ein anspruchsvolles Leitbild und strategische Klarsicht. Aber das schönste Leitbild und die beste Strategie helfen nichts, wenn sie nicht umgesetzt werden. Führung erfordert daher Realitätssinn. Wer führt, muss auch Ergebnisse abliefern.

6. *GUT FÜHREN BEDEUTET, DAS BESTEHENDE ZU VERÄNDERN*
Gute Führung verlangt Neugier und Lernbereitschaft, sie erfordert die Fähigkeit, Bestehendes zu hinterfragen und Neues auf den Weg zu bringen. Gute Führung heißt, ins Offene, ins Unbekannte zu entscheiden sowie Grenzen und Widerstände zu überwinden. Führung erfordert Mut und Risikobereitschaft.

7. *GUTE FÜHRUNG ÜBERWINDET KRISEN*
Wer führt, muss wissen, dass Krisen regelmäßig kommen. Gute Führung ist deshalb immer auch Krisenvorbereitung. In Krisen kommt es dann auf Fokussierung und die Bündelung von Entscheidungen an. Krisen sind Zeiten des Handelns und Entscheidens, keine Zeiten für langwierige Diskussionen über Zuständigkeiten.

8. *GUT FÜHRT NUR, WER KOMMUNIZIERT*
Gut führen heißt, Menschen, Institutionen oder die Gesellschaft von dem Weg in die Zukunft zu überzeugen. Das geht nur über Kommunikation und die persönliche Ansprache. Menschen wollen von ihren Führungspersönlichkeiten an-

gesprochen werden, auch im digitalen Zeitalter. Von Menschen, denen sie vertrauen können und die berechenbar und verlässlich sind.

9. GUTE FÜHRUNG BEDEUTET, ÜBER DIE EIGENE AMTSZEIT HINAUS ZU DENKEN UND ZU HANDELN

Gute Führungskräfte wissen, dass sie den Stab weitergeben werden; dass ihre Taten den Fortbestand und den Erfolg der Institution auf Dauer sichern sollen und nicht nur für die eigene Amtszeit; dass ihre Leistung auch danach beurteilt wird, dass sie einen Beitrag dazu leisten, der nachfolgenden Generation Raum zur Gestaltung zu ermöglichen.

10. GUT FÜHRT NUR, WER SICH VOM BERUF NICHT AUFFRESSEN LÄSST

Gute Führungskräfte wissen, dass auch sie jederzeit ersetzbar sind. Sie halten Distanz zu sich selbst und anderen. Sie wissen um die Endlichkeit der eigenen Kraftreserven. Um ihrer Verantwortung als Führungskraft gerecht zu werden, gehen sie daher mit Geist und Körper schonend um. Führung braucht Privatleben, Privatleben stärkt Führung. Geistige Beschäftigung mit anderen Dingen fördert die Konzentration auf die Führungsaufgabe.

Dank

Die Idee, ein gemeinsames Buch zu schreiben, entstand auf einem Spaziergang durch das toskanische Lucca. Es sollte für uns beide das erste Buch als Co-Autoren sein. Und Überraschung: Es war leichter, als wir beide gedacht hatten. Natürlich mussten Konzept und Gliederung abgestimmt werden, Kapitel wurden hin- und hergeschickt, und immer wieder wurde so korrigiert, dass der Leser nicht erkennen sollte, von wem welcher Satz stammt. Am Ende bleibt festzuhalten: Es hat richtig Spaß gemacht.

Es wäre aber nicht gelungen ohne viele, die uns geholfen haben. Wir bedanken uns beim Lektor des Herder-Verlags Patrick Oelze für seine Geduld, seine Kreativität und seine Ratschläge. Bei den Korrekturen und dem jeweiligen Zusammenführen der unterschiedlichen Fassungen haben uns Stephanie Buschmann und Eric Ehrlich unterstützt, denen wir herzlich danken.

Karl-Ludwig Kley dankt Andreas Bartels und Walter Huber. Sie haben die Passagen über Lufthansa bzw. Merck überprüft und das eine oder andere Mal korrigiert oder ergänzt. Johannes Teyssen, Rainer Velten und Frank Zurlino haben den Manuskriptteil „Führung in der Wirtschaft" jeweils zu unterschiedlichen Zeitpunkten gelesen und den Autor ermutigt, Zustimmung signalisiert, Widerspruch angemeldet oder weiterführende Gedanken eingebracht. Ich bedanke mich für diese freundschaftliche Begleitung.

Zitierte oder im Buch erwähnte Literatur

Peter Bitzer/Sven Simon, Günter Netzer. Rebell am Ball, Bad Homburg vor der Höhe 1971.

Alex Ferguson, Leading. Lessons in leadership from the legendary Manchester United manager, London 2016 (deutsche Ausgabe: Kulmbach 2016).

Robert Gernhardt, Fragen eines lesenden Bankdirektors, in: Gesammelte Gedichte 1954-2006, © 2008, S. Fischer Verlag GmbH, Frankfurt am Main, S. 94.

Nico Grasselt/Karl-Rudolf Korte, Führung in Politik und Wirtschaft. Instrumente, Stile und Techniken, Wiesbaden 2007.

Dževad Karahasan, Der Trost des Nachthimmels, Berlin 2016.

Karl-Ludwig Kley, Heimat statt Beliebigkeit, in: Handelsblatt vom 13./14./15. März 2015, S. 72.

Karl-Ludwig Kley, Aktiengesetz & Aufsichtsrat: „Dornröschen 2.0", in: Die Aktiengesellschaft 2019, Heft 22, S. 818–824.

John Kotter, Leading Change, Boston 2012 (deutsche Ausgabe: Leading Change: Wie Sie Ihr Unternehmen in acht Schritten erfolgreich verändern, München 2011).

Niklas Luhmann, Der neue Chef, in: ders., Der neue Chef, hg. von Jürgen Kaube, Berlin 2016, S. 7–42.

Fredmund Malik, Führen – Leisten – Leben, Frankfurt am Main/ New York 2013.

Michael Mertes, Der Zauber des Aufbruchs – die Banalität des Endes: Zyklen des Regierens, in: Gerhard Hirscher/Karl-Rudolf
Korte (Hg.), Aufstieg und Fall von Regierungen. Machterwerb
und Machterosionen in westlichen Demokratien, S. 65–80.

Friederike Sattler, Herrhausen. Banker, Querdenker, Global Player,
München 2019.

Johannes Teyssen, Das Recht auf Irrtum – und die Pflicht zur Selbstkorrektur, in: Kurt Bock/Frank Trümper (Hg.), besser anders
weiter so?, Freiburg 2020, S. 113–121.

„Die Rückkehr zur D-Mark? Das wird nichts", Frankfurter Allgemeine Zeitung vom 18. April 2013, S. 12.

„Merck ist kein Ponyhof", Süddeutsche Zeitung vom 28. Dezember
2009, S. 21.

Wie Politik funktioniert:
Ein Werkstattbericht

256 Seiten | Gebunden
mit Schutzumschlag
ISBN 978-3-451-38329-8

Jeder weiß, wie die Arbeit eines Lehrers oder eines Arztes aussieht – was genau aber macht ein Politiker, zumal ein Minister?
Thomas de Maizière bietet dem Leser Innenansichten der Macht
und erklärt anhand zahlreicher Beispiele aus seiner Amtszeit, wie
wir regiert werden. Dieses Buch ist ein wichtiger Beitrag in einer
Zeit zunehmender Entfremdung zwischen Teilen der Gesellschaft
und ihren gewählten Repräsentanten.

In jeder Buchhandlung!

HERDER

www.herder.de